装备科技译著出版基金

核能科学与工程系列译丛

实验、验证和不确定度分析
（第4版）

Experimentation, Validation, and Uncertainty Analysis for Engineers (Fourth Edition)

［美］休·W. 科尔曼（Hugh W. Coleman）
［美］W. 格伦·斯蒂尔（W. Glenn Steele） 著

曹夏昕　边浩志　丁铭　译

国防工业出版社
·北京·

著作权合同登记　图字:军-2020-008 号

图书在版编目(CIP)数据

实验、验证和不确定度分析:第 4 版/(美)休·W.科尔曼(Hugh W. Coleman),(美)W. 格伦·斯蒂尔(W. Glenn Steele)著;曹夏昕,边浩志,丁铭译. —北京:国防工业出版社,2022.4
(核能科学与工程系列译丛)
书名原文:Experimentation, Validation, and Uncertainty Analysis for Engineers(Fourth Edition)
ISBN 978-7-118-12382-1

Ⅰ.①实… Ⅱ.①休… ②W… ③曹… ④边… ⑤丁…
Ⅲ.①不确定度 Ⅳ.①P207

中国版本图书馆 CIP 数据核字(2022)第 040247 号

Experimentation, Validation, and Uncertainty Analysis for Engineers (4th Edition) by Hugh W. Coleman and W. Glenn Steele.
ISBN:978-1119417514/1119417511.
Copyright@ 2018 John Wiley & Sons, Inc. ,111 River Street, Hoboken, NJ 07030, U. S. A.
All Rights Reserved. Authorised translation from the English language edition published by John Wiley & Sons, Inc. Responsibility for the accuracy of the translation rests solely with National Defense Industry Press and is not the responsibility of John Wiley & Sons, Inc. No part of this book may be reproduced in any form without the written permission of the original copyright holder, John Wiley & Sons, Inc.
Copies of this book sold without a Wiley sticker on the cover are unauthorized and illegal .
本书简体中文版由 John Wiley & Sons, Inc. 授权国防工业出版社独家出版。
版权所有,侵权必究。

※

国防工业出版社出版发行
(北京市海淀区紫竹院南路 23 号　邮政编码 100048)
北京龙世杰印刷有限公司印刷
新华书店经售

＊

开本 710×1000　1/16　印张 20　字数 351 千字
2022 年 5 月第 1 版第 1 次印刷　印数 1—2000 册　定价 156.00 元

(本书如有印装错误,我社负责调换)

国防书店:(010)88540777　　书店传真:(010)88540776
发行业务:(010)88540717　　发行传真:(010)88540762

译者序

随着数值模拟方法不断地介入科学研究之中,并囿于方法本身的不成熟,它不断引起了人们对模拟结果准确性的疑问,尤其对于涉及流动和传热过程的复杂系统,如核反应堆系统。相比于数值模拟方法,实验方法常作为"最终"的检验手段,很少有人怀疑实验,并天然地倾向于将实验结果作为"确定的真值",尤其当数值模拟结果与实验结果一起出现时。实际上,实验往往也不可避免地面临不确定度问题,只是这类问题在实践过程中经常被人有意无意地忽略。对于任何一项实验研究工作,评定实验结果的不确定度是不可或缺的一个环节,也应成为实验方法的有机组成部分。

本书原著 *Experimentation, Validation, and Uncertainty Analysis for Engineers* 是一本专门论述实验不确定度分析的著作;而且,伴随着本领域的进展,书中内容不断被更新,例如第 3 版更新了一些重要的概念、增补了模拟的验证章节,第 4 版突出了日益成为主流方法的蒙特卡罗法。本书译自 2018 年出版的第 4 版。原著经久不衰,取得了巨大的成功。例如,原著第 2 版获得了美国航空航天学会(AIAA)的高度评价,两位原著者于 2004 年获得"地面试验奖"。不仅如此,截至 2021 年,本书在谷歌学术(Google Scholar)中检索到的引用高达 4437 次。

本书原著获得如此巨大的成功,与科尔曼(Coleman)教授和斯蒂尔(Steele)教授在这一领域的深厚造诣是分不开的。他们是美国相关领域重要标准(ASME PTC 19.1、ASME V&V 20)的制定者。而且,他们长期从事与传热和流动相关的实验研究及其不确定度分析工作,并不遗余力地推动不确定分析方法的发展与应用。另一方面,本书具有两个相辅相成的特点:第一个特点是本书立足于科研工作,系统阐述了科学研究中实验结果的不确定度分析方法,特别是在传热和流动领域;第二个特点是本书汇集了大量来源于实际科研工作的实例,而不是常见书籍中那样简单的测量实例。可以说,原著是一本"源于科研、服务于科研"的优秀著作。

由于原著内容与科学研究紧密相联,科尔曼教授和斯蒂尔教授依托原著进行了多达 125 次的培训,受益人数超过 2000 人,足迹遍布美国的科研机构和著名公司,如美国国家航空航天局(NASA)、美国海军水面战中心(U.S. Naval Surface Warfare Center)、美国陆军工兵水道实验站(U.S. Army Corps of Engineers Waterways Experiment Station)、美军导弹司令部(U.S. Army Missile Command)、美国空军研究实验室(U.S. Air Force Research Laboratory)、波音(Boeing)公司和通用电力(General Electric)公司等。美国航空航天学会在颁发其著名的"地面试验奖"给科尔曼教授和斯蒂尔教授时,曾经这样评价:"他们在实验不确定度分析中开创性地带来重大的方法革新,并在著作和短期课程中通过工程方法直接、有效地传播相关知识。"

  鉴于原著前言比较简单,笔者愿意借译者序对本书的结构与内容做一个简要的概述。第 1 章介绍了实验的不同阶段以及不确定度的基本概念、方法和分类。第 2 章介绍了在考虑/不考虑随机误差和系统误差两种情形下,直接测量结果的不确定度分析方法等。第 3 章介绍了间接测量不确定度分析的泰勒级数法和蒙特卡罗法。第 4 章结合大量来自实际科研工作的实例,介绍了泰勒级数法及其总不确定度的分析。第 5、6 章介绍了详细不确定度分析、随机不确定度分析和系统不确定度分析。第 7 章给出了详细不确定度分析的 5 个综合实例,涵盖了样本实验、稳态实验等,也涵盖了单次实验与比较实验等。第 8 章对于实验研究中经常遇到的实验结果回归问题,阐述了其不确定度分析的泰勒级数法和蒙特卡罗法。针对近几十年来数值模拟方法的发展,第 9 章专门对数值模拟的确认方法进行了简要阐述。

  与科尔曼教授和斯蒂尔教授一样,笔者也从事传热和流动等方面的科研和教学工作,因而在日常的工作中常常遇到实验不确定度、模拟的确认等问题。这样一本著作不仅可以作为我们日常科研工作的重要参考书,也可作为培养研究生的重要素材,这是促使我们翻译本书的出发点。笔者相信本书的出版也能给在流动和传热这一通用领域从事实验研究的科研人员、工程技术人员、研究生等在不确定度分析方面以有益的启示,成为他们进行不确定度分析的重要参考。

  本书第 1、2 和 7 章由曹夏昕翻译,第 3~6 章由边浩志翻译,第 8、9 章和附录由丁铭翻译。由于译者水平有限,本书翻译难免有不足和不当之处,望读者不吝赐教。

译者
2021 年 9 月于哈尔滨

第4版前言

最初同意修订第 4 版时，我们计划更新书中的蒙特卡罗方法及其部分实例。然而，我们很快意识到两件事情。

第一，我们两人已经退休了，因而第一次有了超级充足的时间来修订本书。

第二，本书自第 1 版出版以来，我们基于本书开设的为期两天的短期课程已经讲授超过 125 次，受益的人群遍及工程界和科学界。我们从他们提出的问题和建议中获得了大量有益的经验，并调整了课程中基本概念的呈现顺序和逻辑结构，因而它们与书中对应部分不再完全相同。

在本书第 4 版中，我们通过议题及其讨论这一方式，更新了一些概念的出现顺序。关于不确定度传播这一章已经重新改写，以突出蒙特卡罗方法已经成为不确定度传播分析的主流方法。修订后的第 3 章更加清晰地阐明了"总不确定度分析"和"详细不确定度分析"这两个概念，也介绍了如何利用电子表格程序应用蒙特卡罗方法进行复杂的不确定度分析。有关详细不确定度分析这一内容分为 3 章：随机不确定度的确定、系统不确定度的确定以及综合实例。根据我们的经验，书中编制了大量包括综合实例在内的实例，以涵盖不确定度分析的所有领域。

本书相较于其他书籍的优势在于它基于我们两人合在一起 100 年丰富的工程经验，我们在传热学、流体力学、推进系统、能源系统和不确定度分析方面取得的专业知识已经在陆上、导航、航海和航天工程中得到了广泛的应用，也参与了从实验室规模到工程规模的大量实验项目。我们积极加入专业协会委员会，制定了适合工程师们使用的实验不确定度分析标准和验证标准。在短期课程中，通过与来自工业界、实验室和学术界的各类参与者的互动，我们不仅获得了丰富的写作素材，而且深受启发。

由衷地感谢参与我们这一领域工作的学生以及大学和科技委员会同仁们的

无私奉献。课程中发放的一些学习资料帮助学生们应用不确定度分析迅速地解决他们在实验和分析中遇到的问题,对此我们深感欣慰。

Hugh W. Coleman, W. Glenn Steele

2017 年 11 月

目 录

第1章　实验、误差和不确定度 ·· 1
1.1　实验 ·· 1
　　1.1.1　实验的必要性 ·· 1
　　1.1.2　优度与不确定度分析 ·· 2
　　1.1.3　实验和模拟的确认 ·· 4
1.2　实验法 ·· 5
　　1.2.1　需要考虑的问题 ·· 5
　　1.2.2　实验项目的阶段 ·· 6
1.3　基本概念和定义 ·· 7
　　1.3.1　误差和不确定度 ·· 8
　　1.3.2　误差和不确定度的分类与命名 ·· 11
　　1.3.3　标准不确定度的估计 ·· 13
　　1.3.4　合成标准不确定度的确定 ·· 14
　　1.3.5　基本系统误差和校准的影响 ·· 15
　　1.3.6　从测量不确定度到实验不确定度 ···································· 17
　　1.3.7　重复和复现 ·· 19
　　1.3.8　不确定度估计值的置信度或包含程度 ···························· 20
1.4　数据简化方程确定的实验结果 ·· 21
1.5　指南和标准 ·· 23
　　1.5.1　实验不确定度分析 ·· 23
　　1.5.2　模拟的确认 ·· 24
1.6　对术语的说明 ·· 26
参考文献 ·· 26
习题 ·· 27

第2章 单一被测变量的置信区间和包含区间 ········ 28

- 2.1 蒙特卡罗法确定的包含区间 ············· 28
- 2.2 泰勒级数法确定的置信区间（仅考虑随机误差）········ 29
  - 2.2.1 统计分布 ············· 29
  - 2.2.2 高斯分布 ············· 30
  - 2.2.3 高斯总体分布的置信区间 ············· 35
  - 2.2.4 样本的置信区间 ············· 35
  - 2.2.5 样本的容忍区间和预测区间 ············· 39
  - 2.2.6 异常值的统计拒绝 ············· 42
- 2.3 泰勒级数法确定的置信区间（考虑随机误差和系统误差）············· 45
  - 2.3.1 中心极限定理 ············· 45
  - 2.3.2 系统标准不确定度的估计 ············· 47
  - 2.3.3 扩展不确定度的泰勒级数法 ············· 48
  - 2.3.4 大样本扩展不确定度的泰勒级数法 ············· 50
- 2.4 不确定度估计值和置信区间限值的不确定度 ············· 51
  - 2.4.1 不确定度估计值的不确定度 ············· 52
  - 2.4.2 置信区间限值的不确定度 ············· 53

参考文献 ············· 55
习题 ············· 56

第3章 多个被测变量确定结果的不确定度 ········ 59

- 3.1 总不确定度分析和详细不确定度分析 ············· 60
- 3.2 不确定度传播的蒙特卡罗法 ············· 61
  - 3.2.1 总不确定度分析 ············· 61
  - 3.2.2 详细不确定度分析 ············· 62
- 3.3 不确定度传播的泰勒级数法 ············· 65
  - 3.3.1 总不确定度分析 ············· 66
  - 3.3.2 详细不确定度分析 ············· 67
- 3.4 包含区间和扩展不确定度 ············· 69
  - 3.4.1 蒙特卡罗法的包含区间 ············· 69
  - 3.4.2 泰勒级数法的扩展不确定度 ············· 71
- 3.5 粗糙管内流动实验的总不确定度分析 ············· 73

3.5.1　总不确定度分析的泰勒级数法 …………… 74
　　　3.5.2　总不确定度分析的蒙特卡罗法 …………… 74
　　　3.5.3　电子表格程序的运用 …………………………… 75
　　　3.5.4　分析结果 ………………………………………… 78
　3.6　运用电子表格程序的进一步说明 …………………… 81
　参考文献 ………………………………………………………… 81
　习题 ……………………………………………………………… 82

第4章　总不确定度分析的泰勒级数法 …………………… 84

　4.1　泰勒级数法应用于实验设计 ………………………… 85
　4.2　特殊的函数形式 ……………………………………… 88
　4.3　在实验设计中的应用 ………………………………… 92
　4.4　粒子测量系统分析实例 ……………………………… 93
　　　4.4.1　问题描述 ………………………………………… 93
　　　4.4.2　测量技术与系统的确定 ………………………… 93
　　　4.4.3　实验分析 ………………………………………… 94
　　　4.4.4　不确定度分析结果的启示 ……………………… 96
　　　4.4.5　不确定度分析指导的设计改进 ………………… 96
　4.5　传热实验实例 ………………………………………… 98
　　　4.5.1　问题描述 ………………………………………… 98
　　　4.5.2　两种实验方法 …………………………………… 99
　　　4.5.3　稳态方法的总不确定度分析 …………………… 100
　　　4.5.4　瞬态方法的总不确定度分析 …………………… 103
　　　4.5.5　不确定度分析结果的启示 ……………………… 105
　4.6　结果呈报实例 ………………………………………… 106
　　　4.6.1　透平试验结果分析 ……………………………… 106
　　　4.6.2　太阳能吸收器/推力器试验结果分析 ………… 107
　参考文献 ………………………………………………………… 108
　习题 ……………………………………………………………… 108

第5章　详细不确定度分析：随机不确定度 ……………… 111

　5.1　详细不确定度分析的运用 …………………………… 111
　5.2　详细不确定度分析概述 ……………………………… 113
　5.3　实验结果的随机不确定度 …………………………… 116

5.3.1　可压缩流文丘里流量计校准实验 …………… 117
　　　5.3.2　实验室级大气温度下引射流动试验 …………… 119
　　　5.3.3　实验室级火箭发动机地面试验 …………… 121
　　　5.3.4　小结 …………… 123
　参考文献 …………… 124

第6章　详细不确定度分析：系统不确定度 …………… 125

　6.1　系统不确定度的估计 …………… 126
　　　6.1.1　物性的不确定度实例 …………… 129
　　　6.1.2　湍流传热试验实例 …………… 130
　　　6.1.3　透平效率试验实例 …………… 138
　6.2　系统误差的相关效应 …………… 140
　　　6.2.1　全量程的百分比型实例 …………… 142
　　　6.2.2　读数的百分比型实例 …………… 143
　　　6.2.3　随设定点变化型实例 …………… 144
　　　6.2.4　部分误差源相关实例 …………… 146
　　　6.2.5　流体平均流速实例 …………… 148
　6.3　比较试验 …………… 149
　　　6.3.1　差值型试验结果 …………… 150
　　　6.3.2　比值型试验结果 …………… 153
　6.4　实验执行中的一些考虑 …………… 154
　　　6.4.1　实验点的选择：矫正 …………… 154
　　　6.4.2　实验顺序的选择 …………… 158
　　　6.4.3　实验统计设计方法 …………… 160
　　　6.4.4　Jitter程序的运用 …………… 161
　　　6.4.5　瞬态实验 …………… 161
　　　6.4.6　数字化数据采集的误差 …………… 163
　参考文献 …………… 164
　习题 …………… 164

第7章　详细不确定度分析综合实例 …………… 167

　7.1　泰勒级数法综合实例：样本实验 …………… 167
　　　7.1.1　问题描述 …………… 167
　　　7.1.2　测量系统 …………… 168

  7.1.3 零阶复现水平分析 …………………………………… 169
  7.1.4 一阶复现水平分析 …………………………………… 172
  7.1.5 N阶复现水平分析 …………………………………… 173
 7.2 泰勒级数法综合实例:平衡验证的运用 ………………………… 174
 7.3 综合实例:稳态实验的调试和确认 …………………………… 176
  7.3.1 稳态实验中复现水平的阶数 ………………………… 177
  7.3.2 实例 ……………………………………………………… 177
 7.4 综合实例:换热器试验装置的单个试验或比较试验 … 181
  7.4.1 单个试验件的不确定度 ……………………………… 183
  7.4.2 两个试验件的不确定度 ……………………………… 188
 7.5 综合实例:核动力装置余热排出换热器试验 ………………… 193
  7.5.1 余热排出换热器的试验结果 ………………………… 193
  7.5.2 污垢热阻的对比试验及其不确定度 ………………… 196
参考文献 ……………………………………………………………………… 197
习题 …………………………………………………………………………… 197

第8章 回归的不确定度 …………………………………………… 200

 8.1 线性回归及其不确定度概述 …………………………………… 200
  8.1.1 回归系数的不确定度 ………………………………… 201
  8.1.2 回归模型计算值Y的不确定度 ……………………… 202
  8.1.3 函数关系的不确定度 ………………………………… 203
 8.2 回归不确定度的确定和展示 …………………………………… 203
  8.2.1 蒙特卡罗法确定回归的不确定度 …………………… 203
  8.2.2 泰勒级数法确定回归的不确定度 …………………… 204
  8.2.3 回归不确定度的呈报 ………………………………… 205
 8.3 最小二乘回归法 ………………………………………………… 206
 8.4 一阶回归实例:蒙特卡罗法的运用 …………………………… 208
 8.5 回归实例:泰勒级数法的运用 ………………………………… 211
  8.5.1 一阶系数的不确定度 ………………………………… 211
  8.5.2 一阶回归中Y的不确定度 …………………………… 212
  8.5.3 高阶回归中Y的不确定度 …………………………… 213
  8.5.4 函数关系回归中Y的不确定度 ……………………… 213
  8.5.5 多元线性回归的不确定度 …………………………… 215

8.6 泰勒级数法实例:流动实验的回归及不确定度 …… 216
    8.6.1 实验装置 …… 218
    8.6.2 压力传感器校准及其不确定度 …… 218
    8.6.3 文丘里流量系数及其不确定度 …… 222
    8.6.4 流量及其不确定度 …… 225
参考文献 …… 228
习题 …… 228

第9章 模拟的确认 …… 231

9.1 确认方法概述 …… 231
9.2 误差与不确定度 …… 232
9.3 与确认相关的符号说明 …… 232
9.4 确认方法 …… 234
9.5 程序与解法验证 …… 236
9.6 确认结果分析 …… 237
    9.6.1 无假设的误差分布 …… 237
    9.6.2 带假设的误差分布 …… 238
9.7 确认不确定度的估计 …… 238
    9.7.1 直接测量结果实例 …… 239
    9.7.2 数据简化方程实例 …… 242
    9.7.3 复杂数据简化方程实例 …… 246
9.8 实际的建议 …… 249
参考文献 …… 250

部分习题答案 …… 251

附录A 统计学基础知识 …… 253

附录B 不确定度传播的泰勒级数法 …… 259

B.1 不确定度传播方程的推导 …… 259
B.2 方法比较 …… 263
    B.2.1 阿伯内西方法 …… 263
    B.2.2 科尔曼-斯蒂尔方法 …… 264
    B.2.3 ISO指南GUM 1993方法 …… 264
    B.2.4 AIAA标准、AGARD和ANSI/ASME方法 …… 265

    B.2.5 　NIST 方法 ………………………………… 265
  B.3 　工程应用中的额外假设 ………………………… 266
    B.3.1 　包含因子的近似 ……………………………… 266
  参考文献 …………………………………………………… 268

附录 C **不确定度计算模型的比较** ……………………………… 270

  C.1 　蒙特卡罗模拟 ………………………………… 270
  C.2 　模拟结果 ……………………………………… 272
  参考文献 …………………………………………………… 281

附录 D **蒙特卡罗法的最短包含区间** …………………………… 282

  参考文献 …………………………………………………… 283

附录 E **非对称的系统不确定度** ………………………………… 284

  E.1 　泰勒级数法 …………………………………… 284
  E.2 　蒙特卡罗法 …………………………………… 288
  E.3 　气体温度测量系统的偏差实例 ……………… 288
  参考文献 …………………………………………………… 293

附录 F **测量系统的动态响应** …………………………………… 295

  F.1 　总仪器响应 …………………………………… 295
  F.2 　零阶仪器响应 ………………………………… 297
  F.3 　一阶仪器响应 ………………………………… 297
  F.4 　二阶仪器响应 ………………………………… 300
  F.5 　小结 …………………………………………… 303
  参考文献 …………………………………………………… 303

第1章
实验、误差和不确定度

当提起实验这个词时,大部分人的脑海中会立刻浮现实验人员在实验室里采集数据这一场景。在过去的几十年里,杂志、电视节目和电影中反复出现这样一个场景:冶炼厂中的管道、仪表或非常复杂的实验室玻璃器皿围绕着一个身穿白色实验服并正在笔记板上做记录的工程师或科学家。这不断强化着实验就是采集数据这一观念。近年来,冶炼厂这一场所变成了装满计算机数据采集设备的控制室,而且室内常装满了带有闪着灯光的支架和面板。在大学里,由于学生们去实验室进行演示实验时,实验装置已经搭建完毕,因而学生们更多受到的是实验过程的指导。从某种程度上来说,大学里典型实验课程的这一模式也强化了实验就是采集数据这一观念。对于实验来说,用于采集数据的时间非常有限,大部分时间需用于解释实验数据和呈报实验结果。例如,判断什么是错的,实验结果表明什么。

实验不仅仅是采集数据。在实验室里采集数据就是实验,这是一种被广泛持有但错误的观念。如果任何工程师或科学家持有这种观念,那么他(她)将是一个失败的实验者。在一个成熟的实验计划中,采集数据所花费的时间通常仅占一小部分,也仅是所有努力中的一小部分。本书将以逻辑且详细的方式检验和讨论实验所涉及的步骤和技术。

1.1 实 验

1.1.1 实验的必要性

为什么实验是必要的?为何要学习实验课程?在科学与工程课程中,进行实验是为了演示物理原理和过程,但是一旦完成这些演示并且对课程内容已经烂熟于心后,为什么还要费力进行实验?利用已知的物理定律、复杂的解析法、日益完善的数值方法和日益强大的计算能力,现实中还需要实验吗?

这些都是非常有价值的问题。图 1.1 示出了解析法求解一个物理问题的典型过程,借助它可回答上述问题。解析法的求解过程本身需要实验提供的一些信息。为了利用物理定律建立真实物理过程的数学模型,在进行假设和简化之前,有时实验结果是必需的。除此之外,实验获得的信息通常被表达成物性和辅助方程(如状态方程)的形式;这些信息在解析法求解过程中是必需的。因此,即使采用了解析法或数值法,其求解过程实际上也离不开实验获得的信息。

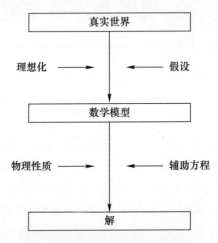

图 1.1　解析方法求解问题的过程

从更普遍的角度来说,实验是科学与工程的基础。韦式字典[1]把科学定义为:通过观察、研究和开展实验获得系统的知识以确定被研究对象的本质或原理。在讨论科学方法时,肖特利(Shortley)和威廉姆斯(Williams)[2]陈述道:科学的方法是通过系统的努力以构建各种理论,它能将观察到的事实联系起来,并能够解释未来观测到的结果。这些理论可通过可控的实验进行验证,而且,只要它们与所有观测的结果一致,那么这些理论就只能被接受。

在许多科学和工程上有价值的系统和过程中,几何结构、边界条件和物理现象十分复杂以至于使用现存的解析/数值模型和方法无法得到令人满意的结果。在这样的情况下,只能借助实验方法来确定这些系统和/或过程的特性(例如,得到问题的解)。

1.1.2　优度与不确定度分析

当在解析解中使用了物性或通过实验获得的信息时,必须考虑"实验获得的信息有多好?"这个问题。同理,在对比数学模型的计算结果与实验数据并在基于比较结果下结论时,也应考虑数据的优度(degree of goodness)。图1.2 给出了一个示例。在图1.2(a)中,两个不同的数学模型的结果与一组实验结果进行了比较。两个模型的建立者可能需花相当长的时间来争论"哪个模型符合得更好?"这个问题。在图1.2(b)中,虽然数据是相同的,但对每个数据点给出了 Y 值的不确定度(误差可能的大小)。显然,当考虑了 Y 值的优度之后,仅从模型结果与实验数据的匹配程度来争论"哪个模型更好?"是无意义的。数据的不确定度所确定的"噪声水平"有效地设定了这种比较的分辨率。

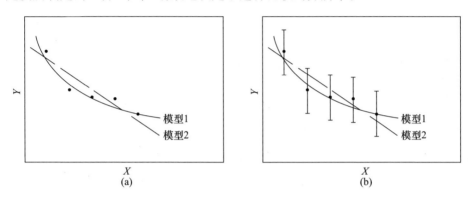

图1.2 模型计算结果与实验数据的比较
(a)不考虑 Y 的不确定度;(b)考虑 Y 的不确定度。

后续章节将详细地讨论如上所述的模拟结果与实验结果间的"验证"比较。在此需要指出的是,X 的实验值同样存在误差,因而 X 值也存在不确定度。此外,受模型误差、模型的输入误差和方程的数值求解算法误差的影响,模拟结果同样存在不确定度。

由这个例子可知,即使我们并不打算成为实验者,也需要了解实验过程和影响实验数据与模拟结果优度的各种因素。

当采用实验方法来回答或求解一个问题时,在建造实验装置和采集实验数据之前,应充分考虑"结果能有多好?"这个问题。如果答案或解的误差必须在某个范围之内(如5%)才有价值,那么花时间和资金去开展一个结果误差大幅超过5%的实验将毫无意义。

本书采用不确定度(uncertainty)这一概念描述测量、实验结果或解析(模拟)结果的优度。申克(Schenck)[3]在书中引用了克兰对实验不确定度的定义:如果能够通过校准来测量一个误差,我们认为的误差就是实验的不确定度。

误差 δ 是一个有特定符号和大小的量;一个特定的误差 δ_i 是误差源 i 引起的测量值或模拟值与真值(true value)之间的差值。通常认为,符号和大小已知的各种误差是可以通过修正来消除的,这一点将在后续章节详细介绍。因而,任何剩余的均是符号和大小未知的误差①,估计不确定度 u 的目的是利用 $\pm u$ 这个范围将 δ 包含在内。

由此可知,不确定度 u 为这样一个估计值,它与 a 组成 $a \pm u$ 这样一个区间,这个区间包含了误差 δ 的值(未知)②。这一概念可结合图 1.3 来做进一步说明,图中给出了实际符号和大小未知的误差 δ_d 的不确定度区间 $\pm u_d$。

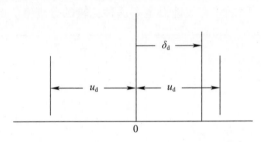

图 1.3　不确定度 u 定义了一个估计的区间,
它能将符号和大小未知的误差的实际值包含在内

不确定度分析(即分析实验测量值、实验和模拟结果中的不确定度)是一个强有力的工具。它在计划和设计实验时十分有用。正如第 4 章所述,即使实验中所有的测量值的不确定度仅有 1%,但是最终的实验结果的不确定度可能达到 50% 以上。在实验最初的计划阶段,通过不确定度分析可以确定出这样的情形,这可极大地节约实验者的时间和金钱,并避免不必要的窘迫。

1.1.3　实验和模拟的确认

在过去的几十年里,计算能力的不断提高以及各类建模手段和数值求解算法的发展增强了科学界与工程界模拟现实世界的能力。这种能力足以通过开展特别细致的模拟预测分析来代替以往所需的大量实验研究,进而设计研发出新系统并将其投入市场。这些新系统涵盖了从最简单的机械和结构装置到火箭发动机的喷嘴、商用飞机、军用武器系统,甚至核动力系统。

在过去,需要在大量设定点处进行实验以确定系统及其子系统的性能,并且这些设定点需覆盖系统预期的运行范围。对于复杂的大型系统来说,即使不是完全不可能,但是利用有限的资源来进行所需的实验计划是非常昂贵的。目前

---

① 非对称的误差更有可能(或确定)偏向于一侧而非另一侧。通过"零中心"或非对称不确定度的方法来处理这种非对称误差详见第 6 章和附录 E。

② 在最初介绍基本概念时为了简化分析,先假设不确定度区间是对称的。当然,这个假设不是必须的,当更为详细地讨论误差和不确定度的特征时,将取消这个假设。

的方法是寻求成本更低的、经过所选点实验确认的模拟结果来代替一部分或大部分实验研究。为了更有把握地采用上述方法,需要了解"模拟仿真对所选点的预测结果有多好?"。这促使了模拟(如模型、代码)的验证和确认(verification and validation, V&V)[①]领域的诞生。

验证(verification)是指利用一些方法来确定数值算法正确地求解了模型中的方程,以及估计计算力学中方程离散(有限差分法、有限元法和有限体积法)所产生的不确定度。验证针对的是"方程是否被正确地求解了?"这一问题,但不解决"方程能多准确地描述真实世界?"这一问题。确认(validation)是确定模型描述真实世界的精确程度的过程,即处理"预测有多准确?"这一问题。

验证是确认过程必要的组成部分,本书通过引用参考文献的方式对此进行简要的描述以帮助期望获得更多信息的读者,但是仅限定在本书希望涵盖的范围之内。由于实验、实验结果和模拟结果的不确定度是确认的核心问题,那么本书将涵盖确认的具体内容。在讨论实验不确定度分析过程中将顺理成章地引入一些基本思想和概念,例如,评估因模拟输入参数的不确定度所导致的模拟结果的不确定度。对于与确认相关的一些思想和概念的应用,本书将在第9章通过详细地讨论一些实例加以说明。

1.2 实 验 法

在大部分实验项目中,实验结果(要解答的问题)并不是直接测量量,而是基于数据简化方程(data reduction equation, DRE)将多个变量加以合成得到的结果。例如,基于测量得到的流量、温度以及查表得到的物性参数所确定的换热器的换热量。同样地,对于所有无量纲参数,例如常用于表示实验结果的阻力系数、努塞特数、雷诺数、马赫数,它们本身就是数据简化方程。对于实验项目而言,除了确定合适的数据简化方程之外,还有一些必须要回答的问题。

1.2.1 需要考虑的问题

当采用实验法来求解一个问题时,需要考虑许多问题。其中一部分如下:
(1) 正在尝试回答什么问题?问题是什么?
(2) 要知道的答案需多精确?答案如何被使用?
(3) 涉及哪些物理原理?哪些物理定律控制这一过程?

---

① 译者注:validation 一词在 V&V 领域的通行译法为"确认",但当其单独出现时,本书将其译为"验证"以使语句更加通俗易懂。当其与 verification 成对出现时,仍然采用通行译法。

(4) 哪个实验或哪组实验能解决问题？
(5) 需要控制哪些变量？控制多好？
(6) 需要测量哪些参数？需要多精确？
(7) 需要使用哪些仪器？
(8) 如何采集、调整和储存数据？
(9) 需要采集多少数据？何种顺序？
(10) 是否能够满足预算和时间的限制？
(11) 应采用何种数据分析方法？
(12) 如何最有效地展示数据？
(13) 数据暴露出哪些未预期的问题？
(14) 数据和结果以何种形式进行呈报？

虽然无法囊括所有问题，但是这个问题清单确实罗列了实验者需要考虑的众多因素。虽然这是一个看上去有点让人泄气甚至绝望的清单，但是事实未必如此。借助实验项目每个阶段中的不确定度分析和逻辑且详细的方法，通常可减少表面上的复杂度，并提高获得成功的概率。

关键的一点是避免过度地沉浸在许多需要考虑的细节里而忘了实验的整体目标。这个说法听上去很老套，但是实际上是无比正确的。做实验是为了找到问题的答案，同时需要知道答案的不确定度范围，而这个范围的大小通常由答案的预期用途来决定。不确定度分析是一种帮助实验者在实验的每个阶段做决定的工具，而在做决定时需要关注预期的结果和不确定度。通过合理地运用，这一方法能帮助实验者避开各种隐藏的陷阱，也能帮助实验者获得一个具有可接受不确定度的答案。

1.2.2 实验项目的阶段

一个实验项目可根据多种方式划分成不同的部分或阶段。为了便于本书后续介绍，笔者将实验分为计划、设计、建造、调试、实施、数据分析和呈报结果七个阶段。不同的阶段实际上没有明显的界限，它们经常相互重叠，而且有时不同的阶段同步进行。例如，调试发现的问题导致设计变更，并需要添置额外的设备。

在计划阶段(planning phase)，考虑和评估各种可用于解决问题的方法。有时，这一阶段也被称为初步设计阶段(preliminary design phase)。

在设计阶段(designing phase)，利用在计划阶段所获得的信息确定需要的仪器、实验装置的布置细节等。确定实验计划、参数的运行范围、需要采集的数据、运行顺序等。

在建造阶段(construction phase)，将各部件组装成一个完整的实验装置，并进行一些必要的仪器标定等。

在调试阶段(debugging phase),实验装置进行试运行,并发现一些非预期的问题(这一点应在意料之中)。调试阶段得到的结果通常会引起一些实验装置结构和运行方式的变更,甚至重新设计。一旦调试结束之后,实验者应很清楚装置的运行状况和影响实验结果不确定度的各类因素。

在实施阶段(execution phase),运行实验,采集、记录和储存数据。通常,通过在实验系统中设计的各种校验手段来监视装置的运行状况,以防止实验装置或运行条件出现未注意的和不期望的变化。

在数据分析阶段(data analysis phase),通过分析数据以得到原始问题的答案或问题的解决途径。在呈报阶段(reporting phase),将实验数据和结论以最大化实用性的方式进行呈报。

后续章节将讨论适合于上述每个阶段的方法。通过这些方法可以发现利用不确定度分析及其相关技术(如平衡校验)可以确保实验者所投入的时间、努力和资金得到最大的回报。

1.3 基本概念和定义

完美的测量是不存在的。一个变量的所有测量值均包含一定的不准确度。如果将要进行实验或应用实验获得的数据,由于了解这些不准确性非常重要,因此必须谨慎地定义所涉及的概念。正如1.2节所述,数据简化方程可将多个测量值合成一个实验结果,因此必须要考虑单个被测变量的误差和不确定度,这些误差和不确定度是如何通过数据简化方程进行传递的,以及合成的实验结果的误差和不确定度。目前有两种方法可用于分析这种传播过程。

第一种方法是蒙特卡罗方法(Monte Carlo method, MCM),它基于假设的分布得到样本误差,并通过模拟运行许多次实验得到不同组的样本误差集。这一方法在国际上较权威的指南是计量学联合委员会指南(Joint Committee for Guides in Metrology, JCGM)[4]①,下文将其称为GUM 2008,并将其作为蒙特卡罗方法的标准参考文献。

第二种方法是经典的泰勒级数法(Taylor series method, TSM),它通常忽略泰勒级数的高阶项,因而不那么精确。这一方法在国际上较权威的指南来自国

---

① JCGM是一个机构,但有时也作为其发布的指南的名称使用,如JCGM 100 2008。当作为机构时,将其译为计量学指南联合委员会;当作为指南名称时,为了避免引起文字上的歧义,特将其译为计量联合委员会指南。

际标准化组织(international organization for standardization, ISO),下文将其称为 GUM 1993,并将其作为泰勒级数法的标准参考文献。

对于那些被测变量就是实验结果而不需要数据简化方程的情况,由于涉及覆盖区间(coverage interval)和置信区间(confidence interval)等概念,本章后续小节和第 2 章首先介绍这两种方法在评估误差和不确定度中的差异。不过,对这两种不确定度传播方法的详细介绍将从第 3 章开始。

1.3.1 误差和不确定度

考虑某一过程的一个变量 X,假设它是稳态的,那么其真值 X_{true} 是一个常数。这个变量的测量值会受到大量基本误差源(elemental error source)的影响,例如,校准使用的标准及不完美的校准过程引起的误差;环境温度、湿度、压力、振动、电磁感应等引起的误差;所测量在稳态过程中的非稳态因素引起的误差;由于传感器与环境的相互作用引起的误差;传感器安装引起的误差;等等。

假设一个测量系统对变量 X 进行了 N 次连续测量,且测量过程中受 5 种主要的误差源的影响,如图 1.4 所示。

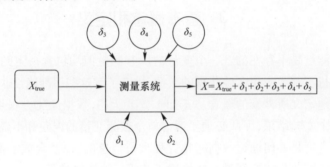

图 1.4 一个受 5 种误差源影响的变量的测量

前三次的测量值为

$$X_1 = X_{\text{true}} + (\delta_1)_1 + (\delta_2)_1 + (\delta_3)_1 + (\delta_4)_1 + (\delta_5)_1$$
$$X_2 = X_{\text{true}} + (\delta_1)_2 + (\delta_2)_2 + (\delta_3)_2 + (\delta_4)_2 + (\delta_5)_2$$
$$X_3 = X_{\text{true}} + (\delta_1)_3 + (\delta_2)_3 + (\delta_3)_3 + (\delta_4)_3 + (\delta_5)_3 \qquad (1.1)$$

式中:δ_1 为第一个误差源的误差值;δ_2 为第二个误差源的误差值;依此类推。

有些误差源在测量过程中发生变化,因而它们在每次测量中是不同的;有些误差源未发生变化,因而它们在每次测量值中是相同的。综合的结果是每次测量值 X_1、X_2 和 X_3 是不同的。按照传统的命名法,符号 β 用于表示不随时间变化的误差,符号 ε 表示随时间变化的误差。例如,假设误差源 1 和 2 引起的误差不

随时间变化,而误差源3、4和5引起的误差随时间变化,那么式(1.1)可改写为

$$X_1 = X_{\text{true}} + \beta_1 + \beta_2 + (\varepsilon_3)_1 + (\varepsilon_4)_1 + (\varepsilon_5)_1$$
$$X_2 = X_{\text{true}} + \beta_1 + \beta_2 + (\varepsilon_3)_2 + (\varepsilon_4)_2 + (\varepsilon_5)_2$$
$$X_3 = X_{\text{true}} + \beta_1 + \beta_2 + (\varepsilon_3)_3 + (\varepsilon_4)_3 + (\varepsilon_5)_3 \tag{1.2}$$

既然仅通过测量值无法辨别 β_1 和 β_2,或者 ε_1、ε_2 和 ε_3,那么采用式(1.3)进行描述更为实用:

$$X_1 = X_{\text{true}} + \beta + (\varepsilon)_1$$
$$X_2 = X_{\text{true}} + \beta + (\varepsilon)_2$$
$$X_3 = X_{\text{true}} + \beta + (\varepsilon)_3 \tag{1.3}$$

其中

$$\beta = \beta_1 + \beta_2 \tag{1.4}$$
$$\varepsilon = \varepsilon_3 + \varepsilon_4 + \varepsilon_5$$

误差对变量 X 连续测量过程的影响如图1.5所示。图1.5(a)所示的是其第一次测量值 X_1。该测量值与真值之间的差值为总误差 δ_{X_1},其为不变误差 β(不随时间变化的基本误差源引起的所有误差之和)和变化误差 ε_1(在进行 N 次测量期间,随时间变化的误差源引起的所有误差之和)之和。图1.5(b)中引入了第二次测量值,显然该测量值的总误差 δ_{X_2} 与 δ_{X_1} 不同,因为在每次测量过程中随时间变化的误差 ε 均不相同。

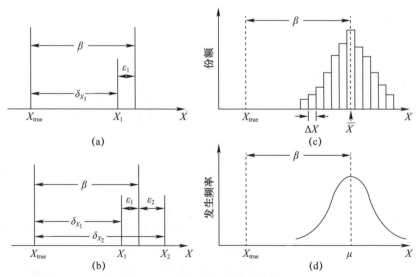

图1.5 误差对变量 X 连续测量过程的影响

如果继续采集更多的测量值,则可将位于 X 与 $X+\Delta X$,$X+\Delta X$ 与 $X+2\Delta X$,$X+2\Delta X$ 与 $X+3\Delta X$,…之间的测量值在所有 N 次测量值中所占的份额绘制成直方图;其中,ΔX 表示组距(bin width),上述变化规律如图1.5(c)所示,其揭示了全部 N 个测量值的分布形式。N 个测量值组成的样本总体(sample population)的分布通常呈现为:样本平均值附近出现更多的测量值,而离均值越远,测量值越少。基于上述参量还可以计算得到平均值(mean value) $\bar{X}$ 和标准差(standard deviation) s;其中,标准差用来表征 X 值分布的宽度(测量期间由各类误差源的误差所导致测量值的离散程度)。

当测量值的数量趋于无穷大时,其总体分布(parent population distribution)的形状如图1.5(d)所示(尽管未必是完全对称),其均值 μ 与 X_{true} 相差 β(所有不变的误差之和)。虽然测量过程肯定无法获得无穷多个测量值,但是总体分布这个概念非常有用。

图1.6示出了符合上述规律的一组真实测量数据。24名学生以 $0.1°F$ 为最小读数读取一支浸没在保温容器中的温度计示数而得到这些数据。学生不知情的是这支温度计本身的测量值偏高 $1°F$,"真实"的水温约为 $96.0°F$。学生读取的温度值分布在平均值 $97.2°F$ 附近,与真实值 $96.0°F$ 有偏差。

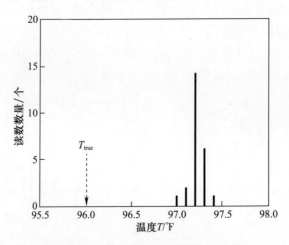

图1.6 24名学生的温度读数的直方图

从这一数据样本中能获取的是 X_{true} 落入的范围($X_{best} \pm u_X$)。通常来说,X_{best} 等于 N 个测量值的平均值(当 $N=1$ 时,X_{best} 就是测量值)。不确定度 u_X 是对可能包含所有影响测量值 X 的误差在内的区间($\pm u_X$)的估计。图1.5(a)所示的第一次测量值受图1.4所示的5种误差源的影响。由式(1.2)可知,第一个测量值 X_1 为

$$X_1 = X_{\text{true}} + \beta_1 + \beta_2 + (\varepsilon_3)_1 + (\varepsilon_4)_1 + (\varepsilon_5)_1 \tag{1.5}$$

为将 X 的测量值与不确定度联系起来,需要所有基本误差源的不确定度的估计值。即不确定度 u_1 确定了 β_1 落入的范围 $\pm u_1$;不确定度 u_3 确定了 ε_3 落入的范围 $\pm u_3$。

根据 GUM 2008[4] 和 GUM 1993[5] 中的概念和规程,标准不确定度(standard uncertainty) u 定义为:总体的某一特定基本误差的标准差的估计值。对于 X 的 N 个测量值,图1.5(c)所示的样本分布的标准差为

$$s_X = \left[\frac{1}{N-1} \sum_{i=1}^{N} (X_i - \bar{X})^2 \right]^{1/2} \tag{1.6}$$

式中,X 的均值为

$$\bar{X} = \frac{1}{N} \sum_{i=1}^{N} X_i \tag{1.7}$$

如何确定哪些误差源的影响已经被包含在(标准不确定度)s_X 内而哪些没有? 直接的回答是:必须确定哪些基本误差源在测量过程中是不变的,这意味着它们在每一次测量中均产生了相同的误差。这些不变的误差源及其影响未被包含在 s_X 中。相反地,所有在测量过程中变化的基本误差源(无论是否知道具体的数量)的影响都已被包含在 s_X 中。为了解和考虑所有重要的误差源的影响,必须区分这两类误差源:第一类包含所有不变的误差源,它们的影响不包含在 s_X 中;第二类包含测量过程中变化的误差源,它们的影响包含在 s_X 中。在确定被测变量 X 的标准不确定度 u_X 之前,应先估计来自不变误差源的标准不确定度。

1.3.2 误差和不确定度的分类与命名

1) 传统名称:随机/系统分类

在美国,传统意义上的误差根据它们对测量的影响进行分类。"随机误差"这一术语用于表示那些在测量过程中发生变化的误差;系统误差这一名称被用于那些在测量中不发生变化的误差。与误差相关的不确定度也分成随机不确定度和系统不确定度。本书中也将采用这两个术语,将它们称为随机标准不确定度和系统标准不确定度。

"随机"这个词语稍微有点歧义,因为这类误差实际包含所有发生变化的误差,然而许多变量并不是随机的。例如,在许多工程系统的稳态实验中,经常存在随时间漂移的因素导致的示数变化,这一点肯定不是随机的。虽然本书将继续采用随机这个名称,但需要注意它不太准确的内涵。

系统误差在某一特定设定点处不发生变化,但在不同的设定点处的值可能不同。系统不确定度经常被表述为读数的百分数就是很好的一个例子。这将在后续讨论中进行详细说明。

2) GUM 1993:类型 A/类型 B 分类

根据对基本误差源的评定方式,GUM 1993 推荐将标准不确定度分为类型 A 和类型 B 两类。不确定度 A 类评定方式是通过对一系列观察结果的统计分析来评估不确定度的方法,一般用符号 s 表示。不确定度 B 类评定方式是通过对一系列观察结果的非统计分析评估不确定度的方法,用符号 u 表示。例如,对于 1.3.1 节所讨论的例子,如果 b_1 是基于校准数据的统计评价得到的,那么它是 A 类标准不确定度,记为 $b_{1,A}$。如果 b_2 是基于传感器的解析模型及其边界条件得到的,那么它是 B 类标准不确定度,记为 $b_{2,B}$。正如 s_X 是通过统计方法获得的,那么它是 A 类标准不确定度,且应记为 $s_{X,A}$。

3) 工程风险分析:偶然/认知/必然

在工程风险、安全和可靠性分析领域,不确定度通常被表述为偶然、认知和必然三类。斯奎尔(Squair)[6] 对此进行了有趣的讨论,并与美国前国防部长拉姆斯菲尔德所提出的已知的已知量(known knowns)、已知的未知量(known unknowns)和未知的未知量(unknown unknowns)这一分类方式进行了比较。偶然不确定度(aleatory uncertainty)与变化有关,这一变化在工程实验中可基于多次测量计算得到(可能以标准差的形式计算),可将其视为已知的已知量。认知不确定度(epistemic uncertainty)与不确定性有关,对应于已知的未知量。斯奎尔将其表述为"我们缺少相关的知识,仅仅是意识到了缺少相关知识"。必然不确定度(ontological uncertainty)是对应于未知的未知量,这意味着我们不仅不知道,而且甚至没有意识到我们不知道。

从实际应用的角度来说,误差并不自知其名称!工程师们运用数学时,常借助于概念建模方法,即他们假设的是对的;他们也是这样使用误差的名称的。只要能解释所有重要的误差,那么各误差的名称并不重要。对误差采用英语、俄语、中文或阿拉伯语命名或为其指定一个符号并不会改变或影响误差的本质。

综上所述,误差是一个有特定符号和大小的量。本书认为已知符号和大小的误差将被修正或已完成了修正。因此,在后续章节中除非特殊说明外,所述的误差是未知符号和大小的量。不确定度 u 是对可能涵盖了所有误差的区间的一种估计。既然标准不确定度不需要总体误差分布形式的任何假设,那么误差落入不确定度区间 u 的概率也就无从得知。

1.3.3 标准不确定度的估计

式(1.6)给出了一个被测变量的随机不确定度 s_X,它是测量过程中所有发生变化的基本误差源对被测变量产生影响的估计值。

系统基本误差源对被测变量 X 的影响的估计方法没有随机不确定度那么直接。本书与参考文献[7]一样,将系统标准不确定度记为 b_i,它是对某个系统误差 β_i 所引起总体分布标准差的估计值。符号 b 源于过去几十年里使用的"偏差(bias)"这个术语;在目前的用法中,它已经被系统的这一术语所代替,用于表示不随时间变化的误差及其影响。

当首次碰到一个系统误差的"总体"这一概念时,这个概念本身看似自相矛盾。通过一个简单的例子可以让这个概念更加明晰。例如,计划利用一个 XA2 型电压计来记录测量系统输出的一个约为 12.25V 的电压值。假设在校准过程中不存在随机误差源或不稳定性。

假设从一个有数千台 XA2 型电压计的仓库里选取了第 12 台电压计。当通过一个完美的校准装置给电压计输入 12.25V 的电压时,它的读数是 12.29V。也就是说,它的读数高了 0.04V,这就是其系统误差 β_{12}。接下去选取第 13 台电压计,并重复校准过程,发现其读数低了 0.07V,这是它的系统误差 β_{13}。对第 45、73、102 台电压计等重复以上过程,最终获得一个 β 的分布,并可以通过这个分布计算标准差 b,如图 1.7 所示。由于无法得知从一堆 XA2 型电压计中恰好挑选出的那个电压计的实际 β 值是多少,那么可以采用 b 值作为测量系统中 XA2 型电压计在 12.25V 处的系统不确定度。

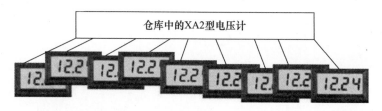

在与输入每个电压计的12.25V完美标准进行对比后,各电压计的 β 实际值为

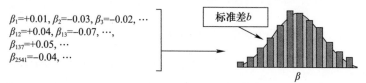

图 1.7 一组含有不同系统误差的"相同的"电压计

本章后续小节将介绍和讨论用于估计基本误差源的系统标准不确定度的各

种方法。这些方法包括利用过去的经验、制造商的规格书、校准数据、专门设计的辅助实验获得的结果、分析模型的结果等。尽管图 1.7 所示的直方图看似为高斯分布，但是其仅仅是示意图。在实际过程中，在缺乏其他信息的条件下，通常将不随时间变化的误差源假设为均匀分布；也就是说，可以合理地认为系统误差位于 $\pm A$ 的限值内，但是没有偏向于 $+A$、$-A$ 或 0。在这种情况下，β 可假设为均匀分布，如图 1.8 所示；其系统标准不确定度可估计为 $b = A/\sqrt{3}$，即均匀分布的标准差。

如果系统误差不是均匀分布，而是更可能倾向于 0 而不是 $+A$ 或 $-A$。在这种情况下，图 1.9 所示的三角分布将更为合适。如图 1.9 所示，这时系统标准不确定度 $b = A/\sqrt{6}$，即三角分布的标准差。

最关键的是在一个变量的测量中，均需要对每一种认为重要的系统误差源的分布进行标准差估计。这取决于分析人员如何利用最佳的信息及其做出的判断。

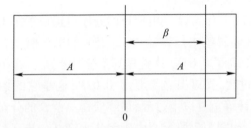

图 1.8　均匀分布的系统误差 β

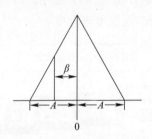

图 1.9　三角分布的系统误差 β

1.3.4　合成标准不确定度的确定

对于 1.3.1 节的例子和式(1.5)，随机标准不确定度 s_X 用以表示来自随时间变化的误差源 3、4 和 5 的误差。系统标准不确定度 b_1 和 b_2 分别用以表征误差源 1 和 2 的误差。基于上述不确定度获得合成标准不确定度(combined standard uncertainty) u_X 的方法取决于采取蒙特卡罗法模型或是泰勒级数法模型。

对于蒙特卡罗法,基本标准不确定度的合成过程如图1.10所示。对每一种误差源均假设一种已知标准差(等于标准不确定度)的误差分布。对于模拟中的每一次迭代i,从每一个误差源抽样出一个误差,并计算变量X_i的一个"被测量"。经过足够多数量的M次迭代,可以计算得到变量X的M个值的样本分布标准差,这个标准差即为合成标准不确定度u_X。

对于泰勒级数法,利用平方和的平方根(RSS)可将基本标准不确定度合成为合成标准不确定度u_X:

$$u_X = (b_1^2 + b_2^2 + s_X^2)^{1/2} \tag{1.8}$$

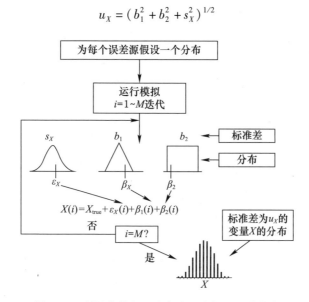

图1.10 利用蒙特卡罗法合成基本标准不确定度

1.3.5 基本系统误差和校准的影响

在过去,一直存在一个错误的观念:系统误差的影响可以通过校准消除。实际上,在各类有关误差分析或不确定度分析的书籍和文章中,经常通过"所有偏移误差已通过校准消除了"这样简单的表述就将系统误差草率地搁置了。在实际实验条件下,这是不可能的。

例如,利用热电偶系统(TC)测量温度的过程,如图1.11(a)所示。该热电偶系统连接至数据采集系统(DAS),后者通常由电子标准接头、信号调节、数模转换电子电压计等组成。热电偶处于真实温度为T_{true}的环境下,整个系统输出的电压为V_0。

假设一支热电偶未经校准就直接用于温度测量。如图1.11(b)所示,利用相应类型的通用热电偶$T-V_0$分度表,通过电压V_0可得到所对应的温度T,该

温度就是 T_{true} 的测量值。这个值的不确定度受到如下的基本系统误差的影响：

(1) β_{tc}——这支热电偶与分度表中通用热电偶的差异；

(2) $\beta_{\text{ref-junc}}$——源于电子标准接头的误差；

(3) $\beta_{\text{s/c}}$——源于信号调节器的误差；

(4) $\beta_{\text{a/d}}$——源于模拟－数字转换器的误差；

(5) β_{dvm}——源于电子电压计的误差。

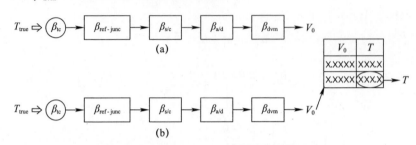

图 1.11 （a）热电偶系统及其输出电压 V_0，(b)未经校准的热电偶利用温度－电压表测量温度

图 1.12(a)显示了热电偶的校准过程。把热电偶和温度标准系统同时放置于相同的温度（T_{true}）中，然后将热电偶系统的输出电压和校准标准指示的温度 T_{std} 成对置于校准表中，并令其代替之前采用的通用分度表。

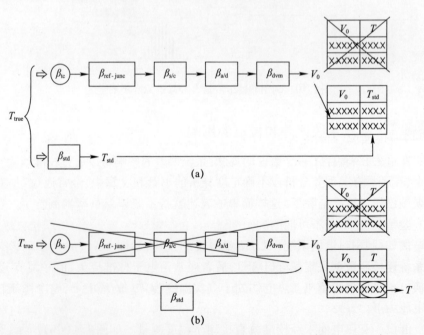

图 1.12 （a）利用温度标准系统进行热电偶系统的校准，(b)校准后的系统测量温度

当使用这个经校准后的热电偶系统来测量温度(真实温度T_{true})时,如图1.12(b)所示,根据输出电压V_0查询校准分度表可获得相应的温度,该温度是温度标准的读数。这时测量温度T的不确定度受系统误差β_{std}的影响(T_{std}与T_{true}的差异),其代替了β_{tc}、$\beta_{ref-junc}$、$\beta_{s/c}$、$\beta_{a/d}$、β_{dvm}的影响。

由此可知,通过校准过程,系统误差能被更小的误差所代替(希望如此)。这个例子并没有考虑实验过程中可能出现的其他系统误差源,例如,安装、热电偶与环境的相互作用以及其他将在后续章节中讨论的误差。当然,这些误差不会在经严格控制的标定过程中出现。

需要重新考虑的是什么被校准了。如果实验中使用的热电偶和数据采集系统一起被校准了,那么误差就是上面提到的那样。然而,如果校准过程中使用的数据采集系统(DAS_{cal})不同于实际实验中数据采集系统(DAS_{test}),β_{std}仅仅代替了β_{tc}。测量结果温度T的不确定度包括:①β_{std};②DAS_{cal}的$\beta_{ref-junc}$、$\beta_{s/c}$、$\beta_{a/d}$、β_{dvm};③DAS_{test}的$\beta_{ref-junc}$、$\beta_{s/c}$、$\beta_{a/d}$、β_{dvm}。

1.3.6 从测量不确定度到实验不确定度

有时,不确定度的特性不仅仅是测量对象优度的一个估计值。例如,感兴趣的量在其测量系统中存在与误差无关的变化。为了讨论这个问题,可将实验分成三大类:稳态实验、样本实验和瞬态实验(随时间变化的过程)。

在一个典型的稳态实验(timewise experiment)中,例如,测量一个处于稳态条件下系统的流量,虽然系统可能处于稳态运行中,但是流量不可避免地存在一些波动,这可视为在一段时间内测量的一系列流量值中存在的随机误差。除此之外,每次重复实验均维持在完全相同的运行条件下是不可能的,这导致数据的离散。

在样本实验(sample-to-sample experiment)中,通常对多个样本进行测量;从某种意义上来说,样本的编号等同于稳态实验中所测量的一段时间。在样本实验中,除了测量系统的随机误差之外,不同样本本身的差异同样会引起被测变量额外的变化。

这里介绍一个样本应用实例:例如,需要测量某一地区产出褐煤的热值。褐煤是一种较软的棕色的煤,其热值相对较低,灰分和水分相对较高。电力公司准备在一些大褐煤矿的中间地带建一个以褐煤为燃料的新电厂,如图1.13所示。这样可通过降低煤炭的运输成本来抵消褐煤热值低这一不利影响,从而实现发电厂在经济上的可行性。经济的可行性主要取决于计算中所用的褐煤热值。

利用弹式热量计在实验室中测量1g褐煤样本的热值,其不确定度小于

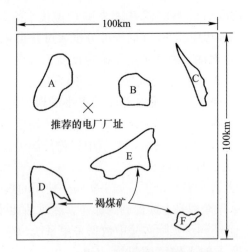

图 1.13 褐煤矿和电厂的潜在厂址

2%。来自同一褐煤矿和不同褐煤矿的褐煤样本的成分存在较大差别。例如,来自 C 褐煤矿的南北不同区域样本的热值可能相差 20%。对于来自完全不同褐煤矿的褐煤,其差异甚至会更大。

在这样的情况下,褐煤热值的一组测量值之间的差异主要不是由测量误差产生的,而主要是由于被测物理量本身的差异所导致的。这组测量值差异的程度取决于这些样品来自同一煤矿的同一个区域,还是同一煤矿的不同区域,还是不同的煤矿。通过上述实例可以发现,对于"褐煤热值的不确定度是什么?"这一问题,其答案取决于"褐煤"所指代的内容。如果仅指 1g 褐煤样本,会得到一种答案;如果同时考虑 A、B 和 E 褐煤矿的样本,将得到完全不同的答案。由此可知,不确定度估计与问题本身有关。

在瞬态实验(transient experiment)中,我们所关心的物理过程是随时间变化的,或者在给定工况下变量的多次测量过程均存在一些特有的条件。例如,测量火箭发动机从点火时刻($t=0$)到运行达到稳定的推力过程中在 $t=0.3078$s 时的推力。为了获得一组 $t=0.3078$s 时推力的测量值,发动机必须被一次次地测试。这类实验与样本实验比较相似。如果设计相同的多台发动机一起进行实验,那么这就更像样本实验了。

第二类瞬态实验指的是物理过程发生周期性变化的实验。例如,测量在某一稳态条件下运行的内燃机中某一位置处的温度。这类实验与之前讨论的稳态实验有些相似。周期过程自身大量的重复过程可产生大量"相同"运行点处温度的测量值,如上死点前 30°的位置处。

除了稳态实验中常出现的误差源之外,在瞬态实验中的测量中还存在其他的基本误差源。测量系统不完美的动态响应特性会给被测量的大小和相位带来误差。关于这一问题的介绍见附录 F。

1.3.7 重复和复现

在讨论测量中存在的误差和不确定度时,有必要清楚重复(repetition)和复现(replication)这两个词的差别。当采用重复这个词的时候,经常指某件事又做了一遍。当采用复现这个词时,经常指以一个特定的方式进行重复。这样做的原因是在一系列测量中不同的因素影响各种误差,而且这与如何进行重复有关。莫法特(Moffat)[8-10]建议利用不同的复现阶次来考虑稳态实验的不确定度,而且这对样本实验也同样有用。采用莫法特的做法,定义三个不同的复现水平:零阶、一阶和 N 阶。

在稳态实验中,零阶复现水平(zeroth - order replication level)假设时间是静止的以便被测过程是绝对稳定的。这仅允许测量系统本身固有的变化对随机误差产生的影响。在样本实验中,这对应于一个固定的样本。

当对一个仪器的系统和随机不确定度进行零阶估计时,其结果就是仪器使用时的"最佳值"。如果零阶估计值显示不确定度大于实验中允许的值,那么不能使用该仪器进行相应的实验。

在稳态实验中,一阶复现水平(first - order replication level)假设随着时间的流逝所有仪器特性是不变的。当进行这一复现水平的不确定估计时,实验测量值的差异受重复实验中引起实验设备不稳定的各种因素的影响。根据一阶水平下重复实验所涵盖的时间长度,不同的因素,如湿度、大气压、环境温度等的变化均能影响实验不确定度中的随机不确定度。除此之外,实验人员重复设定点的准确程度也将引起实验结果的差异。

随机不确定度的一阶估计值表征稳态实验过程中期望观测到的离散程度。如果重复实验过程中发现离散程度远大于一阶估计值,这表明很可能存在某个未被考虑的因素,并需要进一步的考察。稳态实验调试中,一阶随机不确定度估计的应用详见本书第 7 章。

对于样本实验中一阶复现水平的不确定度,假设每个样本检测中所有仪器保持不变。所观察到的零阶随机误差以外的差异均是由样本本身的差异造成的。

当用不确定度来表示"真值相对于测量值的位置"时,需在 N 阶复现水平下进行不确定度估计。这样的一个 N 阶的估计值包含随机误差的一阶复现水平估计值和那些影响测量值的所有系统误差源的系统不确定度。根据莫法特关于稳态实验的概念,N 阶复现水平中的时间和仪器特性均可以发生变化。在这一水平下,可视为每次测量后每个仪表被其他同型号的仪表所代替了。

这本质上意味着仪器特性是变化的,这使与特定仪器相关的系统误差变成了随机变量。例如,某一型号的压力表被生产厂家标识成:精度为满量程的±1%。所使用仪表的实际度数可能较满量程偏高0.75%。若更换一块"相同的"压力表,它的读数可能较满量程偏低0.37%。因此,如果每次读数均更换相同型号的仪器,那么在N阶复现水平下,与仪器相关的系统误差变成了随机误差。在使用N阶模型来评估系统误差时,每个特定的系统误差可视为是从系统误差总体中的一个样本。正如前所述的那样,这一概念在系统不确定度中常常是非常有用的。

由上述讨论可知,需要考虑复现的不同水平是因为影响实验中不确定度的因素随复现水平而变化。在后续章节的实验设计和分析中需要考虑并利用这一点。

1.3.8 不确定度估计值的置信度或包含程度

有时希望得到X_{true}所落入的区间范围$(X_{best} \pm u_X)$。当使用标准不确定度u_X来确定这一区间时,问题是没有与之相关的置信概率或置信度。不确定度的置信度起源于阿伯内西(Abernethy)等人[11]记载的一段非常生动有趣的轶事:

在20世纪30年代,NBS的迈尔斯和他的同事们一直研究氨的比热容。经过数年的辛勤工作,他们终于得到了一个数值,并发表在一篇论文中。在论文的最后,迈尔斯宣称:"我们获得的数值的误差为万分之一;如果误差超过万分之二,我们愿意赌上我们所有的钱;如果误差超过千分之一,我们赌吃掉所有的仪器,并喝掉氨水。"

我们总是可以有100%的信心说某个量的真值位于正负无穷大之间,但是u_X为无穷大是没有任何实质意义的。当然也没有必要通过开展实验来确定无穷大的u_X。

在GUM 1993[5]发布之前,单个被测变量的不确定度常与扩展95%置信水平(U_{95})结合在一起进行表述。而且,在利用泰勒级数法时,这些单个U_{95}不确定度将通过数据简化方程传播并合成相应结果的U_{95}(例如,参考文献[7]的1987年版)。正如在后续章节中讨论的那样,GUM 1993方法利用泰勒级数法将标准不确定度u_X(不是扩展不确定度)进行传播获得合成标准不确定度u_r。如果需要,可以通过假设结果误差的总体分布形式(而不是个体变量)来确定结果在某个置信水平下的扩展不确定度U_r。如果采用泰勒级数法,不必确定单一直接被测变量的扩展不确定度,除非变量本身可视为实验的一个结果。

另外,如果采用蒙特卡罗模拟方法[4],那么由图1.10可知,通过模拟计算可

直接获得 X 的分布,并确定一个区间,即包含区间(coverage interval),而无须引入任何额外的假设。如果在使用数据简化方程进行求解计算时应用了类似于图 1.10 所示的单一变量蒙特卡罗法,那么上述观点同样适用。

包含区间与置信区间相似,但是从严格的统计意义上来说,它们不是同一个参数。第 2 章将介绍单个直接被测变量的包含区间和置信区间的计算方法。第 3 章将介绍多个被测变量通过数据简化方程合并后的包含区间和置信区间的计算方法。

1.4 数据简化方程确定的实验结果

如前所述,在大部分实验和实验项目中,实验结果往往无法直接测量得到,而是通过数据简化方程合成多个被测变量来获得。例如,阻力系数、努塞特数、雷诺数和马赫数等经常用于表达实验结果的无量纲数。通过测量气体的压力 p 和温度 T,并利用理想气体状态方程计算得到气体密度(即实验结果)。

$$\rho = p/RT \tag{1.9}$$

例如,通过逆向热传导方法和外壁温随时间变化的测量值计算得到的内壁面热流密度(即结果)。当采用数据简化方程时,被测变量的系统不确定度和随机不确定度将如何通过数据简化方程进行传播并使结果产生系统和随机不确定度是必须要考虑的。这一点将在本书第 3 章讨论。如前所述,目前存在两种被广泛使用的方法,即蒙特卡罗法和泰勒级数法。后续章节将介绍并讨论这两种方法。

一些实验的目标是确定一些结果间的相互关系。例如,确定一个流体系中粗糙管的阻力特性,如图 1.14 所示。尼古拉兹(Nikuradse)[12]进行过这样的实验;通过在特定的实验段内表面粘贴不同尺寸的颗粒,考察了圆管内充分发展流动条件下壁面粗糙度对流动的影响。这些实验的结果被表示为阻力系数 f 随雷诺数 Re 和颗粒相对粗糙度 r_0/ε 变化的方程,如图 1.15 所示。

摩擦阻力系数被定义为

$$f = (\pi^2 d^5 \Delta p)/(8\rho Q^2 L) \tag{1.10}$$

雷诺数定义为

$$Re = (4\rho Q)/(\pi\mu d) \tag{1.11}$$

第三个无量纲数是 ε/d,其中,ε 为颗粒的等效粗糙度(表示单位长度上的粗糙程度)。在这样一个实验中,以下变量通过测量或从参考资料(物性、图纸)中获取:

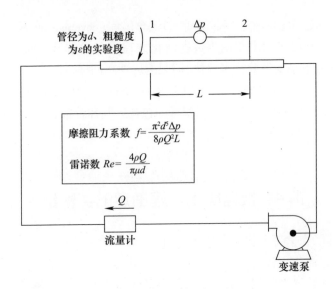

图 1.14　粗糙管阻力特性实验装置

(1) d——圆管直径；
(2) ε——粗糙度；
(3) L——压力测点间的距离；
(4) Δp——长度 L 间的压降测量值；
(5) Q——流体的体积流量；
(6) ρ——流体的密度；
(7) μ——流体的动力黏度。

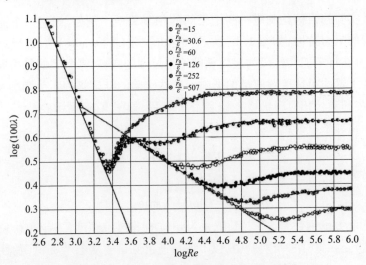

图 1.15　尼古拉兹关于粗糙管的实验结果[12]

f、Re 和 ε/d 的实验结果可通过各自的数据简化方程获得。

如果计划对一类新的粗糙管进行实验,但尚未获得图 1.15 所示的结果,那么实验的计划阶段可利用总不确定度分析来研究数据简化方程,即式(1.10)、式(1.11)和 ε/d 的总不确定度。一旦结果(f、Re、ε/d)的不确定度能满足要求,那么在 1.2.2 节中所述的后续计划阶段中,通过详细不确定度分析研究系统不确定度和随机不确定的具体特性。

在完成实验计划后,除了图 1.15 所示的图之外,也可利用回归方程来表达结果间的关系。例如,下式可代表著名的莫迪图[13]:

$$1/f^{0.5} = -1.8\log\{6.9/Re_d + [(\varepsilon/d)/3.7]^{1.11}\} \quad (1.12)$$

当利用这样一个表达式来描述获得的结果(如摩擦系数 f)时,该结果相关的不确定度应该考虑用来进行回归的数据点的不确定度。关于这一部分的讨论详见第 8 章。

1.5 指南和标准

1.5.1 实验不确定度分析

国际标准化组织(International Organization for Standardization,ISO)和其他 6 个组织①于 1993 年发布了 *Guide to the Expression of Uncertainty in Measurement*(《测量不确定度表示指南》)。按照 ISO 指南前言中所述:"1977 年,鉴于国际上缺乏测量不确定度表示的国际统一规范,计量学领域最权威的国际度量衡委员会(CIPM)要求国际计量局(BIPM)联合国家标准实验室解决这一问题,并提出建议。"经过几年的努力,ISO 计量学技术咨询组(TAG 4)建立了第三工作组并编制了一个指南。这个指南最终成为 ISO 指南;它被称为测量不确定度表示国际标准或 GUM。

正如本章之前所述,根据评定方法(统计的或非统计的),GUM 1993[5] 推荐根据评估方法将不确定度分为 A 类和 B 类。GUM 1993 不鼓励使用系统和随机这样的名称,但是有时也宣称将不确定度分成发生变化的和不发生变化的两类是很有用的。实际上,如 1.3.1 节所述,不可能确定所有的基本误差源,因而将

---

① 其他六个组织为:国际计量局,Bureau International des Poids et Mesures,BIPM;国际电工委员会,International Electrotechnical Commission,IEC;国际临床化学联合会,International Federation of Clinical Chemistry,IFCC;国际理论化学与应用化学联合会,International Union of Pure and Applied Chemistry,IUPAC;国际理论和应用物理联合会,International Union of Pure and Applied Physics,IUPAP;国际法制计量组织,International Organization of Legal Metrology,OIML。

其分类为：①变化的且对标准差 s 有影响（随机标准不确定度）和②不变的且需用系统标准不确定度 b 进行估计。本书采用这种跟标准 ASME PTC 19.1—2013[7] 相同的分类方法。ASME 的这个标准目前正在修订以包含蒙特卡罗法。

GUM 1993 中对不确定度传播的建模方法基于泰勒级数法，因而本书用泰勒级数法表示 GUM 1993 中的方法。这一方法与不确定度传播的蒙特卡罗法不同，后者已被包含在计量学联合委员会指南（JCGM）的增刊中，本书将其引用为 GUM 2008[4]。在该文件的前言中写道：

"七个国际组织于 1997 年创立了计量学指南联合委员会，并由国际计量局的主任担任主席。这七个国际组织已于 1993 年着手准备《测量不确定度表示指南（GUM）》和《计量学基本和通用术语国际词汇表（VIM）》。计量学指南联合委员会从 ISO 技术咨询组（TAG 4）继承负责这两个文件……计量学指南联合委员会成立了两个工作组。测量不确定度表示工作组的主要任务是推动 GUM 的应用，准备增刊和为了普及应用的其他文件……本增刊旨在不确定度评定方面提供指导，以填补 GUM 中未充分阐明的部分。不管怎样，该指南将在最大程度上与 GUM 中通用的概率基础保持一致。"

本书将解释、发展和使用蒙特卡罗法和泰勒级数法以用于不确定度的传播分析。这两种方法均能提供足够的不确定度的信息，但是鉴于其快速且成本更低的特点，通常更推荐采用蒙特卡罗法。

1.5.2 模拟的确认

本书中介绍的模拟确认方法与标准 ASME V&V20—2009 *Standard for Verification and Validation in Computational Fluid Dynamics and Heat Transfer*（《计算流体力学与传热学中验证和确认标准》）[14] 相同。该方法基于本书、GUM 1993 和 GUM 2008 中所述的实验不确定度分析中的基本概念，也采用泰勒级数法和蒙特卡罗法。在 ASME 标准的前言中写道：

"本标准旨在成为验证和确认方法的说明书，而后者通过比较指定确认点的指定变量的数据和解以定量地推断准确度。本标准适用的范围限定在模拟真实实验条件下的准确度。对于要在确认点之外的点集域内考虑模拟结果准确度的情况（如内插/外推得到的确认域），其属于具体问题的工程判断，已超出本标准的范围，ASME PTC 19.1—2005 *Test Uncertainty*（《实验不确定度》）可视为本标准的伴随文件。"

以图 1.14 所示的管内流动为例，确认方法中使用的术语名称如图 1.16 所示。在这个例子中，在指定确认条件（实验确定的 Re 和 ε/d）下对压降 Δp 变量进行确认。在模拟中,实验确定的 ε、d、L、Q、ρ、μ 和 p_1 作为输入量,Δp 为计算模型的预测结果。

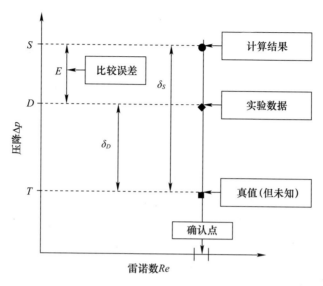

图 1.16 确认方法所用术语示意图[14]

确认实验和模拟完成后,实验和模拟获得的 Δp 在图 1.16 中分别记为 D 和 S,两者之间的比较误差为 E。当然,因为真值 T 未知,所以 D 和 S 的误差 δ_D 和 δ_S 也是未知的。

确认分析方法如图 1.17 概括所示。其中,δ_S 是模拟结果 S 的误差,它包括三个分量。δ_{input} 是模拟输入误差的传播在 S 中引入的误差。δ_{num} 是模拟模型方程的数值求解在 S 中引入的误差,它在复杂的计算中非常重要,而在简单的一维或集中参数模型中没有那么重要。δ_{model} 是建模误差,确认过程的其中一个目标是估计建模误差。

确认方法的基本策略是获得比较误差 E,并估计包含 δ_D、δ_{num} 和 δ_{input} 的影响的确认不确定度 u_{val},并进一步估计 δ_{model} 落入的范围。关于这一部分的讨论详见第 9 章。

美国航空航天协会(AIAA)[15]和美国机械工程师协会(ASME)[16-17]已经发布了其他的验证与确认指南。这些指南介绍了建立完整确认计划的程序和理念,但是没有提供一个定量评定不确定度估计的方法以用于比较确认变量的模拟结果与实验测量结果。

验证与确认是目前研究的一个热点,而且目前还尚未存在(可能也不存在)一个普遍认可的能适用于从计算力学至战争游戏等所有学科的方法。

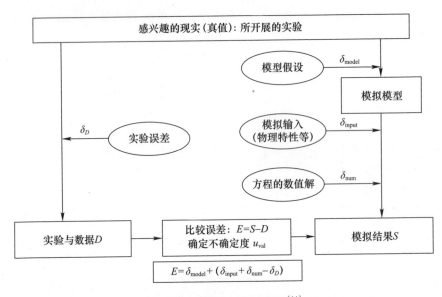

图 1.17　确认分析方法概观[14]

1.6　对术语的说明

在此需要强调的是,实验不确定度分析中使用的数学方法和名称在过去几十年里已经发生了巨大的变化。附录 B 概括了不确定度分析从 20 世纪 50 年代到 90 年代的发展历史,读者可将其视为一个相当准确的概述。这对那些想了解更老的不确定度分析文献的读者会有很好的帮助。

参考文献

[1] *Webster's New Twentieth Century Dictionary*, 2nd ed., Simon & Schuster, New York, 1979.

[2] Shortley, G., and Williams, D., *Elements of Physics*, 4th ed., Prentice–Hall, Upper Saddle River, NJ, 1965, p. 2.

[3] Schenck, H., *Theories of Engineering Experimentation*, 3rd ed., McGraw–Hill, New York, 1979, p. 7.

[4] Joint Committee for Guides in Metrology (JCGM), "Evaluation of Measurement Data—Supplement 1 to the 'Guide to the Expression of Uncertainty in Measurement'—Propagation of Distributions Using a Monte Carlo Method," JCGM 101:2008, France, 2008.

[5] International Organization for Standardization (ISO), *Guide to the Expression of Uncertainty in Measurement*, ISO, Geneva, 1993. Corrected and reprinted, 1995.

[6] Squair, Matthew, https://criticaluncertainties.com/2009/10/11/epistemic–and–aleatoryrisk/.

[7] American National Standards Institute/American Society of Mechanical Engineers (ASME), *Test Uncertainty*,

PTC - 19. 1 - 2013, ASME, New York, 2013.

[8] Moffat, R. J., "Contributions to the Theory of Single - Sample Uncertainty Analysis," *Journal of Fluids Engineering*, Vol. 104, June 1982, pp. 250 - 260.

[9] Moffat, R. J., "Using Uncertainty Analysis in the Planning of an Experiment," *Journal of Fluids Engineering*, Vol. 107, June 1985, pp. 173 - 178.

[10] Moffat, R. J., "Describing the Uncertainties in Experimental Results," *Experimental Thermal and Fluid Science*, Vol. 1, Jan. 1988, pp. 3 - 17.

[11] Abernethy, R. B., Benedict, R. P., and Dowdell, R. B., "ASME Measurement Uncertainty," *Journal of Fluids Engineering*, Vol. 107, June 1985, pp. 161 - 164.

[12] Nikuradse, J. "Stromugsgestze in Rauhen Rohren," VDI *Forschungsheft*, No. 361 1950 (English translation, NACA TM 1292).

[13] White, F. M., *Fluid Mechanics*, 6th ed., McGraw - Hill, New York, 2008.

[14] American Society of Mechanical Engineers (ASME), *Standard for Verification and Validation in Computational Fluid Dynamics and Heat Transfer*, V&V 20 - 2009, ASME, New York, 2009.

[15] American Institute of Aeronautics and Astronautics (AIAA), *Guide for the Verification and Validation of Computational Fluid Dynamics Simulations*, AIAA G - 077 - 1998, AIAA, New York.

[16] American Society of Mechanical Engineers (ASME), *Guide for Verification and Validation in Computational Solid Mechanics*, ASME V&V 10 - 2006, ASME, New York, 2006.

[17] American Society of Mechanical Engineers (ASME), *An Illustration of the Concepts of Verification and Validation in Computational Solid Mechanics*, ASME V&V 10. 1 - 2012, ASME, New York, 2012.

习题

1. 在此考虑1.3.6节中讨论褐煤热值的示例。一位销售人员在你的办公室里说可以提供一个能够确定1g褐煤样品热值的热量测定系统,其测量结果的不确定度约为1%,而不是现有系统的2%。如果你需要得到矿床E中褐煤的热值,这个建议值得考虑吗?

2. 通过安装皮托静压探头以监控从处理单元的管道中排出的空气的出口速度。探头的压差输出到模拟压力表,技术人员读取压力表的示数并每小时记录一次读数。通过处理单元的控制系统使该单元的运行状态尽可能保持稳定。如果仪表位于环境条件受控的房间内,请列出可能会导致读数发散的因素。如果压力表位于温度和湿度不受控制的房间内,如果处理单元关闭然后重新启动并重新设置为相同的运行条件,如果将所使用仪表替换为同一制造商同一型号的另外一台仪表,还会涉及哪些额外的因素?

第 2 章
单一被测变量的置信区间和包含区间

在第 1 章中已经提到,实验结果往往不是直接的被测变量,而是利用数据简化方程由多个被测变量合成的结果。因而,非常有必要确定单一被测变量的误差和不确定度,并分析这些误差和不确定度通过数据简化方程传播至结果的过程。此外,在第 1 章中定义随机和系统标准不确定度分别为源于总体的随机(变化)误差和系统(不变)误差的标准差,而且也指明标准不确定度尚未具有置信度或包含区间。本章将介绍单一被测变量的包含区间和置信区间的确定方法。第 3 章将介绍多个被测变量通过数据简化方程合成结果的包含区间和置信区间的确定方法。

需要指出的是,GUM 1993[1]所述的泰勒级数法利用单一变量的标准不确定度确定结果的标准不确定度,它需要假设结果中误差总体的分布形式,以计算得到结果在某个置信水平的扩展不确定度。实际计算中并不需要单一变量的置信区间,除非被测变量自身就是实验结果。这有别于那些在 GUM 1993 之前的出版物和通行做法,那时单一变量的不确定度被表述为在 95% 置信水平下的扩展不确定度(U_{95}),然后利用泰勒级数法对这些不确定度 U_{95} 进行传播进而得到数据简化方程合成结果的不确定度 U_{95}。目前还流传这些老的做法,但它们并不值得再提倡。

2.1 蒙特卡罗法确定的包含区间

在 1.3.4 节中,已经介绍了通过蒙特卡罗模拟合成单一被测变量的各类基本源误差的基本方法。含两个基本系统误差源情形下的示意图如图 2.1 所示。

假设 X_{true} 是已知的。针对每个误差源,选择一个合适的概率分布函数。如图 2.1 所示,对于随机误差,选为高斯分布;对于两个系统误差,分别选为三角分布和均匀分布。标准差视为标准不确定度 s_X、b_1 和 b_2 的估计值。从每个分布中随机抽取样本,并与 X_{true} 相加得到 X 的第 i 次迭代值 $X(i)$。重复这个过程,直至

M 个 X 值的标准差和包含区间的限值收敛。收敛的标准差就是合成的标准不确定度 u_X 的估计值。

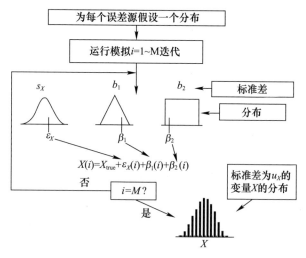

图 2.1 用单一变量的基本误差合成的蒙特卡罗方法

变量 X 的值 (X_{low}, X_{high}) 分别对应包含区间的下限和上限;而包含区间可根据样本总体直接确定,它包含了 M 个 X 值中选定百分比的样本数量。GUM 2008[2] 定义了概率对称包含区间,在小于和大于所定义的区间范围内包含相同的总体数量百分比。例如,对于 95% 的包含区间,将 M 个 X 值从低到高进行排列,X_{low} 是 M 个 X 值中最小的 2.5% 的上限值。区间的上限 X_{high} 是包含 97.5% 样本数量的上限值。上下限之间的区间包含蒙特卡罗法计算获得分布的 95% 的 X 值,而且包含区间外侧两端对称地包含相同百分比(本例中是 2.5%)的蒙特卡罗方法计算结果。GUM 2008 也介绍了当样本分布是非对称时通过蒙特卡罗模拟确定包含区间的方法。这种情形下的包含区间称为最短包含区间(shortest coverage interval),详见附录 D。如果蒙特卡罗模拟值的分布是对称的,最短包含区间和概率对称包含区间在相同包含百分比下是相同的。

2.2 泰勒级数法确定的置信区间(仅考虑随机误差)

2.2.1 统计分布

当压力传感器测量一个不变的压力时,检测压力传感器在一段时间内的输出值,将采集的测量值绘制成图 2.2 所示的直方图。测量值散布在中心值 86mV 附近,一部分比 86mV 大,一部分比 86mV 小。当采集更多的测量值直至总数量接近无穷时,直方图曲线变成更加光滑的钟形,如图 2.3 所示。

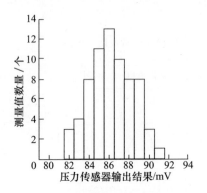

图 2.2　压力传感器输出结果的直方图

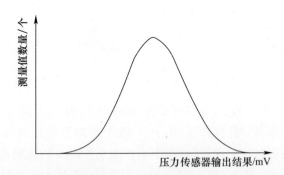

图 2.3　当压力传感器输出的测量值数量趋于无穷时的分布

定义样本数量为无限时测量值的分布为总体分布(parent distribution,parent population)。当然,在现实中,由于受到时间和资源的限制,无法采集无穷多个测量值,因而不得不研究从总体中提取的有限测量值的样本分布(sample distribution)。

在图 2.2 和图 2.3 所示的例子中,测量值的散度代表随机误差的影响。对于纯随机误差,结果分布将接近高斯总体分布,如图 2.3 所示。当然,压力传感器的测量值还包含对所有测量值施以相同影响的系统误差的影响;而且,该误差无法通过多次测量加以识别。

正如第 1 章所述,与随机误差和系统误差有关的标准不确定度为各类误差源总体分布标准差的估计值。对于随机误差,该值即为样本标准差 s_X,其为总体分布标准差的估计值,可通过 X 的测量值获得。对随机误差而言,通常将总体分布假设为高斯分布或正态分布。

2.2.2　高斯分布

当测量结果的变化来源于许多小误差,而且这些小误差具有相同的大小且正负值的概率相同时,趋于无穷多的测量值的分布满足高斯分布(Gaussian distribution)或正态分布(normal distribution)。根据中心极限定理(详见 2.3.1 节),即使影响一个变量的一些误差源满足非高斯分布(如均匀分布、三角分布等),正态分布同样适用于这个变量。众多实例表明高斯分布能用于描述许多实验和仪器的变化特性。

高斯分布方程如下:

$$f(x) = \frac{1}{\sigma\sqrt{2}} e^{-(X-\mu)^2/2\sigma^2} \qquad (2.1)$$

式中,μ 为分布的均值(mean),定义如下:

$$\mu = \lim_{N \to \infty} \frac{1}{N} \sum_{i=1}^{N} X_i \qquad (2.2)$$

σ 为分布的标准差(standard deviation),定义如下:

$$\sigma = \lim_{N \to \infty} \left[\frac{1}{N} \sum_{i=1}^{N} (X_i - \mu)^2 \right]^{1/2} \qquad (2.3)$$

标准差的平方就是分布的方差(variance)。

图 2.4 所示的是均值 μ 为 5.0、标准差 σ 分别为 0.5 和 1.0 的高斯分布。随着 σ 值的增大,X 值覆盖的范围变大。σ 值越大,X 测量值的散度越大,因而随机误差的潜在范围越大。

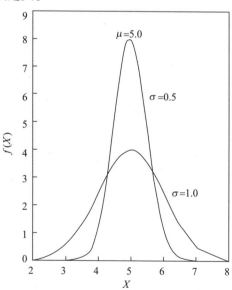

图 2.4 不同标准差的高斯分布

式(2.1)可以归一化为

$$\int_{-\infty}^{\infty} f(X) \, \mathrm{d}X = 1.0 \quad (2.4)$$

式中：$f(X)\mathrm{d}X$ 为 X 的一个测量值位于 X 与 $X+\mathrm{d}X$ 之间的概率。

这是一个直观的结果，因为一个测量值位于 $\pm\infty$ 之间的概率必须等于 1。

满足高斯总体分布的一个测量值落入均值 μ 周围某个指定范围（如 $\pm\Delta X$）内的概率为

$$P(\Delta X) = \int_{\mu-\Delta X}^{\mu+\Delta X} \frac{1}{\sigma\sqrt{2\pi}} \mathrm{e}^{-(X-\mu)^2/2\sigma^2} \mathrm{d}X \quad (2.5)$$

这个积分在封闭形式下无法进行求解。而且，如果将某一区间内的 ΔX 表格化，那么每一对 (μ, σ) 均需要一个表格。这意味着表格的数量将是无穷多个。更好的办法是将该积分归一化，这样就只需一个表格。

利用均值和标准差定义的归一化偏差为

$$\tau = (X - \mu)/\sigma \quad (2.6)$$

那么，式(2.5)可改写为

$$P(\tau_1) = \frac{1}{\sqrt{2\pi}} \int_{-\tau_1}^{\tau_1} \mathrm{e}^{-\tau^2/2} \mathrm{d}\tau \quad (2.7)$$

式中，$\tau_1 = \Delta X/\sigma$。

$P(\tau_1)$ 值表示高斯曲线在 $-\tau_1 \sim +\tau_1$ 之间的面积，如图 2.5 所示。由于分布的正侧和负侧均出现在积分中，因此 $P(\tau_1)$ 称为双侧概率（two-tailed probability）。既然高斯分布是对称的，那么一个无量纲偏差在 $0 \sim \tau$ 之间和 $-\tau \sim 0$ 之间的概率均为 $P(\tau)/2$，这一概率称为单侧概率（single-tailed probability）。$P(\tau)$ 在 $0 < \tau < 5$ 范围内的值如表 A.1 所列。

例 2.1 对于一个均值为 5.00、标准差为 1.00 的高斯分布，计算一个测量值位于如下区间的概率：

(1) $4.50 \sim 5.50$；

(2) $4.50 \sim 5.75$；

(3) $\leqslant 6.50$；

(4) $6.00 \sim 7.00$。

解：(1) 对于 $\mu = 5.0, \sigma = 1.0$，即计算 $P(4.50 < X_i < 5.50)$。令 $X_1 = 4.50$，$X_2 = 5.50$，那么

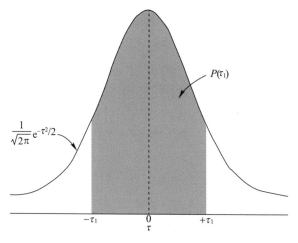

图 2.5 概率 $P(\tau_1)$ 的示意图

$$\tau_1 = \frac{X_1 - \mu}{\sigma} = \frac{4.50 - 5.00}{1.00} = -0.50$$

$$\tau_2 = \frac{X_2 - \mu}{\sigma} = \frac{5.50 - 5.00}{1.00} = 0.50$$

既然 $\tau_1 = \tau_2$ 符合双侧概率表,故 $P = P(0.5)$,如图 2.6 所示。由表 A.1 可知:

$$P(\tau) = P(0.5) = 0.3829 \approx 38.3\%$$

(2) 计算 $P(4.50 < X_i < 5.75)$。令 $X_1 = 4.50, X_2 = 5.75$,由(1)可知:

$$\tau_1 = \frac{X_1 - \mu}{\sigma} = \frac{4.5 - 5}{1.00} = 0.5$$

$$\tau_2 = \frac{X_2 - \mu}{\sigma} = \frac{5.75 - 5.00}{1.00} = 0.75$$

如图 2.7 所示,有

$$P = \frac{1}{2}P(0.5) + \frac{1}{2}P(0.75) = \frac{1}{2} \times 0.3829 + \frac{1}{2} \times 0.5467 = 0.4648 \approx 46.5\%$$

(3) 计算 $P(X_i \leq 6.50)$。

$$\tau_1 = \frac{X_1 - \mu}{\sigma} = \frac{6.5 - 5.0}{1.0} = 1.5$$

如图 2.8 所示,有

$$P = 0.5 + \frac{1}{2}P(1.5) = 0.5 + \frac{1}{2} \times 0.8664 = 0.9332 \approx 93.3\%$$

(4) 计算 $P(6.00 < X_i < 7.00)$。令 $X_1 = 6.00, X_2 = 7.00$，则有

$$\tau_1 = \frac{X_1 - \mu}{\sigma} = \frac{6.00 - 5.00}{1.00} = 1.0$$

$$\tau_2 = \frac{X_2 - \mu}{\sigma} = \frac{7.00 - 5.00}{1.00} = 2.0$$

如图 2.9 所示，有

$$P = \frac{1}{2}P(2.0) - \frac{1}{2}P(1.0) = \frac{1}{2} \times 0.9545 - \frac{1}{2} \times 0.6827 = 0.1359 \approx 13.6\%$$

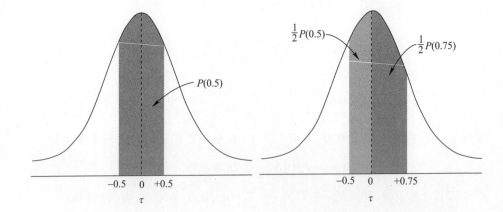

图 2.6 例 2.1(1) 概率的示意图　　图 2.7 例 2.1(2) 概率的示意图

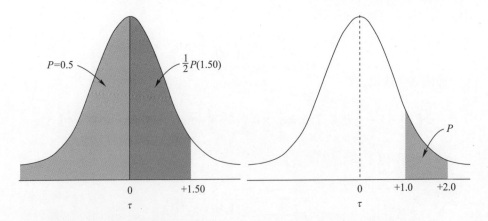

图 2.8 例 2.1(3) 概率的示意图　　图 2.9 例 2.1(4) 概率的示意图

2.2.3 高斯总体分布的置信区间

由例 2.1 和表 A.1 可知,对于满足高斯总体分布的测量值,有 50% 的测量值位于均值周围 $\pm 0.675\sigma$ 的范围内,68.3% 的测量值位于均值周围 $\pm 1.0\sigma$ 的范围内,95% 的测量值位于均值周围 $\pm 1.96\sigma$ 的范围内,99.7% 的测量值位于均值周围 $\pm 3.0\sigma$ 的范围内,99.99% 的测量值位于均值周围 $\pm 4.0\sigma$ 的范围内。

对于满足均值为 μ、标准差为 σ 的高斯总体分布的变量 X,任一采集的测量值 X_i 落入多大的区间而具有 95% 的置信度?

利用式(2.6),定义 X_i 与均值的归一化偏差为

$$\tau = \frac{X_i - \mu}{\sigma}$$

而且,根据表 A.1 可知,$P(\tau) = 0.95, \tau = 1.96$。这个概率还可改写为

$$P\left(-1.96 \leq \frac{X_i - \mu}{\sigma} \leq 1.96\right) = 0.95 \tag{2.8}$$

或者,括号中的表达式乘以 σ 再加上 μ 可得

$$P(\mu - 1.96\sigma \leq X_i \leq \mu + 1.96\sigma) = 0.95 \tag{2.9}$$

由此可知,95% 的测量值落入到 $\mu \pm 1.96\sigma$ 这一范围内;也可以说,任一测量值落入到 $\mu \pm 1.96\sigma$ 这一范围内的置信度是 95%。换句话说,1.96σ 和 -1.96σ 分别是测量值 95% 置信区间的上限和下限。有时,$\pm 1.96\sigma$ 也称为 95% 置信区间的限值。置信区间(confidence interval)这个概念是实验不确定度分析的基础。

如果换个角度进行分析,高斯分布的均值落入到多大的任一测量值区间内具有 95% 的置信水平?改写式(2.8)可得

$$P(X_i - 1.96\sigma \leq \mu \leq X_i + 1.96\sigma) = 0.95 \tag{2.10}$$

因此,如图 2.10 所示,高斯分布的均值 μ 落入单一测量值 X_i 周围 $\pm 1.96\sigma$ 范围内具有 95% 的置信度。95% 的满足高斯分布的测量值将落入均值 μ 周围 $\pm 1.96\sigma$ 的范围内。正如 2.2.4 节所述的那样,总体分布的均值 μ 通常是未知的。因而,95% 的置信区间这一概念能用于估计包含均值 μ 的范围。

2.2.4 样本的置信区间

2.2.3 节介绍了高斯总体分布,它适用于无穷多个测量值的情形。然而,在实际的实验中,趋向无穷多个测量值是不现实的。因而必须考虑一个满足总体

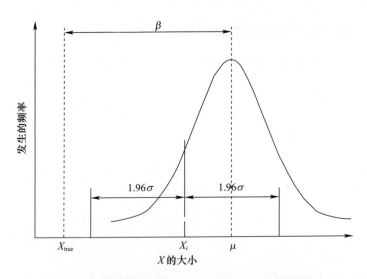

图 2.10 满足高斯分布的一个测量值的 95% 置信区间

分布的样本的统计特性,但这个样本仅有有限多个测量值。

样本的平均值定义如下:

$$\bar{X} = \frac{1}{N} \sum_{i=1}^{N} X_i \qquad (2.11)$$

式中:N 为测量值 X_i 的数量。

样本的标准差定义如下:

$$s_X = \left[\frac{1}{N-1} \sum_{i=1}^{N} (X_i - \bar{X})^2 \right]^{1/2} \qquad (2.12)$$

式中,$N-1$ 代替了 N,因为样本平均值 $\bar{X}$ 代替了均值 μ。由于用于计算 s_X 的样本同样计算了 $\bar{X}$,因而这个结果损失了一个自由度(degree of freedom)。在此,s_X 称为样本标准差。由于本书用于处理各类真实的实验,s_X 仍被称为标准差。为了清楚起见,将 σ 称为总体分布的标准差。

确定变量标准差的关键在于 s 能多好地描述变量可能的随机变化。仅仅那些在变量的测量过程中发生变化的因素才能影响 s_X 的值。这个说法非常简单,但是,随着高速数据采集的出现,短时间内能测量许多数据。如果变量的随机效应具有更宽的时间范围,那么一组计算机采集的测量值并不足以确定 s,而且这些测量值的平均值本质上是这个变量的一个测量值。在合适的时间段内得到几组不同的测量值或者多次独立的测量值是必需的。对于确定随机不确定度所需的时间期限这一概念,其贯穿于本书各章节,并将在第 5 章做进一步讨论。

另一个比较重要的统计参数是样本平均值 $\bar{X}$ 相关的标准差。例如,对于满足均值为 μ、标准差为 σ 的高斯总体分布的 5 组测量值,每组包含 $N=50$ 个数据,利用式(2.11)计算每一组数据的平均值。5 个平均值很可能并不相同。实际上,样本平均值符合正态分布[3],其均值为 μ,标准差为

$$\sigma_{\bar{X}} = \sigma/\sqrt{N} \tag{2.13}$$

这个关系式具有一些实用的价值,例如,通过多次测量并进行平均可减小测量值中不确定度的随机分量。式(2.13)的平方根倒数表明 4 倍的测量数据能使 $\sigma_{\bar{X}}$ 减小为原来的 1/2,而 100 倍的测量数据能使 $\sigma_{\bar{X}}$ 减小为原来的 1/10。

当然,总体分布的标准差 σ 是未知的,因此实际上必须使用样本的标准差,其定义为

$$s_{\bar{X}} = s_X/\sqrt{N} \tag{2.14}$$

式中:s_X 为 N 个测量值组成的样本的标准差,可由式(2.12)计算。在本书的后续章节中,$s_{\bar{X}}$ 表示均值的标准差。正如之前所述,这 N 个测量值必须是独立的,而且为了利用式(2.14)确定均值的标准差,它们必须覆盖变量随机变化的范围。

如 2.2.3 节所述,对于均值为 μ、标准差为 σ 的高斯总体分布,式(2.10)为

$$P(X_i - 1.96\sigma \leq \mu \leq X_i + 1.96\sigma) = 0.95$$

因而,总体分布的均值 μ 落入满足该分布的一个测量值周围 $\pm 1.96\sigma$ 范围内具有 95% 的置信度。

既然满足相同的高斯分布且容量为 N 的样本分布的平均值 $\bar{X}$ 本身满足正态分布,其标准差为 $\sigma/\sqrt{N}$,那么

$$P(\bar{X} - 1.96\sigma/\sqrt{N} \leq \mu \leq \bar{X} + 1.96\sigma/\sqrt{N}) = 0.95 \tag{2.15}$$

因而,总体分布的均值 μ 落入样本平均值 $\bar{X}$ 周围 $\pm 1.96\sigma/\sqrt{N}$ 范围内具有 95% 置信度;其中样本平均值可根据 N 个测量值确定。式(2.15)所确定的 95% 置信区间的宽度减小为式(2.10)所确定的区间的 $1/\sqrt{N}$。

同样地,实际的实验面临的问题是 σ 是未知的,而 N 个测量值组成的样本的偏差 s_X 是可以确定的,它是 σ 的一个估计值。比较式(2.12)和式(2.3)可知,当测量值的样本数量 N 趋于无穷大时,s_X 值接近 σ。

为了获得 95% 置信区间,采用与式(2.8)相同的方法以确定 t 值,它必须满足:

$$P\left(-t_{95} \leq \frac{X_i - \mu}{s_X} \leq t_{95}\right) = 0.95 \tag{2.16}$$

和

$$P(-t_{95} \leq (\bar{X} - \mu)/(s_X/\sqrt{N}) \leq t_{95}) = 0.95 \tag{2.17}$$

其中,t_{95} 不再等于 1.96,因为 s_X 仅仅是基于有限数量 N 个测量值的 σ 的估计值。

变量 $(X_i - \mu)/s_X$ 和 $(X_i - \mu)/(s_X/\sqrt{N})$ 不是正态分布,也就是说,它们不满足高斯分布。然而,它们满足自由度 $\nu = N - 1$ 的 t 分布,其中式(2.16)和式(2.17)中的 t 是样本数量 N 的函数。表 A.2 示出了不同置信水平下随 ν 变化的 t 值。

改写式(2.16)和式(2.17)可得置信区间的表达式:

$$P(X_i - t_{95}s_X \leq \mu \leq X_i + t_{95}s_X) = 0.95 \tag{2.18}$$

和

$$P(\bar{X} - t_{95}s_X/\sqrt{N} \leq \mu \leq \bar{X} + t_{95}s_X/\sqrt{N}) = 0.95 \tag{2.19}$$

这两个表达式分别给出了单一测量值和 N 个测量值的平均值的置信区间,即总体分布的均值 μ 落入这些区间具有 95% 置信度。对于其他的置信水平,其 t 值如表 A.2 所列。

例 2.2 24 个学生独立地读取了一支浸没在绝热烧杯流体中温度计的示数,温度计的最小刻度值为 0.1 ℉。24 个测量值组成的样本的平均值 $\bar{T}$ = 97.22 ℉,根据式(2.12)计算得到的样本的标准差 s_T = 0.085 ℉。

(1) 确定总体分布的均值 μ_T 落入具有 95% 置信度(20:1 赔率)的区间。

(2) 新采集了一个额外的温度测量值 T = 97.25 ℉,总体分布的均值 μ_T 落入这个测量值周围多大的范围内具有 95% 置信度(20:1 赔率)?

解:(1)根据式(2.19)可知,具有 95% 置信度包含 μ_T 的区间为 $\bar{T} \pm t_{95}s_{\bar{T}}$,其中

$$t_{95}s_{\bar{T}} = t_{95}s_T/\sqrt{N}$$

由于 $N = 24$,则自由度 $\nu = 23$。由表 A.2 可知,$t_{95} = 2.069$。将这些值代入上式可得

$$t_{95}s_{\bar{T}} = 2.069 \times 0.085/\sqrt{24} = 0.036(℉)$$

那么,包含 μ_T 且具有 95% 置信度的区间为

$$\bar{T} \pm t_{95}s_{\bar{T}} = (97.22 \pm 0.04)℉$$

由图 2.10 可知，μ_T 是有偏差的平均值，只有当温度测量值中的系统误差（偏差）等于 0 时，它才对应真值温度 T_{true}。还需要注意的是，上述计算采用了常规的方法对置信区间的最终数值进行了四舍五入，$t_{95}s_{\overline{T}}$ 的结果仅保留了一位有效数字，以便与 $\overline{T}$ 的小数点位数保持一致。

（2）根据式（2.18）可得包含 μ_T 且具有 95% 置信度的区间 $\overline{T} \pm t_{95}s_T$。根据（1）部分的计算可得 $s_T = 0.085\,°F$，t_{95} 的自由度为 23，因而根据（1）部分的计算可得 $t_{95} = 2.069$。由此可得区间限值为

$$t_{95}s_T = 2.069 \times 0.085 = 0.18\,(°F)$$

那么，包含 μ_T 且具有 95% 置信度的区间为

$$\overline{T} \pm t_{95}s_T = (97.25 \pm 0.18)\,°F$$

需要指出的是，(2) 部分计算所得的区间大于 (1) 部分计算所得区间，这是因为前者仅有一个测量值作为 μ_T 的最佳估计。这个也是利用先前测量信息估计目前读数的标准差的例子。关于这一内容在第 5 章中将进一步进行分析。

有时，可用于估计 s 的先前信息可能来源于在不同时间采集的多组测量值。如果能够合理地假设所有这些测量值均满足标准差为 σ 的同一总体分布，那么可用合并标准差（pooled standard deviation）s_p 来确定合适的标准差以估计 σ[3]。对于例 2.2，如果一组 8 个学生测量了温度并确定其标准差为 s_1，另有 6 个和 10 个学生重复了相同的工作，其标准差分别为 s_2 和 s_3。那么，合并标准差为

$$s_{T_p}^2 = \frac{(8-1)s_1^2 + (6-1)s_2^2 + (10-1)s_3^2}{(8-1) + (6-1) + (10-1)}$$

对于满足相同总体分布的独立的标准差，这个表达可推广至任意多数量的情形：

$$s_p^2 = \frac{(N_1 - 1)s_1^2 + (N_2 - 1)s_2^2 + \cdots + (N_k - 1)s_k^2}{(N_1 - 1) + (N_2 - 1) + \cdots + (N_k - 1)} \quad (2.20)$$

在例 2.2 中，当涉及不确定度时，采用了赔率这种表达方式，而不是采用百分比置信度。虽然严格来讲 19:1 的赔率（20 次中 19 次）等同于分数值 0.95，但是在实际中，20:1 赔率和 95% 置信度均常见且可以相互替换。同理，虽然 3 次中 2 次对应于 0.667，但实际均可采用 2:1 赔率和 68% 置信度这两种表述形式。

2.2.5 样本的容忍区间和预测区间

除了样本总体的置信区间之外，还存在其他两个非常有用的统计区间：容忍区间（tolerance interval）和预测区间（prediction interval）[4-5]。容忍区间能给出

样本来源的总体分布的一些信息,而预测区间主要用于获得满足相同总体分布的新测量值将落入的区间。

对于容忍区间,首选介绍高斯总体分布的情况。由之前的分析可知,高斯总体分布的95%置信区间为$\mu \pm 1.96\sigma$。然而,对于样本及其统计参数$\bar{X}$和s_X,确定包含某一部分总体的区间并不那么直接。我们所能估计的通常是某一概率条件下总体中特定百分比的区间。

对于具有6个测量值的情形,利用这6个测量值可计算$\bar{X}$和s_X。包含90%的数据且具有95%置信度的区间可表达为

$$\bar{X} \pm [c_{T95(90)}(6)]s_X \qquad (2.21)$$

式中:系数c_T为样本中读数数量N的函数,如表A.3所列。

由表中的数据可知,容忍区间系数为3.712。表A.3还示出了具有90%、95%和99%置信度的包含90%、95%和99%总体数据的容忍区间系数。需要注意的是,当N趋向∞时,容忍区间的置信水平这个概念将不再适用,因为容忍区间趋向高斯区间。

例2.3 在拉伸试验机上对拉伸试件进行拉伸试验可确定未知合金的极限强度。7个试件的极限强度(单位:psi[①])分别为

65340,67702,68188,66954,67723,65945,66453

确定以下3种条件下的容忍极限:
(1) 包含99%的总体数量且具有90%置信度;
(2) 包含99%的总体数量且具有95%置信度;
(3) 包含99%的总体数量且具有99%置信度。

解:(1)包含99%的总体数量且具有90%置信度的区间为

$$\bar{X} \pm [c_{T90(99)}(7)]s_X$$

其中,$\bar{X} = 66901\text{psi}$,$s_X = 1043\text{psi}$。由表A.3可知,容忍区间系数$c_{T90(99)}(7) = 4.521$。那么容忍区间为$(66901 \pm 4.521 \times 1043)\text{psi}$或$(66901 \pm 4715)\text{psi}$。通常来说,区间会进行取整,因而容忍区间为$(66900 \pm 4700)\text{psi}$。

(2) 包含99%的总体数量且具有95%置信度的区间为

$$\bar{X} \pm [c_{T95(99)}(7)]s_X$$

[①] 1psi = 6894.757Pa。

由表 A.3 可知,容忍区间系数 $c_{T95(99)}(7) = 5.248$。那么容忍区间为 $(66901 \pm 5.248 \times 1043)$ psi 或 (66900 ± 5500) psi。

(3) 包含 99% 的总体数量且具有 99% 置信度的区间为

$$\bar{X} \pm [c_{T99(99)}(7)] s_X$$

由表 A.3 可知,容忍区间系数 $c_{T99(99)}(7) = 7.187$。那么容忍区间为 $(66901 \pm 7.187 \times 1043)$ psi 或 (66900 ± 7500) psi。

如果希望估计一个区间以包含满足同一总体分布的新测量值,那么预测区间是需要的。预测区间能提供一个范围,它能包含满足相同总体分布且具有给定置信水平的 1 个、2 个、5 个、10 个…新数据。同样地,对于一个 6 个测量值的样本,其平均值和标准差分别为 $\bar{X}$ 和 s_X。包含一个新测量值且具有 95% 置信度的区间为

$$\bar{X} \pm [c_{p,1}(6)] s_X \tag{2.22}$$

式中:95% 置信度的系数 $c_{p,1}$ 是 N 的函数,如表 A.4 所列。由表中数据可知,这个例子的预测区间系数为 2.78。需要指出的是,当 N 趋向 ∞ 时,仅包含 1 个新测量值的预测区间趋向高斯区间。即使当 N 是无穷大时,包含 2 个、5 个、10 个或 20 个新数据的预测区间也会比高斯区间大。

例 2.4 例 2.3 中的极限强度试验,确定预测区间包含 (95% 置信度):
(1) 1 个新试验结果;
(2) 2 个新试验结果;
(3) 10 个新试验结果。

解:(1) 由例 2.3 可知,$\bar{X} = 66901$ psi,$s_X = 1043$ psi。包含 1 个新试验结果且具有 95% 置信度的预测区间为

$$\bar{X} \pm [c_{p,1}(7)] s_X$$

其中,由表 A.4 可知,$c_{p,1}(7) = 2.62$。预测区间为 $(66901 \pm 2.62 \times 1043)$ psi 或 (66900 ± 2700) psi。

(2) 包含 2 个新试验结果且具有 95% 置信度的预测区间为

$$\bar{X} \pm [c_{p,2}(7)] s_X$$

其中,由表 A.4 可知,$c_{p,2}(7) = 3.11$。预测区间为 $(66901 \pm 3.11 \times 1043)$ psi 或 (66900 ± 3200) psi。

(3) 包含 10 个新试验结果且具有 95% 置信度的预测区间为

$$\bar{X} \pm [c_{p,10}(7)]s_X$$

其中,由表 A.4 可知,$c_{p,10}(7) = 4.26$。预测区间为 $(66901 \pm 4.26 \times 1043)$ psi 或 (66900 ± 4400) psi。

2.2.6 异常值的统计拒绝

当检查由某个变量的 N 个测量值组成的样本时,一些测量值可能明显地与其他测量值的不一致,这样的测量值常称为异常值(outlier)。如果非常明显且能用试验证实的问题,当这样的测量值点被识别出来后必须被舍弃。然而,更加常见的情形是并不存在一个明显的或者能证实的原因能识别出这些大偏差的数据点。

如果某人正在采集满足高斯总体分布的测量值,他也无法保证第二个测量值不会偏离均值 6 倍的标准差,这本质上破坏了标准差的小样本估计。既然希望利用少量的测量值获得一个较好的标准差估计值,那么利用一个客观的统计准则以识别那些需考虑拒绝的数据点在工程上是一种非常有用的方法。

一个已相对被广泛接受的方法是肖维纳准则,它在概率上定义了一个可接受的围绕平均值的散度;其中,平均值根据满足相同的总体分布的 N 个测量值组成的样本确定。这个准则规定所有落入平均值周围一定范围内的数据点应被保留,它对应于概率 $1 - 1/(2N)$。换种说法,如果它们偏离平均值的概率小于 $1/(2N)$,这样的数据点应该被拒绝,这个准则如图 2.11 所示。

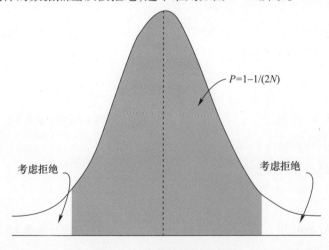

图 2.11 肖维纳准则示意图

为进一步阐明上述准则,这里考虑一组试验,其在条件不变的情况下采集了 6 个测量值。按照肖维纳准则,所有落入均值周围 $1 - 1/(2 \times 6) = 0.917$ 概率带内的数据均应被保留。利用表 A.1 中的高斯概率,可将上述概率与平均值的某一特定偏差联系起来。需要指出的是肖维纳准则并不采用 t 分布概率,即使当 N 很小时。对于 0.917 这个概率,通过对表中的数据内插可得无量纲的偏差 $\tau = 1.73$。因而

$$\tau = |(X_i - \bar{X})/s_X| = |\Delta X_{\max}/s_X| \qquad (2.23)$$

式中:$\Delta X_{\max}$ 为与 6 个测量值的平均值发生偏离是所允许的最大偏差;s_X 为 6 个数据点组成的样本的标准差。

因此,所有偏移平均值超过 $1.73 s_X$ 的数据点考虑被拒绝。随后利用剩下的数据重新计算新的平均值和标准差。此后,建议不再应用这个准则,因为对于一个给定的测量值样本,肖维纳准则应该仅使用一次。

这个测量值是否被拒绝的统计方法与样本中测量值的数量 N 有关。表 2.1 示出了各种样本数量下最大可接受的偏差。其他 N 值可根据表 A.1 中的高斯概率确定。

表 2.1 拒绝一个读数的肖维纳准则

测量值数量 N/个	最大可接受的偏差与标准差之比 $\|\Delta X_{\max}/s_X\|$
3	1.38
4	1.54
5	1.65
6	1.73
7	1.80
8	1.87
9	1.91
10	1.96
15	2.13
20	2.24
25	2.33
50	2.57
100	2.81
300	3.14
500	3.29
1000	3.48

例2.5 一个实验室利用拉伸试验机对一种合金的 5 个试件的极限强度进行试验，它们的值(单位:psi)如下表所列。

i	X_i	$|(X_i - \bar{X})/s_X|$
1	65300	0.26
2	68000	0.52
3	67700	0.49
4	43600	1.78
5	67900	0.51

计算得到的平均值和标准差分别为 $\bar{X}=62500\text{psi}$, $s_X=10624\text{psi}$。计算过程中能注意到第 4 个数据与其他数据点明显不同。应用肖维纳准则：当 $N=5$ 时，$\Delta X_{\max}/s_X=1.65$。可以看出，表中 $i=4$ 所在行第 3 列的数值确实超过了准则在统计学上定义的可接受的范围。如果第 4 个数据点被拒绝，那么 $\bar{X}=67225\text{psi}$，$s_X=1289\text{psi}$。与之前的数据比较可知，平均值 $\bar{X}$ 仅增加了 8%，而标准差 s_X 减小为原值的 1/8。

例2.6 10 个不同的学生在稳定流量条件下读取了与皮托管相连的压力表的动压值(单位:英寸水柱)。这 10 个测量值如下表所列。

i	X_i	$|(X_i - \bar{X})/s_X|$
1	1.15	0.07
2	1.14	0.00
3	1.01	0.87
4	1.10	0.27
5	1.11	0.20
6	1.09	0.33
7	1.10	0.27
8	1.10	0.27
9	1.55	2.73
10	1.09	0.33

表中 X_i 列的第 9 个测量值看似异常，但是不能随意拒绝这个数据，除非利用统计分析。应用肖维纳准则：$\bar{X}=1.14$, $s_X=0.15$。由表 2.1 可知，当 $N=10$ 时，$\Delta X_{\max}/s_X=1.96$。第 9 个读数被拒绝后，重新计算可得 $\bar{X}=1.10$, $s_X=0.04$。需要注意的是，拒绝异常值仅使平均值变化了 4%，但是标准差的估计值 s_X 变为原计算值的 1/4。

2.3 泰勒级数法确定的置信区间
（考虑随机误差和系统误差）

在之前的章节中,对于 N 个测量值组成的样本,利用其标准差 s 定量描述了随机误差在变量测量值中引起的标准不确定度。对于高斯分布,某一变量的单一测量值的置信区间 $t_{\%}s$ 包含了总体分布的均值 μ；其中,$t_{\%}$ 源于 t 分布且给定一个特定百分比的置信水平。同样地,变量的平均值附近的区间 $t_{\%}s_{\bar{X}}$ 包含均值 μ 且具有一个给定百分比的置信水平。

然而,在不确定分析中,不仅要关注包含均值 μ 的区间,还需要关注的是变量测量值附近具有给定置信水平的包含真值 X_{true} 的区间。为了确定包含真值 X_{true} 的区间,必须定量描述系统标准不确定度 b,并将随机和系统标准不确定度进行合成以获得合成标准不确定度 u；其中,系统标准不确定度源于系统误差的影响。那么上述问题变成如何确定扩展不确定度的估计值 U_X。区间 $X_{\text{best}} \pm U_X$ 包含 X 的真值且具有给定的置信水平。因此,当同时出现随机误差和系统误差时,必须考虑置信区间。

2.3.1 中心极限定理

采用泰勒级数法的目标是确定包含 X_{true} 的对称区间 $X_{\text{true}} \pm u_X$。标准不确定度 u_X 为总体标准差的估计值,它是考虑了所有影响 X 值因素的合成误差后得到的 X 变量的分布。当将随机误差和系统误差进行合成后,其总体分布形式并不清楚；然而,中心极限定理保证许多情形下可假设 X 满足高斯（正态）分布。

中心极限定理可表述为：如果被测变量并不是被单一误差源主导,相反受到多个独立误差源的影响,那么被测变量 X 近似满足正态分布[1]。利用 2.1 节介绍的蒙特卡罗法,如下的例子可表明中心极限定理的正确性。假设一个测量值 X 受到多个误差源的影响,那么

$$X = X_{\text{true}} + \delta_1 + \delta_2 + \cdots + \delta_N$$

取 $X_{\text{true}} = 100$,假设所有误差 δ_i 满足 $-50 \sim 50$ 的均匀分布,如图 2.12 所示。

假设考虑两种情形：第一种情形是 X 受到 2 个独立的误差 δ_1 和 δ_2 影响；第二种情形是 X 受到 8 个独立的误差源影响：$\delta_1, \delta_2, \cdots, \delta_8$。而且,假设每个误差满足图 2.12 所示的总体分布。

对于第一种情形,X 的值为

$$X = 100 + \delta_1 + \delta_2$$

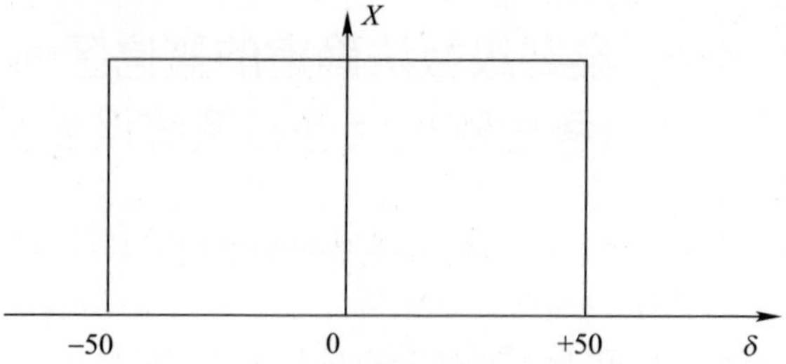

图 2.12 中心极限定理的误差分布

应用蒙特卡罗法,通过 10000 次迭代后,获得的 X 值的直方图如图 2.13(a)所示。图中所示的是高斯分布,其平均值是 100,标准差等于 10000 个样本的标准差。即使两个误差满足矩形分布,但所得的分布看似接近高斯分布。

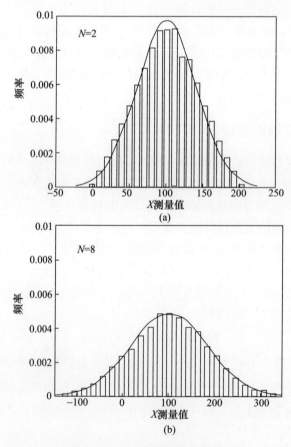

图 2.13 变量 X 测量值的分布
(a)2 个误差源;(b)8 个误差源。

对于第二种情形，X 的值为

$$X = 100 + \delta_1 + \delta_2 + \cdots + \delta_8$$

由相同的过程可得 X 在这种情形下的直方图，如图 2.13(b) 所示。这种情形下所得的 X 的分布甚至更加接近正态分布。当然，如果仅有一个满足矩形分布的误差源影响 X，那么所得的分布可能是矩形分布，因为中心极限定理不再适用。

因为高斯分布在处理随机误差中的重要性，而且中心极限定理保证被测变量可能满足高斯分布，所以它在估计包含随机误差和系统误差情形下的置信区间时被用作示例的分布。

2.3.2 系统标准不确定度的估计

如 1.3.3 节所述，估计系统不确定度的方法是假设系统误差满足某个统计总体分布，如图 2.14 所示。例如，假设一个热敏电阻制造厂要求某个型号 95% 的样本落入电阻 - 温度($R - T$) 分布参考曲线周围 1.0℃ 的范围内。一种可能的假设是系统误差(实际未知的 $R - T$ 曲线与参考曲线之间的差值)满足高斯总体分布，其标准差 $b = 0.5$℃。那么，区间 $\pm 2b = 1.0$℃ 能够包含约 95% 的满足高斯总体分布的系统误差，其中，式(2.9)中的系数 1.96 已经被取整为 2。

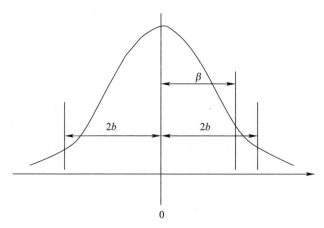

图 2.14　系统误差 β 的分布和 95% 置信水平的区间

如 1.3.3 节所述，有时可以确定系统误差位于 $\pm A$ 之间，且并不偏向 $+A$、$-A$ 或 0。在这种情形下，β 可假设为均匀分布，如图 2.15 所示。它的系统标准不确定度的估计值 $b = A/\sqrt{3}$，它是均匀分布的标准差。

如果系统误差位于 $\pm A$ 之间，且与 $+A$、$-A$ 相比，更倾向于是 0，这时可将 β 假设为三角分布，如图 2.16 所示。在这种情形下，它的系统标准不确定度的估

计值 $b = A/\sqrt{6}$,它是三角分布的标准差。

标准不确定估计的关键是确定每一种对变量测量值有重要影响的系统误差源及其分布。这取决于分析人员如何利用其所掌握的最佳信息及其做出的判断。

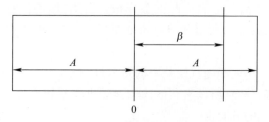

图 2.15　系统误差 β 的均匀分布

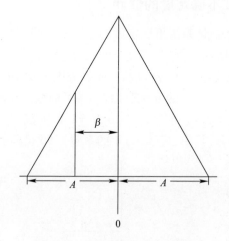

图 2.16　系统误差 β 的三角分布

2.3.3　扩展不确定度的泰勒级数法

被测变量 X 的扩展不确定度(expanded uncertainty)是围绕 X 最佳值的区间,期望真值 X_{true} 落入其中并具有一个给定的置信水平。为了获得总不确定度,需将随机和系统不确定度的估计值合成在一起。

GUM 1993[1] 采用泰勒级数法来合成不确定度的估计值,它将方差(标准差的平方)相加。正如之前章节所述,对于误差源 k 的系统不确定度,其标准差的估计值为 b_k,或者说是系统误差 β_k 的总体分布标准差的最佳估计值。

根据式(2.12)或式(2.14),随机不确定度的标准差估计值是 s_X;这两个公式的差别主要在于不确定度区间是以 X 为中心还是以 $\bar{X}$ 为中心。需要指出的是,无论 X 是单一测量值还是平均值,b_k 具有相同的值。计算平均值的过程并不影响系统不确定度。

根据 GUM 1993[1] 所述的方法,变量 X 的合成标准不确定度 u_r 为

$$u_r^2 = s_X^2 + \sum_{k=1}^{M} b_k^2 \qquad (2.24)$$

式中:M 为影响较大的基本系统误差源的数量。

为了将置信水平与变量的不确定度联系起来,GUM 1993[1] 推荐了如下的包含系数(coverage factor):

$$U_\% = k_\% u_r \qquad (2.25)$$

式中:$U_\%$ 为指定置信水平下的总不确定度(overall uncertainty)或扩展不确定度。

现在的问题是什么样的包含系数能适用于确定扩展不确定度。如前所述,中心极限定理通常可以保证变量总误差 δ 的分布接近高斯分布;其中,从某种意义上来说,u_r 是总误差分布的标准差的估计值。基于这个原因,GUM 1993[1] 推荐利用 t 分布确定 $k_\%$,因而

$$U_\% = t_\% u_r \qquad (2.26)$$

变量(X 或 $\bar{X}$)附近 $\pm U_\%$ 的范围内将包含变量真值且具有给定的置信水平。

由表 A.2 可知,对于给定的置信区间,为了选择 t 值,需要已知自由度的大小。为了确定 t 所需的有效自由度可由韦尔奇 – 萨特思韦特公式(Welch – Satterthwaite formula)[1] 进行估算:

$$v_X = \left(s_X^2 + \sum_{k=1}^{M} b_k^2 \right)^2 \bigg/ \left(s_X^4 / v_{s_X} + \sum_{k=1}^{M} b_k^4 / v_{b_k} \right) \qquad (2.27)$$

式中:v_{s_X} 为与 s_X 有关的自由度;v_{b_k} 为与 b_k 有关的自由度。

如前所述,有

$$v_{s_X} = N - 1 \qquad (2.28)$$

GUM 1993[1] 推荐 v_{b_k} 为

$$v_{b_k} \approx \frac{1}{2} (\Delta b_k / b_k)^{-2} \qquad (2.29)$$

其中,括号中的量是 b_k 的相对不确定度。例如,如果 b_k 的相对不确定度 $\Delta b_k / b_k = 0.25$,那么自由度 $v_{b_k} \approx \frac{1}{2} X (0.25)^{-2} = 8$。

图 2.17 示出了 b_k 在 10% ~ 50% 范围内的相对不确定度与自由度之间的关系。需要指出的是,随着 b_k 的相对不确定度的增大,自由度随之减小。换句话说,当 b_k 的估计值越准确,自由度越大。

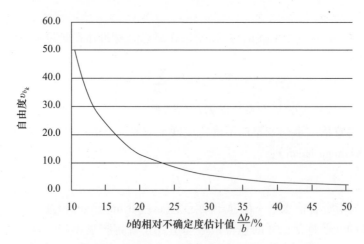

图 2.17 系统不确定度估计中不确定度相对变化与自由度的关系

2.3.4 大样本扩展不确定度的泰勒级数法

如前所述,确定扩展不确定度需要对变量的自由度 v_X 进行估计。利用式(2.27),变量的自由度与随机标准不确定度的自由度和系统标准不确定度的有效自由度有关。除非一个误差源具有绝对的影响,变量的自由度将大于不确定度中随机分量和系统分量的自由度。

对于存在三个系统误差源的情形,标准不确定度 s_X、b_1、b_2 和 b_3 相等且具有相同的自由度 d。对于这种情况,式(2.27)变为 $v_X = 4d$。因而,如果每个标准不确定度的自由度为 8,那么变量 X 的自由度等于 32。

利用式(2.27)定义的有效自由度确定 t 值后代入式(2.26)计算扩展不确定度表明,对于大部分真实的工程和科学实验,其自由度足够大而能保证 t 值是一个常数。这个常数与高斯分布在相应置信水平下的值近似相等,如 95% 为 2,99% 为 2.6。为了明确这一点,以 95% 置信水平为例,利用蒙特卡罗模拟研究 X 的扩展不确定度随自由度的变化关系[6]。

为了进行这样的模拟,假设中心极限定理适用,因而变量 X 的误差满足均值为 X_{true}、标准差为 σ 的高斯总体分布。基于这个总体分布进行数值实验。例如,对于 $v=8$,进行如下计算。从指定的总体分布中随机抽出 9 个测量值,并根据式(2.12)计算样本的标准差。这个标准差视为 X 的合成标准不确定度 u。随后对计算结果进行检查来判断以另一组随机选择的测量值为中心的区间 $\pm t_{95}u$ 和 $\pm 2u$ 是否包含了 X_{true}。如果包含,则计数增加。重复进行这个流程 100000 次,得到的 100000 次中 X_{true} 被包含的百分比即为包含率。v 从 2 到 29 依次取值,重复整个过程,得到的结果如图 2.18 所示。即使在相对较小的自由度下,利用系数 t_{95} 和大样本近似常数 2 计算得到的扩展不确定度也快速重合。由于自由度不仅仅是随机标准不确定度的测量值数量减去 1(即 $N-1$),它还受到系统不确定分量的影响,这使大样本近似适用于大部分情形。对于其他的置信水平,也有相似的结论。

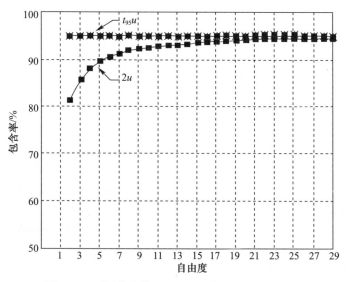

图 2.18 测量值真值 X_{true} 的包含率随自由度的变化

在大样本近似下,根据式(2.24)和式(2.26)确定的具有 95% 置信水平的扩展不确定度为

$$U_{95} = 2 \left(s_X^2 + \sum_{k=1}^{M} b_k^2 \right)^{1/2} \tag{2.30}$$

变量的真值位于如下限值内且具有 95% 的置信水平:

$$X - U_{95} \leqslant X_{\text{true}} \leqslant X + U_{95} \tag{2.31}$$

式中,X 为 X_{true} 或近似值 $\bar{X}$。

同理,可以得到大样本近似条件下,某一变量具有 99% 置信水平的扩展不确定度表达式。当具有较大的自由度时,$t_{99} \approx 2.6$,那么

$$U_{99} = 2.6 \left(s_X^2 + \sum_{k=1}^{M} b_k^2 \right)^{1/2} \tag{2.32}$$

2.4 不确定度估计值和置信区间限值的不确定度

式(2.29)引入了一个重要的但尚未充分讨论的概念:在估计被测变量不确

定度过程中所固有的不确定度。$\Delta b_k/b_k$ 是系统标准不确定度的一个估计值。需要指出的是，b_k 的影响已合成在式(2.27)的 s_X 中，那么 s_X 估计值的固有不确定度是多少？

2.4.1 不确定度估计值的不确定度

对于满足高斯分布的 N 个测量值所确定的标准差估计值的优度研究，目前已建立了相关的统计学基础。该基础同样可以用来直接确定满足高斯总体分布的 N 个结果的标准差。GUM 1993[1]在 E.4.3 节中指出：

"基于重复测量的评估值未必比其他方式所得的结果更优。例如，$s(\bar{q})$ 是 n 个独立的实验值 q_k 的平均值的标准差；其中，变量 q 满足正态分布……$s(\bar{q})$ 的相对标准差，……它可衡量 $s(\bar{q})$ 的相对不确定度，近似等于 $(2N-2)^{-1/2}$。由于统计学中样本数目有限的原因，这个 $\bar{q}$ 的不确定度的不确定度可能是非常大的。例如，$N=10$ 时，它是 24%。…表明对于具有实际意义的 n 的值，通过统计学估计的标准差的标准差是不可忽略的。因而，可以得到如下的结论：标准不确定度的 A 类评定未必比 B 类评定更加可靠；而且，在许多测量值数目有限的实际测量条件下，B 类评定所得的分量可能比 A 类评定所得的分量更广为人知。"

为了研究计算的标准不确定度在 $P\%$ 置信水平下的不确定度，假设变量的总体分布满足高斯分布。根据 GUM 1993[1]，假设满足高斯总体分布的 N 个测量值的标准差为 s。标准差的相对不确定度为

$$\sigma_s/\sigma = (2N-2)^{-1/2} \tag{2.33}$$

结果如表 2.2 所列①，其中，$P=68.3\%$ 所在的那列数据根据式(2.33)计算得到。95% 置信度所在的那列对应图 B.2 中的曲线。

通过上述结果分析可知，当 $N=50$ 时，s 的相对标准不确定度是 10%；s 在 95% 置信度时的相对不确定度是 20%；s 在 99% 置信度时的相对不确定度是 26%；s 在 99.7% 置信度时的相对不确定度是 30%；s 在 99.9% 置信度时的相对不确定度是 33%。这意味着如果多次通过 50 个测量值计算获得 s，95% 的 s 值落入 $\pm 20\% \sigma$ 范围内；约 99.7% 的 s 值落入 $\pm 30\% \sigma$ 范围内。当 N 值较小时，区间是非对称的；但是，当 N 达到两位数时，区间很快变得对称。

---

① 参考文献[1]中的分析是针对 $s(\bar{q})$ 的相对标准差，但是 $s(q)$ 的相对标准差的数值是相同的，因为由式(2.13)可知，分子和分母中的 $1/\sqrt{N}$ 已经约掉了。

幸运的是,如2.3.4节所述,通常可以采用大样本数量假设。因而,无须估计不确定度估计值中的不确定度以获得扩展不确定度。然而,在利用公式估计基本误差源(包括系统误差)本身的标准不确定度时,必须记得在实际的不确定度估计值中固有的不确定度。同时,对于那些落入"噪声水平"以内的众多有效数字,无须尝试得到其不确定度的估计值。在后续介绍获取不确定度估计值方法的章节中,将讨论这样的例子。

表2.2 利用N个满足高斯分布的测量值计算的标准差的相对不确定度

N/个	P				
	68.3% ($U=u=\sigma_s/\sigma$)	95.0% ($U=2.0u$)	99.0% ($U=2.6u$)	99.7% ($U=3.0u$)	99.9% ($U=3.3u$)
10	0.24	0.47	0.61	0.71	0.78
20	0.16	0.32	0.42	0.49	0.53
30	0.13	0.26	0.34	0.39	0.43
50	0.10	0.20	0.26	0.30	0.33
100	0.07	0.14	0.18	0.21	0.23
300	0.04	0.08	0.11	0.12	0.14
500	0.03	0.06	0.08	0.10	0.11

2.4.2 置信区间限值的不确定度

在许多现代的分析、设计方法[7]和模拟的验证与确认[8-10]中,不确定度常作为输入值,而且不确定度和分析本身通常具有很高的置信水平。例如,文献[7]采用99.7%和99.9%的置信水平;而且文献的作者们指出:利用他们的方法所得的结果是假设系统和所有不确定度已经被正确地建模,否则仅仅是在操弄不正确的统计学。另一个例子是最近出版的《计算固体力学的验证与确认标准》[10],该标准阐明了两种确认方法。其中一种处理的是仅有单次实验和单次模拟的情形。标准建议选择这一主题的实验和模型专家,基于他们过去在相关工作领域的经验,每个人估计一个对称的区间,并保证所有实际的结果落入这个区间。这个区间的半宽度等于高斯总体分布的3倍标准差,即99.7%置信度的估计值。

为了获得不确定度区间限值的不确定度的公式,继续利用GUM 1993中的例子,即满足高斯分布的变量q。当q的扩展相对不确定度已经被估计出来且具有P%置信水平,s/σ乘以系数$t_%$可得$\pm t_%(s/\sigma)$。表2.2中示出了σ_s/σ(s的相对标准不确定度),其根据q的N个测量值计算得到。当s的扩展相对不确定度在相同的P%置信水平下进行分析时,q的扩展相对不确定度区间可表示为

$$\pm t_\% (s/\sigma \pm t_\% \sigma_s/\sigma) = \pm t_\% s/\sigma \pm t_\%^2 \sigma_s/\sigma \qquad (2.34)$$

因而，q 在 $P\%$ 置信水平下的扩展不确定度区间的宽度或限值的不确定度与 $t\%$ 系数的平方有关（对于这一规律，笔者已通过蒙特卡罗法对 95% 置信水平的工况进行了确认）。对于 95.0%、99.0%、99.7% 和 99.9% 的置信水平，对应的系数 t 分别为 2.0、2.6、3.0 和 3.3，因而系数 t^2 分别为 4.0、6.8、9.0 和 10.9。

为了说明这种在 $P\%$ 置信水平范围内非线性乘积效应带来的后果，假设变量 X 满足高斯总体分布，其均值为 0、标准差为 1.0。区间限值的不确定度基于一些假设来计算，例如，对于 X 的 U_{99} 置信区间采用 s_X 的 U_{99} 不确定度等。计算得到的置信区间限值的不确定度如表 2.3 所列。需要指出的是，表中的不确定度并不是相对不确定度，而是对应于 $\sigma=1.0$ 时的值。

表 2.3 置信区间限值的不确定度

N/个	置信水平				
	68.3%	95.0%	99.0%	99.7%	99.9%
10	0.24	0.94	1.60	2.12	2.57
20	0.16	0.65	1.10	1.46	1.76
30	0.13	0.52	0.89	1.18	1.43
50	0.10	0.40	0.68	0.91	1.10
100	0.07	0.28	0.48	0.64	0.77
300	0.04	0.16	0.28	0.37	0.45
500	0.03	0.13	0.22	0.29	0.35

结果表明，当 $N=20$ 时，95% 置信区间的上限为 2.0，与其相关的不确定度区间为 ±0.65；99.7% 的置信区间的上限为 3.0，与其相关的不确定度区间为 ±1.46。图 2.19 所示的是 X 的不确定度置信区间限值的不确定度区间，变量 X 满足高斯总体分布，其 $\mu=0$，$\sigma=1$ 且置信水平分别为 95% 和 99.7%，样本标准差 s 通过 $N=20$ 个满足高斯分布的样本计算得到。当 $N=20$ 时，95% 置信度限值的不确定度区间与 99.7% 的是重叠的，而且，99.7% 的区间带几乎包括了 95% 的区间带。这是不确定度限值的不确定度随着 $P\%$ 置信水平的增加而非线性地放大所造成的结果。

从实际的角度来考虑所得结果可知，已知高斯总体分布且无系统不确定度为理想情形。在大型复杂的工程实验中，大样本数量并不常见。大样本数量意味着对变量进行多次独立的测量，稳态实验中在足够长（相对于重要的时间尺度）的时间内采集结果，在样本类型的实验中准备足够多的单一样本。当测量

值 N 的数目达到较大的两位数时,系统不确定度估计值的不确定度通常无法得知,如图 2.19 所示。在许多真实实验中,不确定度估计值的不确定度相对并不小,而且这个不确定度随着用于扩展不确定度的置信水平的提高而显著增大。在实验中和当不确定度的值用于分析、设计、验证与确认时,必须对这些影响有充分的认识。

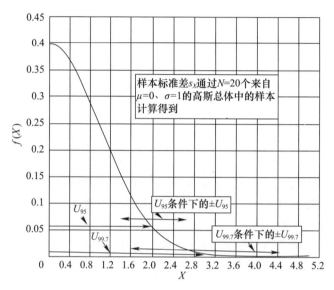

图 2.19　$N=20$ 的不确定度区间的限值的不确定度示意图

标准的工程实践中应该考虑不确定度输入的不确定度对分析、设计和验证与确认的影响,因为忽略它们所带来的隐患可能是非常严重的。

参考文献

[1] International Organization for Standardization (ISO), *Guide to the Expression of Uncertainty in Measurement*, ISO, Geneva, 1993.

[2] Joint Committee for Guides in Metrology (JCGM), "Evaluation of Measurement Data—Supplement 1 to the 'Guide to the Expression of Uncertainty in Measurement'—Propagation of Distributions Using a Monte Carlo Method," JCGM 101:2008, France, 2008.

[3] Bowker, A. H., and Lieberman, G. J., *Engineering Statistics*, Prentice-Hall, Upper Saddle River, NJ, 1959.

[4] Montgomery, D. C., and Runger, G. C., *Applied Statistics and Probability for Engineers*, 4th ed., Wiley, New York, 2007.

[5] Hahn, G., "*Understanding Statistical Intervals*," *Industrial Engineering*, Dec. 1970, pp. 45–48.

[6] Coleman, H. W., and Steele, W. G., "Engineering Application of Experimental Uncertainty Analysis," *AIAA Journal*, Vol. 33, No. 10, 1995, pp. 1888–1896.

[7] Hanson, J. M., and Beard, B. B., "Engineering Application of Experimental Uncertainty Analysis," *Journal of Spacecraft and Rockets*, Vol. 49, No. 1, 2012, pp. 136–144.

[8] American Society of Mechanical Engineers (ASME), Standard for Verification and Validation in Computational Fluid Dynamics and Heat Transfer, *V&V* 20–2009, ASME, New York, 2009.

[9] American Society of Mechanical Engineers (ASME), *Guide for Verification and Validation in Computational Solid Mechanics*, ASME V&V10–2006, ASME, New York, 2006.

[10] American Society of Mechanical Engineers (ASME), An Illustration of the Concepts of Verification and Validation in Computational Solid Mechanics, *ASME V&V*10.1–2012, ASME, New York, 2012.

习题

2.1 某高斯分布的均值 μ 为 6.0，总体标准差 σ 为 2.0。从该分布中找出单个读数的概率，该读数：①介于 5.0 和 7.0 之间；②介于 7.0 和 9.0 之间；③介于 5.4 和 7.8 之间；④小于或等于 6.4。

2.2 一个电动机制造商在经过多次测量后发现电机效率的平均值为 0.94。电动机的差异以及测试设备和测试程序中的随机误差导致效率测定过程中总体的标准偏差为 0.05。采用相同的测试过程，电机效率可能被确定为 1.00 或更大值的概率是多少？

2.3 当车速约为 35 英里/h[①] 时，某雷达车速探测器的总体标准差为 0.6 英里/h。如果警察使用这种探测器，当你在 35 英里/h 的限速区内以 36 英里/h 的速度行驶时，你被判定为没有超速的概率是多少？

2.4 军用货物降落伞具有一个自动开启装置，可在地面以上 200m 的位置处开启。该设备的制造商指出，相对于所设置的名义高度，该装置的总体标准差为 80m。如果降落伞必须在高于地面 50m 以上的位置处开启以防止设备损坏，那么货物发生损坏的概率是多少？

2.5 使用一个精确的欧姆表来检查大量 2Ω 的电阻。有 50% 的读数介于 1.8Ω 和 2.2Ω 之间。电阻阻值的总体标准差的估计值是多少？95% 的电阻的阻值会落在什么范围内？

2.6 已知一个压力测量系统的总体标准差为 2psi。如果一个压力读数为 60psi，在该稳定工况下，当读数数量很大时，平均值 μ 会落入到什么范围内（95% 置信度）？

2.7 一个变量的值被测量 9 次，其平均值的随机标准不确定度为 5%。试估计需要多少次测量才能得到随机标准不确定度为 2.5% 的均值？

2.8 通过计算 4 个读数值得到的样本标准偏差 s 为 1.00。试问：读数的随

---

① 1 英里/h = 1.6km/h。

机标准不确定度和读数平均值的随机标准不确定度是多少?

2.9 将一支热电偶置于恒温介质中。连续读数(℉)为108.5、107.6、109.2、108.3、109.0、108.2和107.8。试估计(赔率为20∶1)下一次读数会下落入什么范围内?在95%的置信水平条件下,总体的均值(μ)将位于什么范围内?在95%的置信水平下,估算上述恒温条件下所有测量结果中95%的数据所落入的温度范围。在95%的置信水平下,估算所有测量值中99%的结果所落入的范围。

2.10 ACME公司生产了一种长为2.00m的12B型走鹃捕集装置。若工厂经理必须保证样本平均长度(X)在总体平均值(μ)的0.5%范围内且置信度为95%。你可以从9个随机选择的12B型产品中获取长度读数,结果(单位:m)为2.00、1.99、0.01、1.98、1.97、1.99、1.99、2.00和2.01。如果请你来确定用于取平均的最小样本数(N),试估计N并说明你的所有假设。

2.11 通过多次测定得到某弹簧的弹簧常数(单位:磅/英寸)为10.36、10.43、10.41、10.48、10.39、10.46和10.42。包含弹簧常数总体平均值的范围的最佳估计值(95%置信度)是多少?

2.12 如果置信水平变为①90%、②99%、③99.5%、④99.9%,问题2.11的范围将如何变化?

2.13 基于问题2.11中的数据,试预计5个额外的测量值都将落在什么范围内。什么范围将包含所有20个额外的测量值?

2.14 如果根据肖维勒准则进行30次数据测量,最大可接受偏差与标准偏差的比值是多少?

2.15 10个不同的人测量圆板的直径得到的结果为(单位:cm):6.57、6.60、6.51、6.61、6.59、6.65、6.61、6.63、6.62和6.64。试比较应用肖维勒准则前后,样本的均值和标准差。

2.16 氧弹式热量计校准常数的12个测定值为(单位:cal/℉):1385、1381、1376、1393、1387、1400、1391、1384、1394、1387、1343和1382。使用这些数据确定置信度为95%的情况下,平均校准常数的最佳估计值。

2.17 在金属铸造设备中,随机称量特定类型的铸件以检查一致性。与特定类型铸件的重量相关的随机标准不确定度(考虑材料差异和仪器可读性)为±5磅[①],与秤相关的系统标准不确定度为±5磅。如果铸件的平均重量为500磅,那么在95%置信度下,95%的重量测量值所落入的区间范围是多少?平均重量的真值将落入什么范围?如果将秤换为相同型号的另外一个秤,在95%的

---

① 1磅≈0.45359kg。

置信度下,95% 的重量测量值预期会落入什么范围?

2.18 在问题 2.11 的实验中,弹簧常数测量过程中系统标准不确定度的估计值为 0.05 磅/英寸①。然而,这个系统的不确定性估计的偏差可能达到 ±20%。分别在置信度为 95%、90% 和 99% 的条件下估算弹簧常数真值所落入的范围。

---

① 1 磅/英寸 = 175.1N/m。

第 3 章
多个被测变量确定结果的不确定度

有时,实验所期望的结果为单一直接被测变量 X。在这种情况下,利用第 2 章介绍的方法可确定 u_X 和在一定置信水平下的扩展不确定度(利用泰勒级数法)或包含区间的上限和下限(优先利用蒙特卡罗法)。然而,在大多数情况下,实验或模拟的结果是经数据简化方程或模拟模型将若干个变量加以整合的结果。

例如,风洞试验的任务是确定阻力系数。阻力 F_D、流体密度 ρ、速度 v 和模型的迎风面积 A 可通过测量/评估得到,而阻力系数 C_D 为

$$C_D = 2F_D/(\rho v^2 A) \tag{3.1}$$

一个简单的模拟模型通过求解式(3.2)所示的热传导方程可预测出一块厚度为 L 的平板内的温度分布:

$$k\frac{d^2 T}{dX^2} = 0 \tag{3.2}$$

其边界条件为

$$T(X=0) = T_1 \tag{3.3}$$

$$T(X=L) = T_2 \tag{3.4}$$

式中:k 为导热系数。

实验结果和模拟结果均存在不确定度,因为输入变量存在不确定度。对于阻力系数、阻力、密度、速度和面积均存在不确定度,并通过式(3.1)所示的数据简化方程进行传播,导致 C_D 存在不确定度。对于模拟过程,边界条件中的温度、导热系数和壁面厚度均存在不确定度,这导致其预测出的壁面内某处的温度存在不确定度。

当采用数据简化方程将多个被测变量合成为一个实验结果时,有必要考虑这些变量的误差和不确定度如何通过数据简化方程进行传播,并导致结果的误差和不确定度。正如第 1 章中所述,目前存在两种方法可对传播进行建模:第一

种方法是蒙特卡罗法[1],它基于假设的分布对误差进行抽样,模拟进行许多次具有不同抽样误差的实验;第二种方法是经典的忽略高阶项(因而不那么精确)的泰勒级数法[2]。

3.1节将引入总不确定度分析和详细不确定度分析这两个概念。3.2节将介绍蒙特卡罗法及其在总不确定度和详细不确定度分析中的应用。3.3节将介绍泰勒级数法及其在总不确定度和详细不确定度分析中的应用。3.5节将介绍一个利用蒙特卡罗法和泰勒级数法进行总不确定度和详细不确定度分析的实例;该实验项目旨在开发一个管内充分发展流动中壁面粗糙度对摩擦系数影响的验证数据库。

第4章将详细地介绍在参数化实验研究的计划阶段进行总不确定度分析的泰勒级数法。其中的一些实例和案例展示了泰勒级数法在上述应用中的潜力。

3.1 总不确定度分析和详细不确定度分析

在实验项目的计划阶段,首先通过总不确定度分析(general uncertainty analysis,GUA)来初步筛选可能的实验方法,借此判断不确定度水平是否达到要求。在这一阶段,并不考虑潜在的误差是系统误差还是随机误差,仅分析合成标准不确定度通过数据简化方程的传播情况,探索结果对输入变量的不确定度的敏感度,以及在变量的名义值周围一定范围内进行参数化研究。

当实验项目的计划阶段完成时,有必要进一步考虑系统误差和随机误差各自的影响,因而需要进行详细不确定度分析(detailed uncertainty analysis,DUA);即单独地分析系统不确定度通过数据简化方程进行传播的过程及其影响和随机不确定度的影响。在这一阶段,根据之前的实验或对当前实验获得数据进行计算以估计随机不确定度 s_r;这样的估计暂不考虑单一变量的随机不确定度的传播过程。第5章将结合来自复杂实验条件下的实例进行更加详细的讨论。

基于在许多实验装置上实施实验计划的大量经验,需要指出的是,如果在实验实施阶段还尚未进行总不确定度分析,笔者建议暂停实验并进行一个简单的总不确定度分析。总不确定度分析的结果总会揭示一些有价值的问题,甚至那些有经验的人员也未曾注意的问题。而且,笔者也遇到很多这样的例子,通过总不确定度分析避免了资源的浪费,并获得了更加可靠的实验结果。

因为蒙特卡罗法现在已变成优选方法,因而本章首先介绍蒙特卡罗法及其在总不确定度和详细不确定度分析中的应用,随后再介绍泰勒级数法。在此,需要强调的是,即使采用蒙特卡罗法作为主要方法,但是在实验计划阶段,几乎总是还要利用泰勒级数法进行总不确定度分析。在这个阶段,通过泰勒级数法得到的代数结果和在各独立变量综合作用下的结果是非常有价值的。

3.2 不确定度传播的蒙特卡罗法

3.2.1 总不确定度分析

图 3.1 所示的是通过蒙特卡罗法进行总不确定度分析的流程图。对于数据简化方程为两个变量的函数的情形：

$$r = r(x, y) \tag{3.5}$$

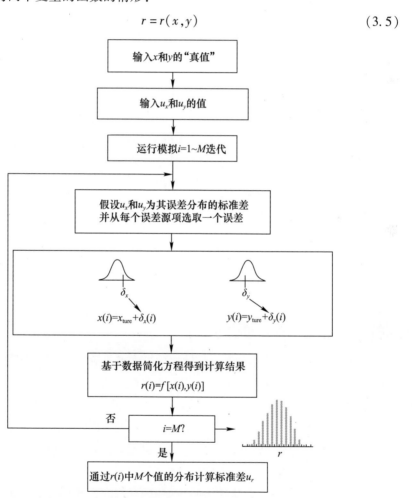

图 3.1 蒙特卡罗法用于总不确定度分析

图 3.1 示出了所采用的抽样方法。这个方法也适用于数据简化方程或模拟具有更多变量的情形。

图 3.1 中所示的方法可视为蒙特卡罗法分析的基础。首先，假设各变量的真值并将其代入数据简化方程。这些真值通常是变量的名义值；在总不确定度分析中，在假设的名义值周围的一定范围内需进行多次分析；这些名义值的范围需代表实验设定点的范围，即预期实验在这个范围内运行。其次，变量的合成标准不确定度的估计值也需作为输入参数，并将其用作假设的误差分布的标准差。在总不确定度分析阶段，通常假设所有误差满足高斯分布；当然选择何种分布实际上是没有限制的。在每一次迭代中，通过对假设分布（高斯分布、均匀分布等）的随机抽样，获得每一个变量的误差值。每个误差值随后与变量的真值相加获得"测量值"。将这些测量值代入数据简化方程并得到计算结果。这个过程相当于一次实验或者模拟。重复 M 次上述抽样过程进而获得结果的分布。

蒙特卡罗法不确定度传播计算的主要结果是获得这个所得分布的标准差 u_r 的估计值，它即为结果的合成标准差。合适的迭代次数 M 通常是这样确定的：每一次迭代后计算结果 r 分布的标准差，当 u_r 达到收敛时，停止整个迭代过程。需要说明的是，在计算标准差时，通常需要忽略迭代过程最初的几个结果。一旦 u_r 收敛在 1%～5% 的范围内，那么将其作为结果合成标准不确定度的近似值通常是可以接受的。

通常基于迭代的代价和 u_r 的使用要求进行收敛水平的判断。对于复杂且费时的情形，为了获得 u_r 的合理收敛值，通过采用一些特殊的抽样技术可显著减少蒙特卡罗法所需的迭代次数，如拉丁超立方抽样。这个抽样技术详见参考文献[3-7]，它在确定复杂的模拟结果的不确定度时非常有用。

3.2.2 详细不确定度分析

有两种方法可用于确定单一变量的随机标准不确定度经数据简化方程传播后对结果的影响。推荐的方法是直接将计算获得的实验结果的 s_r 作为实验结果中随机误差分布的标准差，并在应用蒙特卡罗法时从上述分布中进行直接抽样。通常，在完成实验项目的计划阶段后，基于适用于当前实验的以往实验或通过当前实验初始数据来直接估计结果随机不确定度 s_r，而不是利用式(2.12)对单一变量的随机标准不确定度进行传播计算。

在稳态实验中，如果有足够多的数据可通过式(2.12)来计算单一变量的随机标准不确定度，那么也就存在足够的数据可利用式(3.5)计算每个单一变量测量值所对应的结果。在某一指定实验条件下，M 个实验结果可直接用于计算结果的随机标准不确定度：

$$s_r^2 = [1/(M-1)] \sum_{k=1}^{M} (r_k - \bar{r})^2 \qquad (3.6)$$

其中

$$\bar{r} = \frac{1}{M} \sum_{k=1}^{M} r_k \qquad (3.7)$$

如果一些变量受到常见的漂移类误差源的影响,那么当采用式(3.6)来计算s_r时,不同变量的随机误差的相关影响会自动被包含在内。因而,优先推荐采用式(3.6)计算s_r,并将其应用于蒙特卡罗法中。

为了完整性,首先介绍应用单一变量的随机标准不确定度时通过蒙特卡罗法进行详细不确定度分析的情形,假设随机误差间不存在相关性。随后介绍利用蒙特卡罗法直接计算s_r的情形。

3.2.2.1 应用单一变量的随机标准不确定度

图 3.2 所示的是利用蒙特卡罗法进行详细不确定度分析的流程图。图中所示的抽样方法适用于式(3.5)的含两个变量的数据简化方程,也适用于包含多个变量函数的数据简化方程或模拟。

对于图 3.1 所示的情形,当采用蒙特卡罗法进行总不确定度分析时,首先将每个变量的假设真值输入数据简化方程。随后,输入变量的每个基本误差源的标准不确定度,并将其用作假设误差分布的标准差。在图 3.2 的示例中,假设每个变量存在一个随机误差源和三个基本系统误差源。在每一步的迭代中,对假设分布进行随机抽样,以获得每一个变量的误差值。随后将每个误差值与变量的真值相加获得"测量值"。通过这些测量值来计算结果。这个过程相当于进行了一次实验或者模拟。这样的过程重复 M 次并获得结果的分布。

在图 3.2 中,第 3 个基本系统误差源对两个变量具有相同的影响。该图显示的是关联系统误差的情形,而蒙特卡罗法可处理这种情形。例如,第 3 个误差源是用来测量系统 x 和 y 的标准(即当两个系统具有相同的输入值时,均应采用标准的值),那么 b_3 即为与标准相关的系统标准不确定度。在这种情形下,基于该标准 x 和 y 具有相同的(未知)误差,并且在进行模拟时从标准差为 b_3 的分布中提取单一误差 β_3,并在迭代过程中将其同时赋给 x 和 y。相关系统误差的影响将在第 5 章进行详细讨论。

正如之前讨论的那样,蒙特卡罗法进行传播分析的主要输出量是获得结果分布的标准差的估计值u_r;它是结果的合成标准不确定度。计算时可采用如下的方法来确定合适的迭代次数 M:每一次迭代后计算结果 r 分布的标准差,当u_r达到收敛时,停止整个迭代过程。需要说明的是,在计算标准差时,通常需要忽略迭代过程最初的几个结果。一旦u_r收敛在约 1% ~ 5% 的范围内,将这个近似值作为结果的合成标准不确定度通常是可接受的。

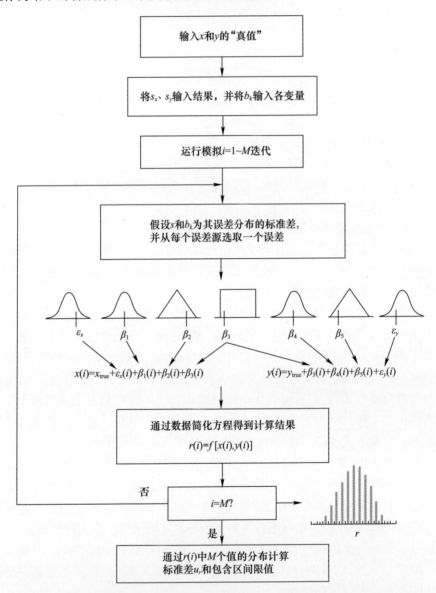

图 3.2　蒙特卡罗法用于详细不确定度分析（单一被测变量随机不确定度的传播）

3.2.2.2　随机标准不确定度的直接确定

如果利用s_r的估计值代替单一变量随机不确定度的估计值，在这种情形下利用蒙特卡罗法进行详细不确定度分析的流程图如图 3.3 所示。两者的主要差别在于目前这种情形无须为单一变量测量值分配随机误差，而只需从s_r的分布中确定一个随机误差,并加入到结果 $r(i)$ 中即可。

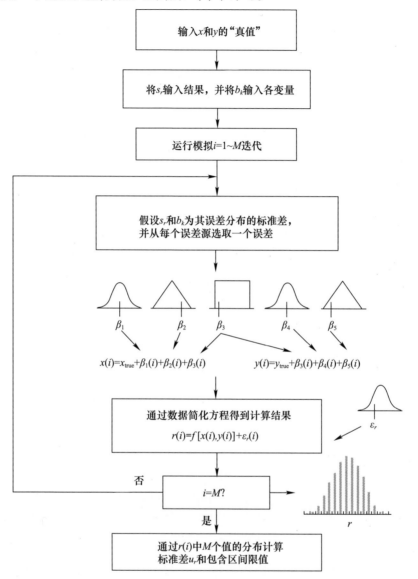

图 3.3　蒙特卡罗法用于详细不确定度分析(结果的随机不确定度直接确定)

3.3　不确定度传播的泰勒级数法

在附录 B 中,详细地推导了多个变量情形下不确定度传播计算的泰勒级数法,并讨论了推导过程中采用的近似;这些近似给泰勒级数法的应用带来一定的不准确性。3.3.1节介绍了用于计算合成标准不确定度的泰勒级数法传播方程;该方程可用于总不确定度分析。同时,也讨论了方程的几种不同形式;它们在实验项目的计划阶段特别有用。3.3.2节讨论了用于详细不确定度分析的泰勒级数法的两个公式。这两个公式在进行系统标准不确定度传播计算时是等价的,但是当考虑结果的随机不确定度时是不同的。

3.3.1 总不确定度分析

对于一般的情形,实验结果 r 通常是 J 个被测变量 X_i 的函数:

$$r = r(X_1, X_2, \cdots, X_J) \tag{3.8}$$

式(3.8)是利用变量 X_i 的测量值确定结果 r 的数据简化方程。那么结果的合成标准不确定度为

$$u_r^2 = (\partial r/\partial X_1)^2 u_{X_1}^2 + (\partial r/\partial X_2)^2 u_{X_2}^2 + \cdots + (\partial r/\partial X_J)^2 u_{X_J}^2 \tag{3.9}$$

式中:u_{X_i} 为被测变量 X_i 的合成标准不确定度。

式(3.9)中的偏微分称作绝对敏感度系数(absolute sensitivity coefficient);在过去,它有时被表示为

$$\theta_i = \partial r/\partial X_i \tag{3.10}$$

由此,式(3.9)可缩写为

$$u_r^2 = \sum_{i=1}^{J} \theta_i^2 u_{X_i}^2 \tag{3.11}$$

在实验计划阶段的不确定度分析中,式(3.9)的两种无量纲形式非常有用。为推导得到第一种形式,在式(3.9)两边同时除以 r^2,且在等号右侧的每一项上均乘以 $(X_i/X_i)^2$,可得

$$\left(\frac{u_r}{r}\right)^2 = \left(\frac{X_1}{r}\frac{\partial r}{\partial X_1}\right)^2 \left(\frac{u_{X_1}}{X_1}\right)^2 + \left(\frac{X_2}{r}\frac{\partial r}{\partial X_2}\right)^2 \left(\frac{u_{X_2}}{X_2}\right)^2 + \cdots + \left(\frac{X_J}{r}\frac{\partial r}{\partial X_J}\right)^2 \left(\frac{u_{X_J}}{X_J}\right)^2 \tag{3.12}$$

式中:u_r/r 为结果的相对不确定度;系数 u_{X_i}/X_i 为每个变量的相对不确定度。通常来说,相对不确定度在数值上小于1,且通常远小于1。

在式(3.12)右端的括号中,绝对敏感度系数与变量的相对不确定度的乘积称为不确定度放大系数(uncertainty magnification factors,UMF),表示为

$$\text{UMF}_i = (X_i/r)(\partial r/\partial X_i) \tag{3.13}$$

任一变量 X_i 的不确定度放大系数表示该变量的不确定度对结果的不确定度的影响。不确定度放大系数的绝对值大于1,表明变量的不确定度的影响在

通过数据简化方程传播过程中被放大了。不确定度放大系数的绝对值小于1,表明变量的不确定度的影响在通过数据简化方程传播过程中被减小了。由于式(3.12)中的不确定度放大系数均为平方项,因而这些系数的符号并不重要。因此,在进行总不确定度分析时,仅需考虑不确定度放大系数的绝对值。在过去,不确定度放大系数有时也称为归一化的敏感度系数(normalized sensitivity coefficient)。

式(3.9)的第二个无量纲形式通过在方程两边同时除以u_r^2获得:

$$1 = [(\partial r/\partial X_1)^2 u_{X_1}^2 + (\partial r/\partial X_2)^2 u_{X_2}^2 + \cdots + (\partial r/\partial X_J)^2 u_{X_J}^2]/u_r^2 \quad (3.14)$$

定义不确定度百分比贡献(uncertainty percentage contribution, UPC)为

$$\begin{aligned}UPC_i &= [(\partial r/\partial X_i)]^2 (u_{X_i})^2/u_r^2 \times 100 \\ &= [(X_i/r)(\partial r/\partial X_i)]^2 (u_{X_i}/X_i)^2/(u_r/r)^2 \times 100 \end{aligned} \quad (3.15)$$

变量X_i的UPC表示这个变量的不确定度对结果不确定度平方的贡献的百分比。既然一个变量的UPC包含了UMF的影响和变量不确定度大小的影响,因而,它在实验计划阶段对变量的不确定度估计中非常有用。对于那些不需要不确定度估计值的情形,通常先进行UMF分析,接着进行UPC分析。

3.3.2 详细不确定度分析

对于结果r是两个变量x和y的函数的情形:

$$r = r(x, y) \quad (3.16)$$

结果的合成不确定度u_r为

$$u_r = (b_r^2 + s_r^2)^{1/2} \quad (3.17)$$

其中

$$b_r^2 = (\partial r/\partial x)^2 b_x^2 + (\partial r/\partial y)^2 b_y^2 + 系统误差的相关效应 \quad (3.18)$$

式中,系统标准不确定度b_x和b_y可通过那些影响x和y的基本系统不确定度合成得到

$$b_x^2 = \sum_{k=1}^{M_x} b_{x_k}^2 \quad (3.19)$$

和

$$b_y^2 = \sum_{k=1}^{M_y} b_{y_k}^2 \quad (3.20)$$

求和参数M_x和M_y分别是对变量x和y具有较大影响的基本系统误差源的数量。

式(3.18)中包含有相关项,因为有些情形下误差并不是独立的。如果 x 和 y 的所有系统误差源完全是相互独立的,那么系统误差相关效应项应为 0。但是,对于某些情形,x 和 y 可能具有共同的误差源,正如 3.2 节中介绍蒙特卡罗法时的例子:源于校准标准的误差。例如,x 和 y 是利用不同的热电偶获得的温度测量值。如果两支热电偶用相同的标准进行校准,那么这两个温度测量值具有与校准标准精度有关的共同的相同系统误差。式(3.18)中的系统误差相关项可通过对合成标准不确定度的修正以包含这些相关误差的影响。这一部分的介绍详见第 5 章。

正如介绍蒙特卡罗法时所述,有两种估计式(3.17)所示的随机标准不确定度 s_r 的方法。第一种是基于单一变量的随机不确定度传播方法,第二种是更加准确的基于多次测定的直接计算方法。这两种方法将在下面进行介绍。

1) 传播方法

结果的随机标准不确定度的传播方程为

$$s_r^2 = (\partial r/\partial x)^2 s_x^2 + (\partial r/\partial y)^2 s_y^2 + 随机误差的相关效应 \qquad (3.21)$$

式中:随机标准不确定度 s_x 和 s_y 分别为 x 和 y 测量值的标准不确定度。

通常来说,"随机"误差是不相关的,因而式(3.21)中的随机误差相关效应项应该被忽略。然而,正如第 5 章将介绍的那样,经常存在一些随时间变化且对 x 和 y 具有相同影响模式的影响。例如,通过测量一段管道进出口压力以获取流动压降。对于压降的稳态计算,s_x 和 s_y 是进出口压力测量值的标准差。如果在测量过程中某些外部因素影响了流体的流量,那么变化的流量以相同的方式对进出口压力产生影响。它们将具有共同的随时间变化的误差源。在换热器和其他类似设备的测试中也经常遇到相似的情形。用于处理随时间变化的相关误差的方法详见第 5 章。

更为常见的情况是,结果为多变量的函数:

$$r = r(X_1, X_2, \cdots, X_J) \qquad (3.22)$$

在忽略相关项的条件下,结果的随机标准不确定度 s_r 为

$$s_r^2 = \sum_{i=1}^{J} (\partial r/\partial X_i)^2 s_{X_i}^2 \qquad (3.23)$$

2) 直接计算方法

正如 3.2.2 节分析的那样,如果在给定的实验条件下已经获取了 M 个结果,那么这 M 个值组成的样本分布可直接利用式(3.6)确定结果的随机标准不确定度。如果一些变量具有共同的且随时间变化的误差源,那么在利用

式(3.6)计算s_r时,随机误差的相关效应将自动地被包含在内。将这个s_r代入式(3.17)即可与系统误差进行合成。

3.4 包含区间和扩展不确定度

3.4.1 蒙特卡罗法的包含区间

GUM 2008[1]介绍了确定蒙特卡罗法包含区间的方法,无论输出的分布是对称的还是非对称的。这些包含区间的描述如下:如果数据简化方程或模拟是高度非线性的和/或变量的不确定度相对较大,那么蒙特卡罗结果的分布可能是非对称的,如图3.4所示。如果在设定点存在多个结果,那么这些结果代入式(3.7)所得的结果与将所有输入变量的名义值代入式(3.8)所得的结果在分布的峰值和众数(最有可能的值)上是无法相同的。

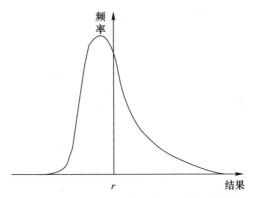

图3.4 非对称分布的蒙特卡罗模拟结果

"能够在概率上对称地包含"的包含区间如图3.5所示。这个区间包含蒙特卡罗法$100P\%$的模拟结果,例如,$P = 0.95$时包含95%。区间的下限是r_{low},它对应于最小的2.5%蒙特卡罗法所得结果的上限值;区间的上限是r_{high},它对应于包含97.5%蒙特卡罗法所得结果的上限值。这两个限值之间的包含区间包含95%的蒙特卡罗法所得的结果,而且包含区间外的两侧具有相同百分比的蒙特卡罗法所得结果(本例中是2.5%)。

一旦利用蒙特卡罗法进行了模拟并获得了结果的M个值及其分布,可进行如下的计算:

(1) 利用式(3.7)或式(3.8)计算结果r的一个值;

(2) 与利用式(3.6)计算结果分布的标准差一样,计算结果的合成标准不确定度u_r;

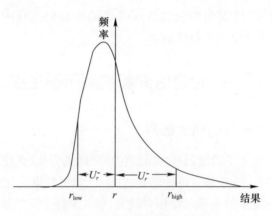

图 3.5 概率上对称的包含区间

（3）计算如上所述的包含区间的上下限值 r_{low} 和 r_{high}。

如果希望得到 95% 包含率的不确定度限值的估计值,即 95% 的分布位于 $r - U_r^-$ 和 $r + U_r^+$ 之间,那么计算 95% 概率对称包含区间及其相应不确定度限值的步骤如下：

（1）从小到大排列 M 个蒙特卡罗的模拟值；

（2）对于 95% 的包含区间,有

$$r_{low} = 序号为 0.025M 的结果 \tag{3.24}$$

和

$$r_{high} = 序号为 0.975M 的结果 \tag{3.35}$$

如果第 $0.025M$ 和第 $0.975M$ 不是整数,那么加 1/2 并取整[1]。

（3）对于 95% 包含率,不确定度限值分别为

$$U_r^- = r - r_{low} \tag{3.26}$$

和

$$U_r^+ = r_{high} - r \tag{3.27}$$

（4）包含 r_{true} 在内且具有 95% 包含水平的区间为

$$r - U_r^- \leqslant r_{true} \leqslant r + U_r^+ \tag{3.28}$$

确定具有 $100P\%$ 置信水平（例如,$P = 0.99$ 时,99% 的置信水平）的概率对称包含区间一般步骤是上述步骤的第 2 步换为

$$r_{low} = 序号为 \frac{1}{2}(1 - P)M 的结果 \tag{3.29}$$

和
$$r_{\text{high}} = 序号为\frac{1}{2}(1+P)M 的结果 \tag{3.30}$$

同样地,如果这两个序号不是整数,那么加 1/2 并取整作为结果的序号。非对称的不确定度限值 U_r^- 和 U_r^+ 以及 r_{true} 的 100P% 置信区间的表达式与上述第(3)和(4)步中的表达式相同。

GUM 2008[1] 介绍了另一种称为最短包含区间的包含区间,关于这个包含区间的介绍详见附录 D。

3.4.2 泰勒级数法的扩展不确定度

2.3.3 节介绍了一种用于确定一个被测变量的扩展不确定度的方法。这一方法对于结果是多个变量函数的形式同样适用;它也基于中心极限定理。

正如 GUM 1993[2] 推荐的那样,在给定百分比置信水平下的扩展不确定度可用包含系数来确定:

$$U_r = k_\% u_r \tag{3.31}$$

中心极限定理表明结果 r 的误差分布在多数条件下可假设为高斯分布,这保证可利用 t 分布(表 A.2)来确定扩展系数 $k_\%$。因此,给定百分比置信水平下的扩展不确定度可表示为

$$U_r = t_\% u_r \tag{3.32}$$

其中,围绕 r 的 $\pm U_r$ 不确定度带能在相应的置信水平下包含结果的真值。将式(3.17)代入式(3.32)可得扩展不确定度为

$$U_r = t_\% (b_r^2 + s_r^2)^{1/2} \tag{3.33}$$

根据 t 分布确定的扩展系数 $t_\%$ 需要结果的自由度。与 2.3.3 节介绍的单一变量相同,结果的自由度 ν_r 与所有基本标准不确定度的自由度有关。假设与随机标准不确定度一样,每个变量所有的基本系统标准不确定度源已经确定。附录 B 介绍了用于确定结果自由度的韦尔奇-萨特思韦特近似,即式(B.19);更通用的形式见式(C.4)。与第 2 章介绍的单一变量的情形相同,对于大部分工程与科学研究结果,其自由度应足够大,以保证某一给定置信水平下的系数 $t_\%$ 为常数。

笔者研究了结果自由度对式(3.31)中的扩展系数 $t_\%$ 的影响。研究的数据简化方程包括线性的和高度非线性的表达式。所采用的方法和所得的结论详见附录 C。在研究中,假设已知每个变量的真值,因而也就已知了结果的真值。利用蒙特卡罗模拟可对各种假设的扩展系数进行测试,以得到能在给定置信水平

下给出包含真值的不确定度区间的扩展系数。

在研究中考虑了各类情形。例如,考虑系统不确定度和随机不确定度之间的平衡,考虑一个或另一个是主要因素,或者假设数据简化方程中其中一个变量的不确定度是结果不确定度的主要影响因素等。在所有这些例子中,随机不确定度和系统不确定度的自由度从 2 变化至 31。对于每一种情形,结果的自由度均利用式(C.4)的韦尔奇-萨特思韦特近似计算。根据结果的自由度所确定的扩展系数 t_{95} 或 t_{99},或者直接采用大样本的扩展系数 2 或者 2.6,可进一步确定结果的百分比包含率。

各类不确定度模型的所有模拟结果如图 3.6 所示,这些不确定度的模型用于获得结果自由度 v_r 约为 9 时的 95% 的置信水平(t_{95} 或 $t=2$)。研究发现,即使在合适的自由度下,选 t_{95} 作为扩展系数也未必能获得 95% 的包含水平。t_{95} 的实例表明包含率峰值位于 96% 处;$t=2$ 的实例表明,包含率的峰值位于 93.5% 处。当结果的自由度达到 9 时,虽然两个模型均未能使包含率精确达到 95%,但是基本能达到 90% 以上。

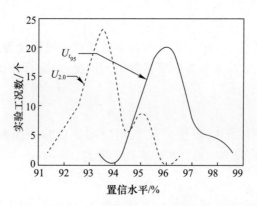

图 3.6 $v_r=9$ 时 95% 置信水平的不确定度模型(详见附录 C)

当每个随机标准不确定度和每个基本系统标准不确定度为 9 时,两个模拟的结果发生了重叠,如图 3.7 所示。两个模型的包含率峰值均在 95% 附近。当然,当所有不确定度分量的自由度均为 9 时,结果的自由度将远大于式(C.4)的计算结果。

对于 99% 的置信水平存在类似的结果,如图 C.1 和图 C.3 所示。当结果的自由度为 9 时,t_{99} 和 $t=2.6$ 均能使包含率达到 90% 以上。当所有不确定度的自由度为 9 时,两个模型的峰值在 99% 左右。

由附录 C 中相关研究的结论可知:对于大部分的工程和科学应用,大样本假设是能够满足的。那么,当 $t=2$ 时,达到 95% 的置信水平;当 $t=2.6$ 时,达到

99%的置信水平。因此,由式(3.33)可得,置信水平为95%的扩展不确定度在大样本近似下的表达式为

$$U_{95} = 2(b_r^2 + s_r^2)^{1/2} \qquad (3.34)$$

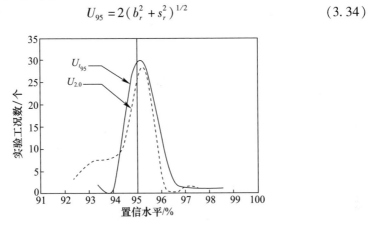

图 3.7　$v_{s_i} = v_{b_{i_k}} = 9$ 时 95% 置信水平的不确定度模型(详见附录 C)

3.5　粗糙管内流动实验的总不确定度分析

对于第 1 章中提及的在流动系统中确定粗糙管阻力特性的例子,其系统流程图和特定工况下变量的名义值如图 3.8 所示。管道的阻力可用阻力系数 f 来表示:

$$f = \frac{\pi^2 d^5 \Delta p}{8 Q^2 \rho L} \qquad (3.35)$$

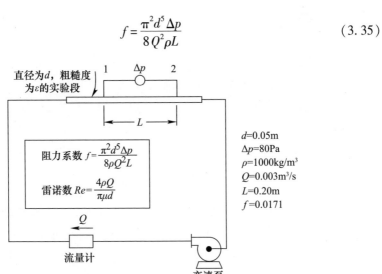

图 3.8　粗糙管阻力特性实验流程示意图

流动条件可由雷诺数表示：

$$Re = \frac{4Q}{\pi \mu d} \tag{3.36}$$

利用数据简化方程式(3.35)计算结果 f 时，需要的变量包括管道直径 d、沿管长 L 的压降 Δp、流体的体积流量 Q 和流体密度 ρ。

以下各节依次介绍总不确定度分析的泰勒级数法和蒙特卡罗法，以及泰勒级数法中导数项的数值近似这两种方法在电子表格程序中的应用。

3.5.1 总不确定度分析的泰勒级数法

针对式(3.35)，应用总不确定度计算式(3.12)可得

$$\left(\frac{u_f}{f}\right)^2 = 5^2 \times \left(\frac{u_d}{d}\right)^2 + 1^2 \times \left(\frac{u_{\Delta p}}{\Delta p}\right)^2 + 1^2 \times \left(\frac{u_\rho}{\rho}\right)^2 + 2^2 \times \left(\frac{u_Q}{Q}\right)^2 + 1^2 \times \left(\frac{u_L}{L}\right)^2 \tag{3.37}$$

由式(3.37)可知，如果所有相对不确定度的大小在同一个量级，那么管径 d 的 UMF 显然是最主要的因素。

3.5.2 总不确定度分析的蒙特卡罗法

对于阻力系数 f 的数据简化方程，即式(3.35)，总不确定度分析的蒙特卡罗法的核心是确定 f 的不确定度，如图 3.9 所示。

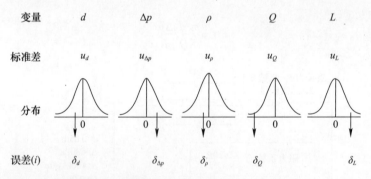

图 3.9　总不确定度分析的蒙特卡罗法示意图

将所有变量的名义值作为输入值，而且，既然这是总不确定度分析，那么各变量的合成标准不确定度 u_x 可用作每个变量假设误差分布的标准差。对于每次迭代 i，从各变量的误差分布中随机选取误差 δ_x，并将其与变量的名义值相加作为"测量值"：

$$d(i) = d_{nom} + \delta_d(i) \tag{3.38}$$

$$\Delta p(i) = \Delta p_{\text{nom}} + \delta_{\Delta p}(i) \qquad (3.39)$$

$$\rho(i) = \rho_{\text{nom}} + \delta_{\rho}(i) \qquad (3.40)$$

$$Q(i) = Q_{\text{nom}} + \delta_{Q}(i) \qquad (3.41)$$

$$L(i) = L_{\text{nom}} + \delta_{L}(i) \qquad (3.42)$$

那么,第 i 次迭代得到的结果为

$$f(i) = \frac{\pi^2 d^5(i)\Delta p(i)}{8Q^2(i)\rho(i)L(i)} \qquad (3.43)$$

继续迭代过程直至结果 f 分布的标准差收敛,且该收敛值可视为合成标准不确定度 u_f 的估计值。另外,包含区间的上下限值的收敛值有时也可用作终止迭代的标准。

3.5.3 电子表格程序的运用

利用 Excel 电子表格程序进行 10000 迭代的分析执行过程如图 3.10 ~ 图 3.14 所示。图 3.10 所示的是电子表格程序中工作簿的布局。

名义值和 u	受扰动的变量	结果	结果直方图-统计	
	误差 d(高斯)	误差 Δp(高斯)	误差 ρ(高斯)	误差 Q(高斯)	误差 L(高斯)

图 3.10 利用 Excel 工作簿进行蒙特卡罗法总不确定度分析的电子表格程序

对于总不确定度分析,假设每个变量均具有一个误差源且满足高斯分布。图 3.11 所示的是电子表格程序中"误差 d(高斯分布)"工作簿,它包含 10000 个利用高斯分布随机数生成器随机生成的误差值。同理,变量 Δp、ρ、Q 和 L 均有一个相应的工作簿。

	A	B	C	D	E	F	G	H	I
1	在给定均值和标准差的条件下生成高斯随机数								
2	均值	0							
3	标准差	0.00025							
4									
5	随机数()	高斯分布随机数							
6	0.70265	0.00013							
7	0.31115	-0.00012							
8	0.15958	-0.00025							
9	0.61113	7.1E-05							
10	0.94918	0.00041							
11	0.97013	0.00047							
12	0.38133	-7.5E-05							
13	0.8469	0.00026							
...									
10002	0.1185	-0.0003							
10003	0.1822	-0.00023							
10004	0.6392	8.9E-05							
10005	0.40602	-5.9E-05							
10006									

图 3.11 "误差 d(高斯分布)"工作簿

误差工作簿中"标准差"的值(sigma)是根据每个变量的合成标准不确定度的输入值得出的,这些值如图3.12所示。

	A	B	C	D	E	F	G	H
1	变量 x	名义值	标准不确定度 u	$u/\%$	df/dx	UMF	$(udr/dx)^2$	UPC
2	管径 d/m	0.05	0.00025	0.5%	1.714E+00	5.00	1.83573E−07	78
3	压差 $\Delta p/Pa$	80	0.4	0.5%	2.142E−04	1.00	7.33997E−09	3
4	流体密度 $\rho/(kg/m^3)$	1000	5	0.5%	−1.713E−05	−1.00	7.33851E−09	3
5	体积流量 $Q/(m^3/s)$	0.003	0.000015	0.5%	−1.142E+01	−1.00	2.93511E−08	12
6	压差 Δp 测量距离 L/m	0.2	0.001	0.5%	−8.567E−02	−1.00	7.33851E−09	3
7						u_f^2	2.34941E−07	100
8	结果 f 的名义值	1.71347299E−02				u_f	0.000484707	
9	d 扰动 1.001 后的结果 f	1.71432989E−02				$u_f/f/\%$	2.8%	
10	Δp 扰动 1.001 后的结果 f	1.71364433E−02						
11	M_ρ 扰动 1.001 后的结果 f	1.71330166E−02						
12	Q 扰动 1.001 后的结果 f	1.71313034E−02	← 采用泰勒级数法计算见式(3.12)~式(3.15)					
13	L 扰动 1.001 后的结果 f	1.71330166E−02						

图3.12 "名义值和 u" 工作簿

10000次实验结果所得的各变量的"测量值",即式(3.38)~式(3.42)的结果分别如图3.13中B~F列所示。将图3.13中所示的各变量的测量值代入式(3.43)计算出10000个实验结果,如图3.14所示。对这些结果的分析如图3.15所示。

	A	B	C	D	D	F
1	变量	d	Δp	ρ	Q	L
2						
3	名义值	0.05	80	1000	0.003	0.2
4						
5	迭代					
6	1	0.0501	79.526	992.72	0.003	0.2003
7	2	0.0499	80.177	1003.3	0.003	0.1987
8	3	0.0498	80.847	993.06	0.003	0.2005
9	4	0.0501	79.479	1000.5	0.003	0.2014
10	5	0.0504	80.653	1008.6	0.003	0.1994
11	6	0.0505	79.677	990.79	0.003	0.201
12	7	0.0499	80.255	991.92	0.003	0.2028
13	8	0.0503	79.596	992.52	0.003	0.1993
...						
10002	9997	0.0497	79.587	1006.9	0.003	0.2008
10003	9998	0.0498	80.254	1004.1	0.003	0.1989
10004	9999	0.0501	80.047	993.58	0.003	0.2003
10005	10000	0.0499	80.422	998.28	0.003	0.2001
10006						

图3.13 "受扰动的变量"工作簿

图3.12所示的"名义值和 u"工作簿中关于泰勒级数法相关信息是通过对式(3.12)~式(3.15)中的偏微分项求解数值近似解获得的。例如,在单元格E2中 $\partial f/\partial d$ 的近似计算式为(B9−B8)/(0.0001×B2)。一旦计算获得这些偏导数的近似值后,可计算每个变量的 UMF 和 UPC 值,如图3.12所示。对于那些

更加复杂的数据简化方程,或者数据简化方程是一个模拟模型,通常采用这种方式执行泰勒级数法,通过比较 UMF 值,非常容易检查由导数的代数形式计算式所得的结果。

	A	B	C	D
1	结果	阻力系数f		
2				
3	名义值	1.71E-02		
4				
5	迭代		std dev u	u_f/f%
6	1	1.73E-02	0.00E+00	0.00
7	2	1.70E-02	2.24E-04	1.31
8	3	1.69E-02	2.07E-04	1.21
9	4	1.66E-02	2.90E-04	1.69
10	5	1.80E-02	5.34E-04	3.12
11	6	1.79E-02	5.54E-04	3.24
12	7	1.69E-02	5.30E-04	3.09
13	8	1.76E-02	5.03E-04	2.94
…				
10002	9997	1.64E-02	4.88E-04	2.85
10003	9998	1.68E-02	4.88E-04	2.85
10004	9999	1.74E-02	4.88E-04	2.85
10005	10000	1.69 E-02	4.88E-04	2.85
10006				

图 3.14 "结果"工作簿

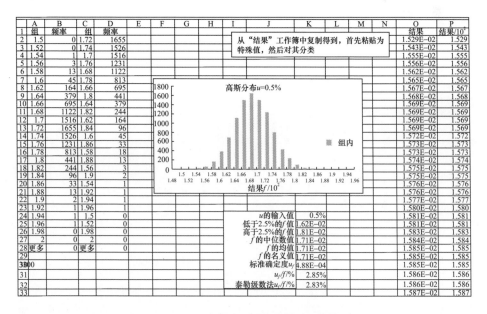

图 3.15 "结果直方图-统计"工作簿

3.5.4 分析结果

当输入变量的标准不确定度在 0.5% ~ 10% 的范围内变化时，摩擦系数总不确定度分析的结果如表 3.1 所列。

表 3.1　总不确定度分析实例的结果

输入变量的不确定度/%	0.5	2.5	5.0	10.0
不确定度低于 2.5% 的 f 值/10^{-2}	1.62	1.30	0.98	0.54
不确定度高于 2.5% 的 f 值/10^{-2}	1.81	2.24	2.95	4.90
f 的中位数值/10^{-2}	1.71	1.71	1.71	1.73
f 的均值/10^{-2}	1.71	1.73	1.77	1.98
f 的名义值/10^{-2}	1.71	1.71	1.71	1.71
标准不确定度 u_f/10^{-2}	0.048	0.247	0.508	1.150
u_f/f/%	2.8	14.4	29.7	65.0
泰勒级数法的 u_f/f/%	2.8	14.1	28.3	56.6
泰勒级数法 f 的名义值 $-2u$/10^{-2}	1.61	1.23	0.74	-0.22
泰勒级数法 f 的名义值 $+2u$/10^{-2}	1.81	2.19	2.68	3.64

当输入变量的标准不确定度在 0.5%、2.5%、5.0% 和 10% 的范围内时，蒙特卡罗法分析得到的摩擦系数 f 的分布分别如图 3.16 ~ 图 3.19 所示。随着不确定度的增加，数据简化方程的非线性效应变得越来越明显。即便所有输入变量误差的分布均为高斯分布，结果的分布仍变得越来越不对称。

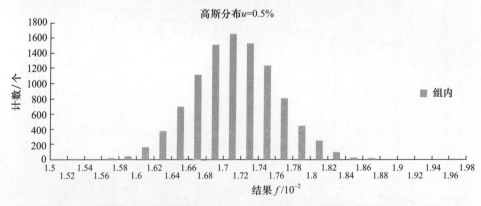

图 3.16　当所有输入变量的 $u = 0.5%$ 时摩擦系数的分布

表 3.1 中的计算结果如图 3.20 所示。随着输入变量不确定度的增加，蒙特卡罗法的 95% 包含区间和泰勒级数法的 95% 置信区间的差异变得越来越大。蒙特卡罗法的结果是优先推荐的，因为蒙特卡罗法不包含泰勒级数法中的近似。

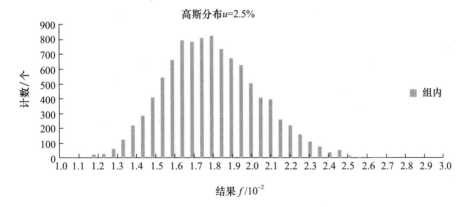

图 3.17 当所有输入变量的 $u = 2.5\%$ 时摩擦系数的分布

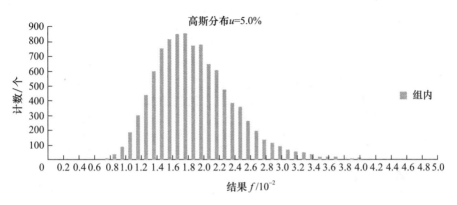

图 3.18 当所有输入变量的 $u = 5\%$ 时摩擦系数的分布

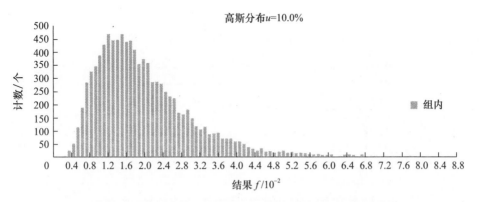

图 3.19 当所有输入变量的 $u = 10.0\%$ 时摩擦系数的分布

蒙特卡罗法中 u 为 0.5% 和 10.0% 时 u_f 的收敛过程分别如图 3.21 和图 3.22 所示。蒙特卡罗法包含区间的下限值和上限值的收敛过程通常比 u_f 的收敛过程慢。

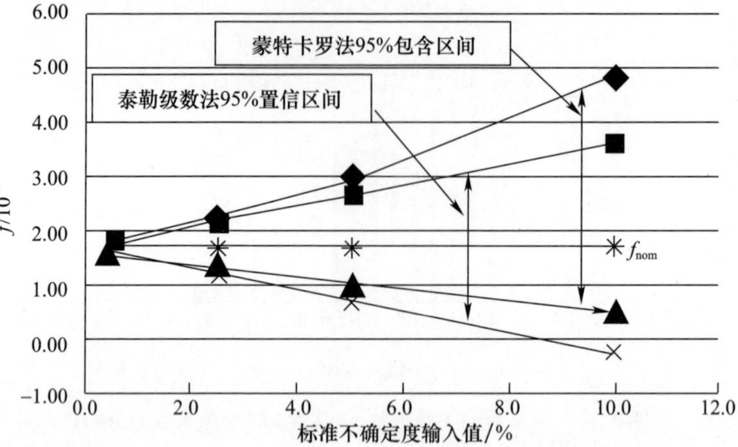

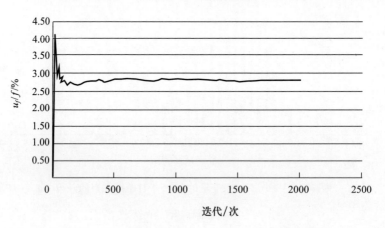

图 3.20　蒙特卡罗法 95% 包含区间与泰勒级数法 95% 置信区间的比较

图 3.21　当所有输入变量的 $u = 0.5\%$ 时 u_f 的收敛过程

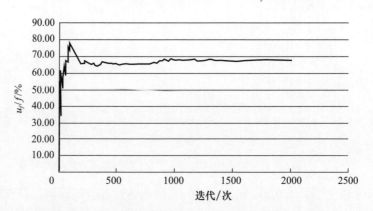

图 3.22　当所有输入变量的 $u = 10.0\%$ 时 u_f 的收敛过程

3.6 运用电子表格程序的进一步说明

当希望利用蒙特卡罗法对管流实例进行详细不确定度分析时,假设 d、ρ 和 L 分别受到 1 个影响较大的系统误差源的影响,Δp 和 Q 分别受到 2 个误差源的影响。然而,当缺乏任何相关的信息时,分析中可假设每个系统误差源满足均匀分布,其标准差等于系统标准不确定度 b。同样地,假设结果的随机标准不确定度 s_f 已根据以往的实验或目前的实验进行了估计。

对于每一次迭代 i,每个变量的每个基本误差源的误差 $\beta_x(i)$ 随机确定并与变量的名义值相加得到"测量值":

$$d(i) = d_{\text{nom}} + \beta_d(i) \tag{3.44}$$

$$\Delta p(i) = \Delta p_{\text{nom}} + \beta_{1\Delta P}(i) + \beta_{2\Delta p}(i) \tag{3.45}$$

$$\rho(i) = \rho_{\text{nom}} + \beta_\rho(i) \tag{3.46}$$

$$Q(i) = Q_{\text{nom}} + \beta_{1Q}(i) + \beta_{2Q}(i) \tag{3.47}$$

$$L(i) = L_{\text{nom}} + \beta_L(i) \tag{3.48}$$

那么,第 i 次迭代获得的结果为

$$f(i) = \frac{\pi^2 d^5(i) \Delta p(i)}{8 Q^2(i) \rho(i) L(i)} + \varepsilon_f(i) \tag{3.49}$$

其中,结果中的随机误差 $\varepsilon(i)$ 可根据标准差为 s_f 的高斯分布来确定。

因此,对于蒙特卡罗法来说,从总不确定度分析转变为详细不确定度分析时,增加的复杂度只是需要包含更多的误差源,例如,在上例中误差源从 5 个变为 8 个。但是,电子表格程序的基本结构和操作仍然保持不变。

参考文献

[1] Joint Committee for Guides in Metrology (JCGM), "Evaluation of Measurement Data—Supplement 1 to the 'Guide to the Expression of Uncertainty in Measurement'—Propagation of Distributions Using a Monte Carlo Method," JCGM 101:2008, France, 2008.

[2] International Organization for Standardization (ISO), Guide to the Expression of Uncertainty in Measurement, ISO, Geneva, 1993.

[3] McKay, M. D., Conover, W. J., and Beckman, R. J., "A Comparison of Three Methods for Selecting Values of Input Variables in the Analysis of Output from a Computer Code," *Technometrics*, Vol. 21, 1979, pp. 239–245.

[4] Helton, J. C., and Davis, F. J., "Latin Hypercube Sampling and the Propagation of Uncertainty in Analyses of Complex Systems," *Reliability Engineering and System Safety*, Vol. 81, 2003, pp. 23 – 69.

[5] Helton, J. C., and Davis, F. J., "Sampling Based Methods," in Saltelli, A., Chan, K., and Scott, E. M., Eds., *Sensitivity Analysis*, Wiley, New York, 2000, pp. 101 – 153.

[6] Iman, R. L., and Shortencarier, M. J., "A FORTRAN 77 Program and User's Guide for the Generation of Latin Hypercube and Random Samples for Use with Computer Models," Technical Report SAND83 – 2356, Sandia National Laboratories, Albuquerque, NM, Mar. 1984.

[7] Wyss, G. D., and Jorgensen, K. H., "A User's Guide to LHS: Sandia's Latin Hypercube Sampling Software," Technical Report SAND98 – 0210, Sandia National Laboratories, Albuquerque, NM, Feb. 1998.

习题

3.1 涡轮机的结构示意图如下,其显示了入口和出口压力及温度的测点:

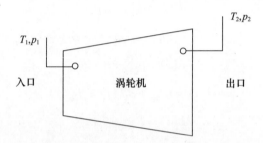

绝热涡轮机效率 η 的表达式为

$$\eta = \frac{1 - (T_2/T_1)}{1 - (p_2/p_1)^{(\gamma-1)/\gamma}} \tag{3.50}$$

式中:γ 为比热比。

对变量使用以下名义值和标准不确定度估计值:

变量	名义值	标准不确定度
p_1	517kPa	5%
p_2	100kPa	5%
T_1	1273K	1.5%
T_2	853K	1.5%
γ	1.4	0.25%

使用 TSM 传播法进行总不确定度分析,以估算绝热涡轮效率的标准不确定度。

3.2 在问题 3.1 中使用 MCM 传播法进行分析,并比较两种不确定度分析方法。

3.3 重复问题 3.1 和 3.2,将标准不确定度取为给定值的 3 倍。试比较 TSM 和 MCM 95% 的不确定度计算结果,其中使用 $2\mu_\eta$ 作为 MCM 95% 包含不确定度的限值。

3.4 使用 3.4.1 节的方法确定问题 3.3 中 MCM 非对称的 95% 不确定度限值,并将结果与 MCM 中的 $2\mu_\eta$ 值进行比较。

第4章
总不确定度分析的泰勒级数法

正如第3章所述,当一个结果由其他多个变量确定时:
$$r = r(X_1, X_2, \cdots, X_J) \tag{4.1}$$
必须要考虑X_i的不确定度是如何传播到结果中的。对于一个实验来说,式(4.1)就是数据简化方程,而X_i则是被测变量或者可从其他参考源获得参数值的变量(材料物性不是实验直接被测变量)。对于一个模拟来说,式(4.1)从形式上可代表待求解的模型,而X_i是模型的输入量,如几何、物性等。式(4.1)可能是一个单一的表达式,也可能是一串数千行的计算机代码。

在第3章中,通过总不确定度分析和详细不确定度分析这两个概念,已经介绍了蒙特卡罗法和泰勒级数法这两种不确定度传播计算方法,也介绍了一个利用泰勒级数法和蒙特卡罗法进行总不确定度分析和详细不确定度分析的实例。在本章中,将继续介绍总不确定度分析的泰勒级数法,并通过一些实例/案例研究来展示这一方法的应用能力(利用蒙特卡罗法和泰勒级数法进行详细不确定度分析及其应用将在第5~7章中介绍)。

在实验项目的计划阶段,总不确定度分析仅仅确定合成标准不确定度。在这个阶段,仅考虑每个被测变量的合成不确定度而不区分不确定度属于系统不确定度还是随机不确定度是合理的。需要辨别清楚哪个实验或哪些实验能解决或回答正面临的问题。通常来说,这个阶段不需要选择特定的设备或仪器,例如,无须决定是用热电偶、温度计、热电阻或是光学温度计进行温度测量。当在研究以何种实验方式获得所面临问题的可接受的和有用的答案时,可能需要考虑几种采用不同数据简化方程的可替代方法。在变量假设的不确定度范围内或者采用几种可能的数据简化方程进行参数化的研究,本章将在这一方面介绍两个实例。

本章后续各节将介绍利用泰勒级数法进行总不确定度分析的具体过程和一些有用的技巧,讨论在实验项目计划阶段应用不确定度分析中需要考虑的各类因素和一些应用的综合实例。

4.1 泰勒级数法应用于实验设计

假设需要回答这样一个问题：一个压力罐内空气的密度是多少？如果没有密度计，那么需要考虑利用何种物理原理通过其他一些物理量来确定密度。如果罐内空气满足理想气体，并能测得空气压力和温度，且能从某个参考源获得空气的气体常数，那么空气的密度为

$$\rho = p/(RT) \tag{4.2}$$

式(4.2)是数据简化方程，即式(4.1)在本例中的具体形式，其中密度 ρ 是结果。对于这个数据简化方程，式(3.12)变为

$$\left(\frac{u_\rho}{\rho}\right)^2 = \left(\frac{p}{\rho}\frac{\partial \rho}{\partial p}\right)^2 \left(\frac{u_p}{p}\right)^2 + \left(\frac{R}{\rho}\frac{\partial \rho}{\partial R}\right)^2 \left(\frac{u_R}{R}\right)^2 + \left(\frac{T}{\rho}\frac{\partial \rho}{\partial T}\right)^2 \left(\frac{u_T}{T}\right)^2 \tag{4.3}$$

由式(3.13)可得 UMF 为

$$\text{UMF}_p = \frac{p}{\rho}\frac{\partial \rho}{\partial p} = \frac{p}{\rho RT} \tag{4.4}$$

$$\text{UMF}_R = \frac{R}{\rho}\frac{\partial \rho}{\partial R} = \frac{R}{\rho}\frac{-p}{R^2 T} \tag{4.5}$$

$$\text{UMF}_T = \frac{T}{\rho}\frac{\partial \rho}{\partial T} = \frac{T}{\rho}\frac{-p}{RT^2} \tag{4.6}$$

将式(4.2)、式(4.4)~式(4.6)代入式(4.3)可得

$$\left(\frac{u_\rho}{\rho}\right)^2 = \left(\frac{p}{RT}\frac{RT}{p}\right)^2 \left(\frac{u_p}{p}\right)^2 + \left(\frac{-pR}{R^2 T}\frac{RT}{p}\right)^2 \left(\frac{u_R}{R}\right)^2 + \left(\frac{-pT}{RT^2}\frac{RT}{p}\right)^2 \left(\frac{u_T}{T}\right)^2 \tag{4.7}$$

或

$$\left(\frac{u_\rho}{\rho}\right)^2 = \left(\frac{u_p}{p}\right)^2 + \left(\frac{u_R}{R}\right)^2 + \left(\frac{u_T}{T}\right)^2 \tag{4.8}$$

式(4.8)将实验结果 ρ 的相对不确定度与被测变量和气体常数的相对不确定度联系起来。通常认为，通用常数(气体常数、π、阿伏伽德罗常量等)比大多数实验的测量值具有更高的精度。在实验的计划阶段，假设这类常数的不确定度是可以忽略的，并将其令为 0。通过假设 u_R 为 0，不确定度的表达式变为

$$\left(\frac{u_\rho}{\rho}\right)^2 = \left(\frac{u_p}{p}\right)^2 + \left(\frac{u_T}{T}\right)^2 \tag{4.9}$$

显然，本例中所有的 UMF 均等于 1。在此，可以回答关于上述实验的各类

问题了。下面的例子中包含了两类值得关注的问题。

例 4.1 图 4.1 所示的空气压力罐名义上处于室温(25℃)条件下。如果温度的测量不确定度是 2℃,而压力测量的相对不确定度是 1%,那么测得的密度的精度是多少?

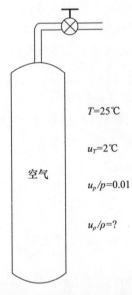

图 4.1 例 4.1 的示意图

解:数据简化方程为

$$\rho = p/(RT)$$

总不确定度分析的表达式为

$$\left(\frac{u_\rho}{\rho}\right)^2 = \left(\frac{u_p}{p}\right)^2 + \left(\frac{u_T}{T}\right)^2$$

式中各变量的值为

$$u_T = 2℃ = 2K$$
$$T = 25 + 273 = 298(K)$$
$$\frac{u_p}{p} = 0.01$$

压力测量值具有 1% 的不确定度,可表达为

$$u_p = 0.01p$$

将上述数值代入式(4.9)可得

$$\left(\frac{u_\rho}{\rho}\right)^2 = 0.01^2 + \left(\frac{2}{298}\right)^2 = 1.0 \times 10^{-4} + 0.45 \times 10^{-4} = 1.45 \times 10^{-4}$$

上式开根号可得密度的不确定度为

$$\frac{u_\rho}{\rho} = 0.012 = 1.2\%$$

例 4.2 如图 4.2 所示,物理条件与例 4.1 相同,假设密度不确定度为 0.5% 才能满足要求。如果温度测量值的不确定度为 1℃,那么压力测量值的精度需多高?

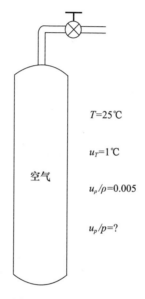

图 4.2 例 4.2 的示意图

解:总不确定度分析的表达式仍为

$$\left(\frac{u_\rho}{\rho}\right)^2 = \left(\frac{u_p}{p}\right)^2 + \left(\frac{u_T}{T}\right)^2$$

式中各变量的值为

$$u_T = 1℃ = 1K$$

$$T = 25 + 273 = 298(K)$$

$$\frac{u_\rho}{\rho} = 0.005$$

由此可得

$$0.005^2 = \left(\frac{u_p}{p}\right)^2 + \left(\frac{1}{298}\right)^2$$

$$\left(\frac{u_p}{p}\right)^2 = 1.37 \times 10^{-5}$$

$$\frac{u_p}{p} = 0.0037 = 0.37\%$$

压力测量值的不确定度需小于 0.37% 才能满足密度的要求。

4.2 特殊的函数形式

当数据简化方程(4.1)具有式(4.10)的形式时：

$$r = k X_1^a X_2^b X_3^c \cdots \tag{4.10}$$

式中：指数 a、b、c 可正可负；k 为常数。

式(3.12)应用至式(4.10)可得

$$\left(\frac{u_r}{r}\right)^2 = a^2 \left(\frac{u_{X_1}}{X_1}\right)^2 + b^2 \left(\frac{u_{X_2}}{X_2}\right)^2 + c^2 \left(\frac{u_{X_3}}{X_3}\right)^2 + \cdots \tag{4.11}$$

式(4.10)形式的数据简化方程特别容易计算,因为通过检验式(4.11)形式的不确定度分析结果发现,它仅涉及代数运算而未出现任何偏微分。然而,需要注意的是,式(4.10)中的 X_i 是直接测量变量。例如,当电流 I 和电阻 R_s 是被测变量时,那么式(4.12)为上述类型的数据简化方程：

$$P_s = I^2 R_s \tag{4.12}$$

但是,即使 Z 和 θ 是被测变量,式(4.13)仍然不是该类数据简化方程：

$$Y = Z \sin\theta \tag{4.13}$$

另外,如果 p_1 和 p_2 是被分别测量的,那么式(4.14)不是该类数据简化方程：

$$V = Z (p_2 - p_1)^{1/2} \tag{4.14}$$

然而,如果 $p_2 - p_1$ 是被直接测量的,那么式(4.14)可应用式(4.11)的形式。

对于这样的特殊函数形式,其指数就是 UMF。因而,指数大于 1 的变量的不确定度的影响将被放大；反之,指数小于 1 的变量的不确定度的影响将被缩小。

例 4.3 如图 4.3 所示,利用理想气体方程确定某种气体的密度。要求密度的精度在 0.5% 的范围内,而且温度（名义值为 25℃）的测量误差在 1℃ 之内。压力测量值的精度需多高？

解:理想气体方程是数据简化方程,则有

$$p = \rho R T$$

需要注意的是,理想气体方程满足式(4.10)的形式,并且假设气体常数的不确定度为0,那么式(4.11)变为

$$\left(\frac{u_p}{p}\right)^2 = \left(\frac{u_\rho}{\rho}\right)^2 + \left(\frac{u_T}{T}\right)^2$$

将已知的数据代入可得

$$\left(\frac{u_p}{p}\right)^2 = 0.005^2 + \left(\frac{1}{298}\right)^2$$

那么,压力测量所需的不确定度为

$$\frac{u_p}{p} = 0.0061 = 0.61\%$$

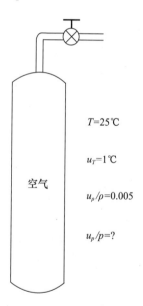

图4.3 例4.3的示意图

这样计算是不正确的！在进行不确定度分析之前,并未求解实验结果(密度ρ)。为了应用式(4.11),结果ρ的数据简化方程应先改写为

$$\rho = p R^{-1} T^{-1}$$

应用式(4.11)并假设u_R可以忽略不计,那么

$$\left(\frac{u_\rho}{\rho}\right)^2 = \left(\frac{u_p}{p}\right)^2 + \left(\frac{u_T}{T}\right)^2$$

将已知的数据代入可得

$$0.005^2 = \left(\frac{u_p}{p}\right)^2 + \left(\frac{1}{298}\right)^2$$

那么,压力测量所需的不确定度为

$$\frac{u_p}{p} = 0.0037 = 0.37\%$$

这个结果与例 4.2 是一致的。需要指出的是,错误的分析过程所得的不确定度是正确的 1.6 倍。

这个例子表明,在应用不确定度分析表达式时,特殊形式的数据简化方程容易引起错误。需要指出的是,在进行不确定度分析之前,最好先将解数据简化方程表达为实验结果的函数关系式。

例 4.4 如图 4.4 所示,在一个直流电路中,功率 P_s 等于电压 V_0 和电流 I 的乘积,即

$$P_s = V_0 I$$

如果电阻 R_s 和电流 I 是被测变量,那么功率为

$$P_s = I^2 R_s$$

如果 I、V_0 和 R_s 的测量具有大致相等的不确定度(基于相对值或百分比值),那么何种方法是测量功率的最佳方法?

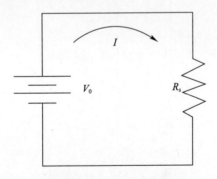

图 4.4 例 4.4 的示意图

解:当所有其他的条件均相等时(成本、测量难度等),能获得结果不确定度最小的方法即为最佳方法。两个数据简化方程均为式(4.10)的形式。对于 $P_s = V_0 I$ 来说,有

$$\left(\frac{u_{P_s}}{P_s}\right)^2 = \left(\frac{u_{V_0}}{V_0}\right)^2 + \left(\frac{u_I}{I}\right)^2$$

其所有 UME 均为 1。

对于 $P_s = I^2 R_s$ 来说,有

$$\left(\frac{u_{P_s}}{P_s}\right)^2 = (2)^2 \left(\frac{u_I}{I}\right)^2 + \left(\frac{u_{R_s}}{R_s}\right)^2$$

其中,电流 I 的 UMF 是 2,这表明它的不确定度将被放大。如果 V_0、I 和 R_s 的测量值具有相同百分比的不确定度,第二种方法所得结果的不确定度是第一种方法的 1.58 倍。通过假设被测变量的任意不确定度数值并代入计算可验证这个结论。

通过这个实例可知,在实验计划阶段,进行不确定度分析通常可以得到具有普遍性的结论。需要指出的是,在这种情形下,得到这样的结果无须知道测量值的不确定度水平,也无须知道使用何种仪器或其他任何详细的信息。

例 4.5 如图 4.5 所示,在一根半径为 r_b、长度为 L 的圆柱形合金棒上施加扭矩 T,通过测量角变形 θ 可确定该合金材料的剪切模量 M_s。这些变量满足的表达式[1]为

$$\theta = \frac{2LT}{\pi r_b^4 M_s}$$

希望在进行详细的实验设计之前,确定实验结果对被测变量的敏感度。

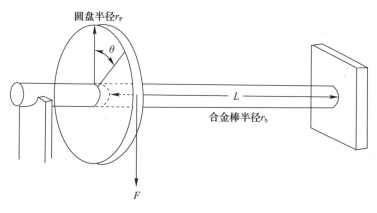

图 4.5 例 4.5 的示意图

解:由如图 4.5 所得的物理状况可知,扭矩 $T = r_P F$,那么剪切模量的数据简化方程为

$$M_s = \frac{2L r_P F}{\pi r_b^4 \theta}$$

需要指出的是,该方程满足式(4.10)的形式。假设系数 2 和 π 的不确定度为 0,那么由总不确定度分析可得

$$\left(\frac{u_{M_S}}{M_S}\right)^2 = \left(\frac{u_L}{L}\right)^2 + \left(\frac{u_{r_P}}{r_P}\right)^2 + \left(\frac{u_F}{F}\right)^2 + 16\left(\frac{u_{r_b}}{r_b}\right)^2 + \left(\frac{u_\theta}{\theta}\right)^2$$

上式表明,对于那些指数(UMF)越大的变量,结果的不确定度对其越敏感。在本例中,如果所有被测变量的不确定度为 1%,那么 M_S 的不确定度为 4.5%;然而,即使假设 u_L、u_{r_P}、u_F 和 u_θ 的不确定度为 0,结果的不确定度仍达到 4%。

由本例可知,不确定度分析的功用在于确认那些需要特别注意的被测变量。既然这样的信息在实验计划阶段就可以被确定下来,那么从实验设计的最初阶段就应该考虑它们。

需要指出的是,r_b 的不确定度应该包含合金棒的半径在长度方向上与名义值的差异。总不确定度分析的结果指明了用于实验的合金棒所能接受的制造公差规格。一旦剪切模量所需的不确定度被确定下来,那么合金棒所需的容许公差也就能被估计出来了。

4.3 在实验设计中的应用

本章前几节已经介绍了总不确定度分析及其几个应用的简单实例。本节再次阐述该方法如何匹配实验过程及其在实验计划阶段的适用性。

当决定采用实验方法解决一个问题时,实验的计划阶段是一个考虑利用哪个物理现象获得这个问题的答案(潜在的数据简化方程)的阶段。有时,这个阶段也称为实验的初步设计阶段。

在这一阶段,容许的结果的不确定度应是已知的,这是非常重要的。这看上去会困扰很多人,特别是那些实验的新手。然而,进行一项实验但又不考虑结果的优度是十分荒唐的。在这一阶段,明确实验结果的不确定度是 0.1%、1%、10% 还是 50% 是非常必要的,但这个阶段不关注不确定度是 1.3% 还是 1.4%。通常而言,通过考虑如何使用实验结果可以很好地估计出结果中允许的不确定度的程度。

在计划阶段,总不确定度分析可用于研究一个特定的实验是否可行,哪些测量值较其他测量值更加重要,哪项技术可以使结果变得更好,诸如此类的问题。试图理解实验结果随被测变量不确定度变化的特性并利用它(如果可能的话)。在这一阶段,并不需要考虑购买品牌 A 的仪器还是品牌 B 的仪器,也不考虑利用温度计、热电偶还是热电阻进行温度测量。

在进行总不确定度分析中,必须给那些被测变量和那些能从参考资料中找到的物性参数指定不确定度。在多年的教学过程中,笔者发现很多人不愿意估计不确定度。总是觉得在某个地方存在一个专家,他真的知道所有这些不确定度是什么,他会突然出现并嘲笑我们做出的任何估计。这是没有任何根据的!在实验计划阶段的不确定度分析仅仅是一个电子表格程序;在确定实验设计之前,它有助于回答"如果……怎么办?"这类问题。

如果对估计不确定度没有任何经验,可在一定的范围内进行参数化分析。在这个阶段,即使进行不合理的估计,例如,假设希望知道温度测量的不确定度是0.00001 °F对结果会产生何种影响,进行这样的估计计算也不会产生任何成本。

进行总不确定度分析应该放在实验项目的最初阶段。所得的信息和对问题的认识将远远超出为所有分析所花费的时间成本;在一定假设范围内进行的参数化分析也是完全可以接受的。

本章以下的各节将介绍两个在实验的计划阶段进行总不确定度分析的综合实例。各位读者花费在这些实例上的时间将得到丰厚的回报。

4.4 粒子测量系统分析实例

4.4.1 问题描述

一个制造商需要测量其某一个工艺设备排气中固体颗粒的浓度。通过检测浓度可使其立即确认这一设备运行状态是否发生了意想不到的且不期望的变化。浓度的测定也是确定和监视该设备是否满足空气污染法规必不可少的步骤。结果的标准不确定度必须在5%以内,而10%或超过10%是不能接受的。

一个仪器公司的代表已经建议制造商购买和安装LT1000型激光透射仪系统用于测量排气通道内特定物质的浓度。该销售代表宣称该系统能够满足不确定度为5%这一要求。制造商的管理部门要求工程部门评估该销售员的建议,并形成是否购买这套系统的建议。

4.4.2 测量技术与系统的确定

激光透视仪系统的示意图如图4.6所示。一束激光穿透排气气流并照射一个传感器,该传感器能测量激光束的强度。这一物理过程满足如下的表达式[2]:

$$T = I/I_0 = e^{-CEL} \tag{4.15}$$

式中:I_0为激光束离开激光器时的强度;I为激光束穿过厚度为L的介质过程中经过散射和吸收后的强度;T为穿透份额(穿透率);投射面积浓度C是单位体积介质中投影面积内粒子的颗粒数;衰减系数E是激光束波长、固体颗粒大小和形状分布和固体颗粒的折射率的函数,在特定光学条件下,衰减系数趋于2。仪器公司在其建议书中指出基于其在相似装置对废气流测量的经验,衰减系数 E 在目前期望的运行范围内的不确定度为2%的若干倍。

当激光束通过没有废气流过的排气通道时,该测量系统中功率表输出的读数可调整为1.000。当有废气通过排气通道时,功率表的输出值就直接对应的是穿透率 T。功率表的制造商宣称该表的标准不确定度为读数的1%或者更高。

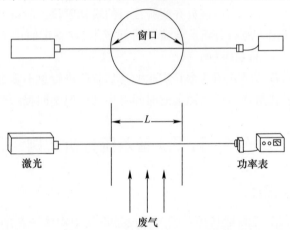

图4.6 激光透视仪系统检测废气中颗粒物浓度的示意图

4.4.3 实验分析

现在的问题是所建议的实验方法是否能在可接受的不确定度范围内(约5%或者更小)回答正在研究的问题?废气中颗粒在投影面积上的浓度是多少?虽然尚未接触激光或排气通道,但是总不确定度分析将提供一个逻辑的且经验证的技术用于评估尚处于计划阶段的实验。

数据简化方程(4.15)为

$$T = e^{-CEL}$$

然而,投影面积上粒子浓度 C 才是实验结果。式(4.15)两边取自然对数,并求解 C 可得

$$C = -\ln T/(EL) \qquad (4.16)$$

既然 T 是被测量而 $\ln T$ 不是被测量,那么式(4.16)并不是上述的特殊连乘形式,因而式(3.9)才是总不确定度计算的表达式。在本例中,有

$$\left(\frac{u_C}{C}\right)^2 = \left(\frac{T}{C}\frac{\partial C}{\partial T}\frac{u_T}{T}\right)^2 + \left(\frac{E}{C}\frac{\partial C}{\partial E}\frac{u_E}{E}\right)^2 + \left(\frac{L}{C}\frac{\partial C}{\partial L}\frac{u_L}{L}\right)^2 \qquad (4.17)$$

对于式(4.17)中的偏微分,满足:

$$\text{UMF}_T = \frac{T}{C}\frac{\partial C}{\partial T} = \frac{-ELT}{\ln T}\left(-\frac{1}{EL}\right)\frac{1}{T} = \frac{1}{\ln T} \quad (4.18)$$

$$\text{UMF}_E = \frac{E}{C}\frac{\partial C}{\partial E} = \frac{-E^2L}{\ln T}\left(-\frac{\ln T}{L}\right)\left(-\frac{1}{E^2}\right) = -1 \quad (4.19)$$

$$\text{UMF}_L = \frac{L}{C}\frac{\partial C}{\partial L} = \frac{-EL^2}{\ln T}\left(-\frac{\ln T}{E}\right)\left(-\frac{1}{L^2}\right) = -1 \quad (4.20)$$

将式(4.18)~式(4.20)代入式(4.17)可得

$$\left(\frac{u_C}{C}\right)^2 = \left(\frac{1}{\ln T}\right)^2\left(\frac{u_T}{T}\right)^2 + \left(\frac{u_E}{E}\right)^2 + \left(\frac{u_L}{L}\right)^2 \quad (4.21)$$

这个表达式将结果的不确定度和被测变量 T、L 和 E 的不确定度联系起来。

由式(4.21)可知,L 和 E 的 UMF 等于 1,而 T 的 UMF 是 T 的函数,且当趋近 1 时,它趋向于无穷大。这表明了 C 的不确定度不仅与 T、L、E 的不确定度有关,而且与穿透率本身有关。因而即便 L、T 和 E 的不确定度为常数,不确定度 C 同样会随工况的不同而发生变化。通过参量研究可以发现这类问题。

考虑物理条件可知,穿透率只能在 0~1 之间变化。当 $I = I_0$ 时,$T = 1.0$,也就是说,通过槽道的流体中未含颗粒。在另一个极端,当流动过程不透明时,没有激光能穿透流动流体,那么 $T = 0$。既然结果的不确定度特性研究中 T 值在 0~1 之间,那么整个运行条件范围将全部被覆盖。为了计算 u_C/C 的值,首先必须估计 T、L 和 E 的不确定度值。

对于那些不熟悉不确定度分析和那些无实验经验或对正在研究的技术无经验的人来说,此时会感到不安。不愿意估计不确定度值貌似是其天生本性一部分。通过选择一定能包含"真实"不确定度的范围能克服这种不愿意的情绪。在本例中,假设 T、E 和 L 的不确定度依次取 0.1%、1%、10% 和 50%,并依此对一组位于 0~1 之间的 T 值来计算 u_C/C。

然而,在这种情形下,通常可选择所有相同的不确定度,然后再进行参数化研究。如果选择所有不确定度为 1%,那么

$$\left(\frac{u_C}{C}\right)^2 = \left(\frac{1}{\ln T}\right)^2 \times 0.01^2 + 0.01^2 + 0.01^2 = \left(\frac{1}{\ln T}\right)^2 \times 10^{-4} + 2.0 \times 10^{-4}$$

(4.22)

值得注意的是,当 $T \to 0$ 时,$\ln T \to -\infty$,那么式(4.22)中等号右端第一项趋向 0。相反地,当 $T \to 1$ 时,$\ln T \to 0$,那么式(4.22)中等号右端第一项趋向无穷大。当 T 从 0 变为 1 时,T 的 UPC 从 0 变为 100%。式(4.22)在 T 在 0~1 之间

的计算结果及其特性如图4.7所示。

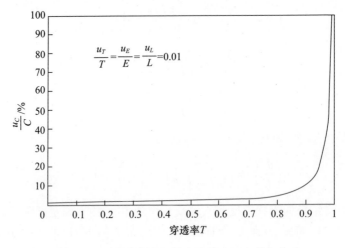

图4.7 实验结果的不确定度随穿透率的变化

4.4.4 不确定度分析结果的启示

不确定度分析的结果表明描述这一物理现象的式(4.15)和式(4.16)并没有看上去那么简单。即使所有测量值的不确定度是1%,实验结果的不确定度仍有可能是10%、20%、100%,甚至更大。

需要指出的是,这种运行状态不仅仅是在不可能遇到的运行条件下才会出现。相反地,这种运行状态在预期的运行范围内是有可能遇到的。例如,当典型槽道直径较小,穿透率要达到0.7、0.6,或者更小,这意味着废气中固体颗粒的浓度需很大。因此,从污染的角度来说,穿透率的测量值小于0.7或0.6是不可接受的运行条件。由此可以断定,这个建议的技术是不可接受的。在期望遇到的运行工况下,它做不到结果的不确定度在5%~10%或者更小的范围内。

在无须研究衰减系数 E 与固体颗粒本身关系的条件下,上述分析已经能得到这样的结论。不确定度分析的结果显示,即使 E 的不确定度能好至1%,实验结果的不确定度也可能变得不能接受。

4.4.5 不确定度分析指导的设计改进

图4.7所示的不确定度分析结果表明,如果穿透率总是小于0.8或者更小,那么这个技术仍然可能是可行的。既然在实验计划阶段进行了不确定度分析,那么在这一阶段进行"如果……怎么样"这样的研究不会遇到任何限制。实际

上,应该鼓励在实验设计阶段进行"如果……怎么样"这样的研究。

重新考虑描述穿透率的表达式(4.15):

$$T = e^{-CEL}$$

在一组特定的运行条件下,废气的特性是不变的,因此 C 和 E 是不变的。唯一可使 T 减小的是增加 L,即激光束穿过废气流的路径长度。为了实现增加 L,建议购买和安装两面可调整的镜子,而不是建议建造一个全新的具有更大直径的排气通道,如图4.8所示。

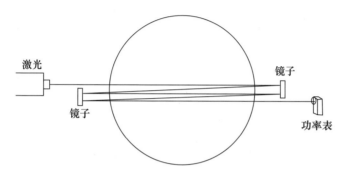

图4.8 透射仪激光束多次通过原理图

这两面额外的镜子可使激光束多次通过烟囱,可使路径长度 L 增大,并减小总穿透率,因而减小了结果 C 的不确定度。例如,假设所有测量值的不确定度均为1%,且激光束一次通过的穿透率是0.95,多次通过使穿透率 T (n次通过) $= (0.95)^n$。结果的不确定度随激光束通过次数的变化如图4.9所示。

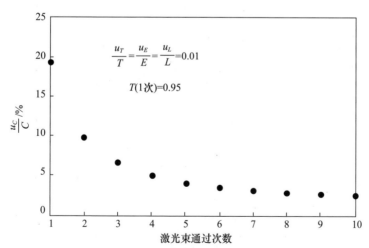

图4.9 实验结果的不确定度随激光束通过次数的变化

上述不确定度分析的结果表明修正后的系统能够满足要求。如果决定该技术作为候选技术,那么其他的因素应被进一步研究,如激光初始强度 I_0 随时间的变化、E 的特性等[2-4]。

4.5 传热实验实例

在本节中,利用不确定度分析研究两种确定圆管外空气对流传热系数技术的适用性。莫法特(Moffat)对这个实例有进一步的分析和讨论[5]。

4.5.1 问题描述

项目资助方需要确定有限长圆管外空气的对流传热特性,其中空气的速度为 1~100m/s。其他的物理条件与符号如图 4.10 所示。

对流传热系数 h 的定义式为

$$q = hA(T - T_a) \tag{4.23}$$

式中:q 为从圆管传递给空气的对流传热热流量;T 为圆管的表面温度;T_a 为空气的温度;A 为表面积,可由下式计算:

$$A = \pi dL \tag{4.24}$$

当 T、T_a 和 A 保持不变时,h 和 q 随着空气速度 v 的增加而增加。

进行实验的圆管长为 0.152m(6.0 英寸)、直径为 0.0254m(1.0 英寸)、壁厚为 1.27mm(0.050 英寸)。空气的温度为 25℃,而且圆管的温度比空气温度高 20℃。圆管的材料为铝;它在温度 300K 时的比热容为 0.903kJ/(kg·K)[6]。圆管的质量为 0.020kg。在资助该试验之前,客户希望确认 h 的标准不确定度为 5%,而且,h 的不确定度必须在 10% 以内。

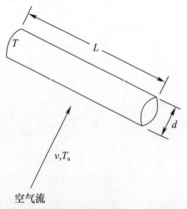

图 4.10 有限长度圆管外叉流示意图

4.5.2 两种实验方法

两种方法可用于确定传热系数:第一种是稳态方法;第二种是瞬态方法。

1) 稳态方法

如图 4.10 所示,圆管被置于温度为 25℃ 的流速为 v 的空气中,并给圆管内的电热器提供足够的电功率以维持其表面温度在 45℃。针对圆柱表面外侧无限小的控制体应用热力学第一定律。假设这个初步的分析中忽略辐射和导热损失,那么由能量守恒定律可得

$$输入的电功率 = 对流传热带走的流量 \tag{4.25}$$

或

$$P_s = h(\pi dL)(T - T_a) \tag{4.26}$$

求解式(4.26)可得

$$h = \frac{P_s}{\pi dL(T - T_a)} \tag{4.27}$$

对于给定的空气速度,通过测量电功率 P_s、圆管外径 d、长度 L 和圆管表面与空气的温度差可得对流传热系数。

2) 瞬态方法

这个方法利用通过一阶系统对输入量阶跃变化的响应特性来测量传热系数。实验装置与稳态方法的相似。加热圆管直至其温度达到 T_1 后停止加热。圆管被空气冷却,且其温度最终冷却至 T_a。温度随时间的变化如图 4.11 所示。

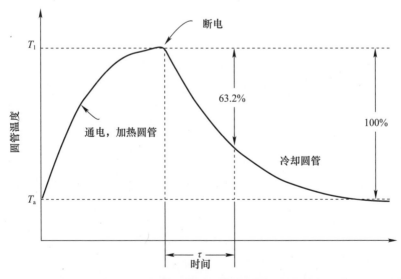

图 4.11 瞬态方法实验中圆管温度的变化过程

圆柱的温度从 T_1 变化至 T_a 的 63.2% 时所需的时间就是系统的时间常数 τ。时间常数 τ 与对流传热系数满足：

$$\tau = \frac{Mc}{h\pi dL} \tag{4.28}$$

式中：M 为圆管的质量；c 为材料的比热容。

从式(4.28)求解出对流传热系数为

$$h = \frac{Mc}{\pi dL\tau} \tag{4.29}$$

对于给定的空气速度，通过测量圆管的质量、直径和长度，时间常数对应的时间，查阅圆管材料的比热容可确定传热系数。

在上述计算中，假设辐射和导热损失可忽略不计，h 和 c 在冷却过程中为常数，圆管内的热阻可忽略不计（即圆管内的温度是均匀的）。当毕渥数小于 0.1 时，最后一个假设是合理的[6]。

为了确定是否这两种技术能获得可接受的不确定度的结果，是否其中一种方法较另一种方法更具有优势，或者式(4.27)或式(4.29)所得结果的不确定度是否存在明显的不同，应对每种方法开展总不确定度分析。

4.5.3 稳态方法的总不确定度分析

稳态方法的数据简化方程如式(4.27)所示：

$$h = \frac{P_s}{\pi dL(T - T_a)}$$

如果式中的两个温度是独立测量的，这个表达式不是式(4.10)所示的特殊连乘形式，那么需根据式(3.9)进行总不确定度分析。在此忽略推导过程；总不确定度分析的表达式为

$$\left(\frac{u_h}{h}\right)^2 = \left(\frac{u_{P_s}}{P_s}\right)^2 + \left(\frac{u_d}{d}\right)^2 + \left(\frac{u_L}{L}\right)^2 + \left(\frac{u_T}{T - T_a}\right)^2 + \left(\frac{u_{T_a}}{T - T_a}\right)^2 \tag{4.30}$$

对于目前的分析，假设温度 $T - T_a$ 是直接测量量，如采用差分热电偶电路。在这种情形下，式(4.27)是特殊的连乘形式，那么不确定度分析的表达式为

$$\left(\frac{u_h}{h}\right)^2 = \left(\frac{u_{P_s}}{P_s}\right)^2 + \left(\frac{u_d}{d}\right)^2 + \left(\frac{u_L}{L}\right)^2 + \left(\frac{u_{\Delta T}}{\Delta T}\right)^2 \tag{4.31}$$

式中：$\Delta T = T - T_a$。

如果简单地假设所有的不确定度为 1%，那么由式(4.31)可得结果 h 的不

确定度为 2%。除此之外，借助本例，通过在实验计划阶段对总不确定度分析进行讨论可得几个重要且实用的建议。

当表达式中出现分数形式的温度的不确定度u_T/T时，如例 4.1、例 4.2 和例 4.3，温度 T 必须是开氏温度或兰氏温度，而不能是摄氏温度或华氏温度。同样地，u_p/p 中的压力必须是绝压而非表压。然而，某一参量的绝对不确定度具有该参量两个数值差值的量纲。对于 u_T 来说，这意味着其单位是摄氏温度（等于开氏）或华氏温度（等于兰氏）。因而，如果有人宣称他或者她测量的温度是 27℃ 且其不确定度是 1%，那么 u_T 是 3℃（300K 的 1%），而不是 0.27℃。通常来说，百分比形式的温度测量值的不确定度很容易误读，应该被避免。

在式（4.31）中，涉及的是温差和不确定度 $u_{\Delta T}/\Delta T$。如果其不确定度为 1%，那么当温差为稳态实验的名义值，即 $\Delta T = 20℃$ 时，其不确定度为 0.2℃。然而，如果一次实验中的温差是 5℃，那么 1% 的规格意味着不确定度是 0.05℃；对大部分实验项目来说，这过于乐观了。在此，需要强调的是采用相对或者百分比方式来估计不确定度是比较容易的，但如果感兴趣的变量或者遇到的变量在一定范围内变化，建议采用绝对不确定度的方式进行变量不确定度的估计，这样能减少对实验的误解。

稳态方法中功率测量值的不确定度就是这样一个例子。既然实验将在一定的空气速度范围内测定对流传热系数 h，那么 h 值将在一定的范围内变化。由式（4.27）可知，功率 P_s 也将在一定的范围内变化。如果功率测量值的不确定度为 2%，那么这意味着当 $P_s = 100W$ 时，不确定度 $u_{P_s} = 2W$，而当 $P_s = 1W$ 时，不确定度 $u_{P_s} = 0.02W$。笔者通过研究发现在实验计划阶段，研究一定范围内假设的绝对不确定度通常来说更为有效，其可以更好地掌握结果的不确定度特性。例如，在这种情形下，通过假设功率的几个不确定度，很容易研究 h 的不确定度变化特性。

由式（4.31）可知，如果要估计 u_{P_s} 值，还需在计算 u_h/h 之前确定功率 P_s 的数值。由式（4.27）可知，维持 20℃ 的温差所需的电功率 P_s 与对流传热系数 h 有关，因此，在进行不确定度分析之前，需要先估计对流传热系数 h 值的范围。考虑空气的速度范围和已经发表的无限长圆柱外对流传热系数的结果，估计 h 值在 $10 \sim 1000 W/(m^2 \cdot ℃)$ 的范围内。将这些数值代入式（4.27）可得相应的输入功率 P_s 在 $2.4 \sim 243W$ 的范围内。

估计 d 和 L 的不确定度为 $u_D = 0.025mm$，$u_L = 0.025mm$。对于温差的测量值，假设 $u_{\Delta T} = 0.25℃$ 和 $0.5℃$。对于最高可达 243W 的功率测量值，假设 $u_{P_s} = 0.5W$ 和 1W，对应于满量程 250W 功率表的 0.2% 和 0.4%。将这些数值代入式（4.39）可得

$$\left(\frac{u_h}{h}\right)^2 = \left(\frac{0.5}{P_s}\right)^2 + \left(\frac{0.025}{25.4}\right)^2 + \left(\frac{0.25}{152}\right)^2 + \left(\frac{0.25}{20}\right)^2$$

$$= \left(\frac{0.5}{P_s}\right)^2 + 0.01 \times 10^{-4} + 0.03 \times 10^{-4} + 1.6 \times 10^{-4}$$

$$= \left(\frac{0.5}{P_s}\right)^2 + 1.64 \times 10^{-4} \tag{4.32}$$

由式(4.32)可知,与温差的相对不确定度相比,圆管尺寸不确定度的影响可以忽略不计。而且,功率测量值的不确定度的影响在低功率时会变得更大,而在高功率时相对较小。为了通过式(4.32)得到数值上的结果,由式(4.26)可知:

$$P_s = h(\pi d L)(T - T_a)$$

如果 d、L 和 ΔT 采用名义值,那么

$$P_s = 0.01213 \times 20 \times h = 0.2426 h \tag{4.33}$$

式中:P_s 的单位为 W;h 的单位为 W/($m^2 \cdot ℃$)。

在一定的 h 值范围内,根据式(4.33)可得相应的功率值,随后代入式(4.32)可得实验结果 h 的不确定度。利用假设的测量值的不确定度进行分析,所得的结果如表 4.1 和图 4.12 所示。

图 4.12 中的结果表明,在不同的温差测量值下,假设值的不确定度能够满足要求,而且可略微放松一些。对于功率测量值来说,0.5W 和 1W 的不确定度在高对流传热系数下是足够的,但是在低或中等对流传热系数下是不能满足要求的。在低和中等对流传热系数的范围内,功率的不确定度是主要的因素;需将功率的不确定度减小到 0.5W 以下才能满足实验结果 h 的不确定度在 5% 以内的要求。

表 4.1 稳态方法的总不确定度分析结果

h/(W/($m^2 \cdot ℃$))	P_s/W	$\frac{u_h}{h}$/%			
		$u_{P_s} = 0.5W$		$u_{P_s} = 1.0W$	
		$u_{\Delta T} = 0.25℃$	$u_{\Delta T} = 0.50℃$	$u_{\Delta T} = 0.25℃$	$u_{\Delta T} = 0.50℃$
10	2.4	20.8	20.8	41.7	41.7
20	4.9	10.3	10.5	20.5	20.6
50	12	4.4	4.9	8.4	8.7
100	24	2.4	3.3	4.4	4.9
200	49	1.6	2.7	2.4	3.1
500	121	1.3	2.6	1.5	2.7
1000	243	1.3	2.5	1.3	2.6

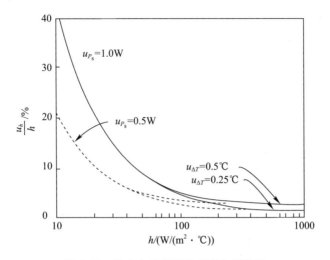

图 4.12 稳态方法的不确定度分析结果

4.5.4 瞬态方法的总不确定度分析

瞬态方法的数据简化方程如式(4.29)所示,即

$$h = \frac{Mc}{\pi dL\tau}$$

那么

$$\left(\frac{u_h}{h}\right)^2 = \left(\frac{u_\tau}{\tau}\right)^2 + \left(\frac{u_d}{d}\right)^2 + \left(\frac{u_L}{L}\right)^2 + \left(\frac{u_M}{M}\right)^2 + \left(\frac{u_c}{c}\right)^2 \quad (4.34)$$

d 和 L 的不确定度在稳态方法的分析中已经被估计过了,在瞬态分析中采用相同的值。圆管质量的不确定度为 $0.1g$,那么 $u_M = 0.0001kg$。暂且不从文献中查找铝的比热容的原始数据,在实验计划阶段假设其不确定度取为 1%。如果初步的分析结果发现其对实验结果具有明显的影响,那么随后可对其进行更加详细的估计。对于时间常数的测量值及其不确定度,研究其在一定范围内变化的影响是有意义的。对于初次分析,假设 $u_\tau = 5ms$、$10ms$ 和 $20ms$。将这些数值代入式(4.34)可得

$$\left(\frac{u_h}{h}\right)^2 = \left(\frac{u_\tau}{\tau}\right)^2 + \left(\frac{0.025}{25.4}\right)^2 + \left(\frac{0.25}{152}\right)^2 + \left(\frac{0.0001}{0.020}\right)^2 + (0.01)^2$$

$$= \left(\frac{u_\tau}{\tau}\right)^2 + 0.01 \times 10^{-4} + 0.03 \times 10^{-4} + 0.25 \times 10^{-4} + 0.01 \times 10^{-4}$$

$$= \left(\frac{u_\tau}{\tau}\right)^2 + 1.29 \times 10^{-4} \quad (4.35)$$

h 值与 τ 值满足式(4.28),即

$$\tau = \frac{Mc}{h(\pi dL)}$$

将 M、c、d 和 L 的名义值代入可得

$$\tau = \frac{148.9}{h} \tag{4.36}$$

式中:τ 的单位为 s;h 的单位为 $W/(m^2 \cdot ℃)$。

与稳态方法相同,选择不同的 h 值,由式(4.36)计算对应的 τ 值,代入式(4.35)可得实验结果 h 的不确定度。在不同的 u_τ 下,所得的结果如表4.2和图4.13所示。

由图中的结果可知,实验结果的不确定度随着 h 的增大而增大,这个特性与稳态方法相反。根据分析中所用的条件和估计值,如果时间常数的不确定度能减小至 7ms 或 8ms,甚至更小,那么瞬态方法能够满足实验的要求。

表 4.2 瞬态方法的总不确定度分析结果

$h/(W/(m^2 \cdot ℃))$	τ/s	$\frac{u_h}{h}/\%$		
		$u_\tau = 0.005s$	$u_\tau = 0.010s$	$u_\tau = 0.020s$
10	14.9	1.1	1.1	1.3
20	7.4	1.1	1.1	1.3
50	3.0	1.2	1.2	1.4
100	1.5	1.2	1.3	1.8
200	0.74	1.3	1.8	3.0
500	0.30	2.0	3.5	6.8
1000	0.15	3.5	6.8	13.4

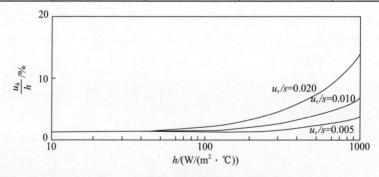

图 4.13 瞬态方法不确定度分析结果

4.5.5 不确定度分析结果的启示

在对流传热系数 h 的稳态和瞬态两种测定方法中,应用总不确定度分析展示了大量关于 h 不确定度特性的信息,这些信息并不能从数据简化方程(式(4.27)和式(4.29))上很容易地获得。对于稳态方法,以百分比表示的 h 的不确定度随着 h 的减小(即更低的空气流速)而迅速增大。在那些假设的名义值范围内,功率测量值的不确定度是低 h 值时的主导因素,而温差测量值的不确定度是高 h 值时的主导因素。

对于瞬态方法,以百分比表示的 h 的不确定度随着 h 的增加(即更高的空气流速)而增大。在那些假设的名义值范围内,时间常数测量值的不确定度是高 h 值时的主导因素,而比热容的不确定度是低 h 值时的主导因素。

既然两种方法中 h 的不确定度的变化趋势是不同的,稳态方法在一定的范围内具有更佳的结果,而瞬态方法在一定的范围具有更佳的结果。从不确定度的角度来说,两种方程具有相同结果的交叉点取决于各不确定度的估计值。当 $u_{P_s} = 0.5\text{W}$,$u_{\Delta T} = 0.25℃$,$u_\tau = 0.010\text{s}$ 时,两种方法的不确定度分析结果如图4.14所示;其他变量的不确定度与之前的相同。在这样的条件下,当 $h <$ 150W/($\text{m}^2 \cdot ℃$)时,瞬态方法可优先考虑;当 $h >$ 200W/($\text{m}^2 \cdot ℃$)时,稳态方法可优先考虑;当 $150 \leq h \leq 200\text{W}/(\text{m}^2 \cdot ℃)$ 时,两种方法具有相同的不确定度。

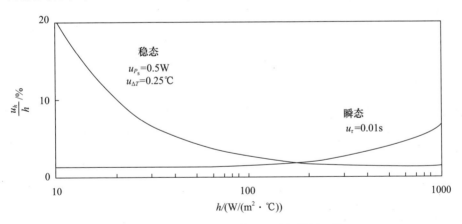

图4.14 两种方法的不确定度分析结果比较

针对上述结论,需要说明的是,在自然对流条件下,对流传热系数 h 是温差 $T - T_a$ 的函数,因而在冷却过程中它不能再保持常数。因此,对于瞬态方法来说,在数据简化表达式(4.29)所采用的假设在自然对流条件下将不再适用。当强迫流动的空气速度接近 0 时,这样的情形就会发生。

4.6 结果呈报实例

本节通过两个实际的科研项目介绍几种呈报实验计划阶段的不确定度分析结果的不同方法。第一个项目的目标是在接近大气温度条件下在空气试验装置上确定透平的效率[7]。第二个项目的目标是在一个地面试验装置上确定一个太阳能热吸收器/推进器的比冲。

4.6.1 透平试验结果分析

根据测量的试验变量计算透平热力学效率的数据简化方程可从透平效率的基本定义推导得到：实际焓降与理想焓降或等熵焓降之比。在本例中，透平在空气试验装置中的测试在接近室温的条件下进行，因而可假设空气为理想气体。测量透平的温降可用于确定实际焓降，即 $\Delta h = c_p \Delta T$。根据等熵关系，理想焓降可用透平的进出口总压而不是温度来表示，利用这些假设和关系式，透平热力学效率的关系式为

$$\eta_{th} = \frac{T_{01} - T_{02}}{T_{01}[1 - (P_{02}/P_{01})^{(\gamma-1)/\gamma}]} \tag{4.37}$$

式中：下角 0 表示滞止参数；下角 1 表示透平的入口；下角 2 表示透平的出口；变量 γ 假设为常数，且其不确定度在本分析中可忽略不计。

在参数化分析中应用总不确定度分析。该参数化分析共研究了 24 个试验点，包括 6 个透平转速和 4 个压比。每个变量的 UMF 如图 4.15 所示，其中，数据点 1~6 是同一个压比下透平转速不断增加的数据，数据点 7~12 是第二个压比的数据，以此类推。通过这种方式，结果清晰地表明，通过热力学方法确定透平效率过程中，对于所获得效率的精度，温度测量值远比压力测量值重要。在本例中，虽然 UPC 结果再次证明了这一特性，但是通过后续 4.6.2 节可知，结果不都是这样。

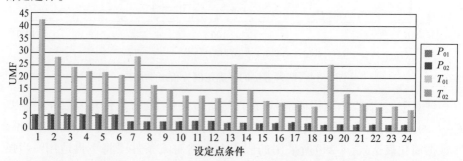

图 4.15 通过 24 个不同设定点利用热力学方法确定透平效率所得的 UMF[7]

每个变量的 UPC 如图 4.16 所示;数据的排列方式与图 4.15 相同。该图清晰地表明对于特定的设定点和不确定度估计值,温度测量值的精度是至关重要的,而且,出口温度最为重要。该图还表明出口压力的精度略微比入口压力的更重要一些。当然,也可对被测变量在一定的不确定度范围内继续进行分析。

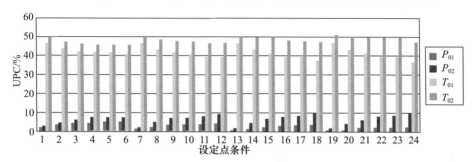

图 4.16　通过 24 个不同设定点利用热力学方法确定透平效率所得的 UPC[7]

4.6.2　太阳能吸收器/推力器试验结果分析

在一个太阳能热推进系统中,太阳辐射被聚集到吸收器/推进器中;吸收器/推进器的壁面通过氢气流经其外侧的管道得到冷却。热氢气随后进入一个腔室并从喷嘴中排出,产生推力。这样一个系统在地面试验装置上进行测试,并通过测量一些变量可获得其比冲(推力除以推进剂的质量流量)。在这个研究中,分析了两种试验条件下 6 个潜在的数据简化方程。

其中一个数据简化方程在一个设计点处的结果如图 4.17 所示,其包含了被

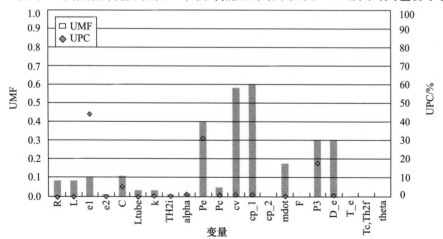

图 4.17　太阳能热吸收器/推进器比冲的 UMF 和 UPC
(摘录自参考文献[8],最初由 AIAA 出版)

测变量的 UMF 和 UPC,并沿横坐标排列。这样的呈现方式能迅速地帮助分析人员了解不确定度分析结果的含义。在本案例中,UMF 表明比热容(cv 和 cp_1)的不确定度起主导作用。然而,根据对变量进行的不确定度估计以及获得的 UPC 可知,比热容的不确定度并不重要,但是吸收器空腔壁的发射率(e1)是比冲不确定度的最重要因素。

参考文献

[1] Shortley, G., and Williams, D., *Elements of Physics*, 4th ed., Prentice-Hall, Upper Saddle River, NJ, 1965.

[2] Hodkinson, J. R., "The Optical Measurement of Aerosols," in Davies, C. N., Ed., *Aerosol Science*, Academic Press, San Diego, CA, 1966, pp. 287-357.

[3] Ariessohn, P. C., Eustis, R. H., and Self, S. A., "Measurements of the Size and Concentration of Ash Droplets in Coal-Fired MHD Plasmas," in *Proceedings of the 7th International Conference on MHD Electrical Power Generation*, Vol. II, 1980, pp. 807-814.

[4] Holve, D., and Self, S. A., "Optical Measurements of Mean Particle Size in Coal-Fired MHD Flows," *Combustion and Flame*, Vol. 37, 1980, pp. 211-214.

[5] Moffat, R. J., "Using Uncertainty Analysis in the Planning of an Experiment," *Journal of Fluids Engineering*, Vol. 107, 1985, pp. 173-178.

[6] Incropera, F. P., and Dewitt, D. P., *Fundamentals of Heat Transfer*, Wiley, New York, 1981.

[7] Hudson, S. T., and Coleman, H. W., "A Preliminary Assessment of Methods for Determining Turbine Efficiency," AIAA Paper 96-0101, American Institute of Aeronautics and Astronautics, New York, 1996.

[8] Markopolous, P., Coleman, H. W., and Hawk, C. W., "Uncertainty Assessment of Performance Evaluation Methods for Solar Thermal Absorber/Thruster Testing," *Journal of Propulsion and Power*, Vol. 13, No. 4, 1997, pp. 552-559.

习题

4.1 给出将式(3.12)直接应用到数据化简方程 $r = k(X_1)^a(X_2)^b(X_3)^c$ 得到式(4.11)的过程。假设 a、b、c、k 是常数,可以为正也可以为负。

4.2 理想气体状态方程可写为

$$pV = mRT$$

基于下面给出的名义工况和不确定度估计值,得到气体体积的不确定度是多少?

$$p = (820 \pm 15) \text{kPa}$$

$$m = (2.00 \pm 0.02) \text{kg}$$

$$T = (305 \pm 3) \text{K}$$

$$R = 0.287 \text{kJ/(kg} \cdot \text{K)} \quad (假设完全已知)$$

4.3 物体在圆形路径上的速度 v 可以通过测量得到,且其不确定度估计值为 4%。圆形路径的半径 R 可以在 2% 的不确定度范围内进行测量。根据 $a_n = \dfrac{v^2}{R}$ 确定的名义加速度 a_n 的不确定度是多少?如果半径可以在 1% 或 0.5% 的不确定度范围内测量,那结果会有很大的差异吗?

4.4 长度为 L 且截面为正方形($b \times b$)的柱体在两段被夹紧。已经有人提出,柱体材料的弹性模量 E 可通过不断向柱体轴向增加载荷直到其发生弯曲的过程来确定,其可使用下式来计算。

$$P_{cr} = \frac{4\pi^2 EI}{L^2}$$

式中: P_{cr} 为弯曲载荷;惯性矩 I 由下式给出:

$$I = \frac{1}{12}b^4$$

如果 b、L 和 P_{cr} 测量值的不确定度在 1% 以内,那么 E 的测量效果如何?测量变量中不确定度的相对重要度是多少?

4.5 制冷装置从温度为 T_c 的冷空间中提取能量,并将能量作为热量传递到温度为 T_h 的温暖环境中。卡诺制冷机定义了理想情况,其制冷系数的定义如下:

$$\text{C. O. P} = \frac{T_c}{T_h - T_c}$$

假设 T_c 和 T_h 的测量不确定度(以℃为单位)相等。当 T_c 和 T_h 的名义值分别为 -10℃和 20℃时,若要将这个理想的 C. O. P. 的精度控制在 1% 以内,温度测量值需要有多精确?

4.6 采用一台文丘里流量计来测量低速空气流量,所述的空气质量流量由下式给出

$$\dot{m} = CA\left[\frac{2p_1}{RT_1}(p_1 - p_2)\right]^{1/2}$$

式中:C 为基于经验确定的流量系数;A 为喉部流通面积;p_1 和 p_2 分别为上游和喉部压力;T_1 为绝对上游温度;R 为空气的气体常数。

我们想要对这台仪表进行校准,以确定 C 值的不确定度在 2% 以内。对于下列名义值和估计得到的不确定度,即

$$p_1 = (30 \pm 0.5)\,\text{psi}$$

$$T_1 = (70 \pm 3)\,°\text{F}$$

$$\Delta p = p_1 - p_2 = (1.1 \pm 0.007)\text{psi} \quad (\text{直接测量})$$
$$A = (0.75 \pm 0.001)\text{英寸}^2$$

$\dot{m}$ 测量过程中所允许的百分比不确定度是多少？也就是说，在校准过程中使用的质量流量计必须要有"多好"。

4.7 对于与问题 4.6 相同的名义工况，文丘里流量计用于确定空气的质量流量。如果已知 C 的不确定度为 $\pm 1\%$，则得到的 $\dot{m}$ 的不确定度是多少？

4.8 某个传热实验按照下式给出的预期性能开展实验

$$\bar{T} = e^{-t/\tau}$$

式中：$\bar{T}$ 为无量纲温度，从 0 到 1 变化，其测量不确定度为 $\pm 2\%$；t 为以秒为单位的时间，其测量不确定度为 $\pm 1\%$；τ 为基于实验确定的时间常数。

在 $\bar{T}$ 的可能值范围内确定 τ 的不确定度特性。绘制 μ_τ/τ 相对于 $\bar{T}$ 的曲线，其中 $\bar{T}$ 的值从 0 到 1 变化。

4.9 对于通过管壁的径向热传导，热阻（单位长度）由下式给出

$$R_{\text{th}} = \frac{\ln(r_2/r_1)}{2\pi k}$$

式中：r_1 和 r_2 分别为管壁的内表面和外表面的半径；k 为管材的导热率。

首先进行总不确定性分析，然后进行参数研究，找出 R_{th} 的不确定度对半径比 r_2/r_1 的敏感性（可以先假设 r_1、r_2 和 k 值的不确定度为 1%）。

第 5 章
详细不确定度分析:随机不确定度

5.1 详细不确定度分析的运用

第 3 章已经介绍了总不确定度分析和详细不确定度分析所涉方法的基本构架,在此将进一步讨论这些方法在实验项目不同阶段中的应用,以及它们如何与先前讨论的复现水平阶次配合在一起。实验项目不同阶段所采用的不确定度分析方法如表 5.1 所列。

表 5.1 实验的不确定度分析

实验阶段	不确定度分析的类型	不确定度分析的运用
计划	总体	选择回答问题的实验方法,初步设计
设计	详细	选择测量方法(零阶估计);详细设计(N 阶估计)
建造	详细	指导各类更改,等等
调试	详细	检验和授权运行,一阶和 N 阶比较
执行	详细	平衡检验,检测装置的运行状况;实验点的选择
数据分析	详细	指导分析方法的选择
呈报	详细	系统不确定度、随机不确定度和合成不确定度呈报

正如第 4 章所述,实验项目的计划阶段进行总不确定度分析,这可确保实验能成功地回答关注的问题。基于总不确定度的分析结果,可以在实验初步设计阶段做出一些决定。

一旦完成了计划和初步设计阶段,利用本章以及第 6、7 章介绍的详细不确定度分析方法,可对系统误差和随机误差的影响进行单独分析。这意味着在设计阶段,及后续的建造、调试、执行和数据分析阶段,还有最终的实验结果呈报阶段,需估计系统不确定度和随机不确定度,如表 5.1 所列。如果这样做,很快就能发现,一个实验的后续阶段比先前的阶段具有更多的信息可用于估计系统不确定度和随机不确定度。这意味着随着实验项目的进行且获得越来越多的信息，某些系统不确定度或随机不确定度的估计值可能发生彻底的改变；这既是期待的也是必须接受的一个事实。

系统不确定度和随机不确定度必须根据当时可利用的最佳信息进行估计。在实验项目的早期阶段，缺乏信息不应成为不进行不确定度分析的借口，但这确实是早期的估计值不如后期的估计值那么好的原因。

这些估计值在稳态实验和样本实验中运用的方式是不同的。稳态实验是那些进行实体测试的实验，它们或者是时间的函数，或者是在稳态条件下采集一段时间内的数据。例如，某一发动机的性能特性实验，在一定雷诺数范围内确定管内摩擦系数，以及在一定流动条件下确定某一给定物体在某种流体中的传热系数实验。样本实验通常指那些根据一个接一个的样本确定某些特性的实验，通常关注的是样本到样本的显著变化。在这种情形下，样本编号可视为与稳态实验中的时间是类似的。例如，确定某一类型煤炭的热值，确定某种合金的极限强度，或者从质量控制的角度检验某个产品的一些物理特性。

在一个项目设计阶段的早期，系统不确定度和随机不确定度在零阶复现水平下的估计值对仪器和测量系统的选择非常有用。对于稳态实验来说，这意味着通过假设稳态过程和环境进行估计。对于样本实验来说，这意味着对某一个固定样本进行估计。零阶系统不确定度和随机不确定度的估计值表明了指定的测量系统在这两类实验中的最佳状态。

随着稳态实验进入下一个阶段，可估计一阶和 N 阶水平下的不确定度。在此，需考虑所有影响系统误差和随机误差的因素。在一阶复现水平下，对于一个给定的实验装置，所关注的内容是实验结果的变化。描述这种变化的参数是 s_r，即实验结果的随机不确定度。对于一个稳态实验，在实验装置的调试阶段，在实验装置的给定设定点处，将估计的 s_r 与根据多个实验结果的散度确定的随机不确定度加以比较是非常有用的。关于这部分的详细介绍及其实例参见 7.3 节。

对于样本实验，在进行多个样本实验之前，由于各样本之间的变化经常是未知的，也正是需要通过实验确定的，因而 s_r 的一阶估计值通常用处不大。当完成多个样本的实验后，可通过 s_r 计算值与零阶随机不确定度估计值之间的差异（以平方和的平方根形式）来估计由样本差异所导致的不确定度。该差异在 2.4 节所述的"不确定度估计值的不确定度"范围内。这是由样本间的差异造成的。褐煤热值检测实例将表明这一点，详见 7.1 节。

在 N 阶复现水平下提出问题和进行比较时，所关心的是包含"真值"的区间。这个区间可用 u_r 描述，即结果的合成不确定度，它是蒙特卡罗法计算的 r 分布的标准差。对于泰勒级数法来说，它可由一阶随机标准不确定度 s_r 和系统标准不确定度b_r合成：

$$u_r = (b_r^2 + s_r^2)^{1/2}$$

在一个实验项目的特定阶段,可用于估计不确定度的信息随着实验类型的变化而变化。在一套完美的风洞试验装置上进行一个新模型(与之前的模型有一些相似)的试验时,在新试验的每个阶段,进行被测变量和试验结果(阻力系数)的随机不确定度和系统不确定度的估计均拥有极好的信息。另外,对于一个由全新的设备和控制系统组成的试验装置,可以预期的是,随着试验装置校准、调试等过程的进行,更好的信息变的可用,这可能会显著地改变最初的不确定度估计值。

在本章以及第6、第7章中,将介绍详细不确定度分析以及展示众多应用实例。5.2节将对各方法进行完整的介绍。5.3节将讨论并利用来自真实实验项目的三个实例来展示结果随机不确定度的确定过程;这三个实验项目具有不同的控制自由度,它们分别为文丘里流量计标定装置、实验室级大气温度流动装置和火箭发动机地面实验装置。在第6章中,将从单一变量的基本误差源出发来介绍结果的系统不确定度的确定方法;随后,考虑与不同的变量受到相关系统误差影响的情形;最后讨论比较实验。在第7章中,将介绍详细不确定度分析应用的综合实例和案例研究。

5.2　详细不确定度分析概述

本节关注详细不确定度分析方法。利用这种方法,实验的系统不确定度和随机不确定度将被独立地研究。考虑采用更加复杂的详细不确定度分析方法的主要原因是在实验项目的设计、建造、调试、数据分析和结果呈报阶段,利用不同的方法,独立地考虑那些变化的和不变化的各种误差(即结果的随机不确定度和系统不确定度的影响)是非常有用的。虽然在涉及详细不确定度时采用了复杂的这一表述,但是这不必成为不使用这一方法的理由或犹豫的原因。正如下文所述,详细不确定度分析的应用本是一系列逻辑的步骤,而且这些步骤本身相当直接。

图5.1所示的是后续将会分析的一个实例的实验流程图。在这个实验中,多个被测变量被合成为一个实验结果。每个用于测量任意变量X_i的测量系统受许多基本误差源的影响。这些基本误差源的影响可归纳为这个变量测量值的一个系统误差和一个随机误差。测量值中的这些误差随后通过数据简化方程传播成为实验结果中的系统误差和随机误差。

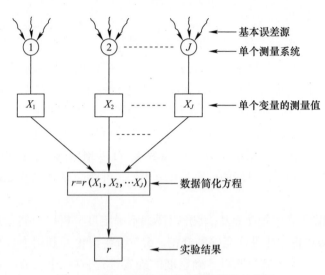

图 5.1 多个被测变量合成实验结果示意图

正如先前章节中讨论的那样,当实验结果 r 是由几个被测变量通过数据简化方程计算得到的时,它可以用如下的通用函数关系描述:

$$r = r(X_1, X_2, \cdots, X_J) \tag{5.1}$$

式中:X 为被测变量或物性参数。

被测变量的不确定度将引起结果的不确定度。正如第 3 章所述,这个传播过程可采用蒙特卡罗法或泰勒级数法进行建模。

利用蒙特卡罗法进行分析的介绍参见 3.2.2 节,其中图 3.2 和图 3.3 是其示意图。

对于泰勒级数法,计算结果的系统标准不确定度 b_r 为

$$b_r^2 = \left(\frac{\partial r}{\partial X_1}\right)^2 b_{X_1}^2 + \left(\frac{\partial r}{\partial X_2}\right)^2 b_{X_2}^2 + \cdots + \left(\frac{\partial r}{\partial X_J}\right)^2 b_{X_J}^2 + \cdots + 2\left(\frac{\partial r}{\partial X_i}\right)\left(\frac{\partial r}{\partial X_k}\right) b_{X_i X_k} + \cdots \tag{5.2}$$

式中:b_X 为变量 X 的系统标准不确定度;对于具有共同的基本系统误差源的每一对变量,系统误差相关项包含协方差系数 $b_{X_i X_k}$。

相关系统误差经常出现在工程实验中,例如,多个传感器用相同的标准进行校正,因而在 b_r 的传播方程中包含相关项是重要的。系统误差相关项及其影响详见 6.2 节。

与式(5.2)类似,实验结果的随机标准不确定度 s_r 为

$$(s_r)_{\text{TSM}}^2 = \left(\frac{\partial r}{\partial X_1}\right)^2 s_{X_1}^2 + \left(\frac{\partial r}{\partial X_2}\right)^2 s_{X_2}^2 + \cdots + \left(\frac{\partial r}{\partial X_J}\right)^2 s_{X_J}^2 + \cdots + 2\left(\frac{\partial r}{\partial X_i}\right)\left(\frac{\partial r}{\partial X_k}\right) s_{X_i X_k} + \cdots$$

(5.3)

其中,对于随机变化并不相互独立的每对被测变量,其随机误差相关项包含协方差系数并不独立。这些随机误差相关项通常总是设为0,因而实际应用中的传播方程为

$$(s_r)_{\text{TSM}}^2 = \left(\frac{\partial r}{\partial X_1}\right)^2 s_{X_1}^2 + \left(\frac{\partial r}{\partial X_2}\right)^2 s_{X_2}^2 + \cdots + \left(\frac{\partial r}{\partial X_J}\right)^2 s_{X_J}^2 \quad (5.4)$$

如果式(5.1)中采用的 X 值均为同一轮的测量值,那么由先前的分析可知,式(5.4)中的随机标准不确定度就是每个变量的随机标准不确定度 s_X。如果式(5.1)中采用的 X 值是变量 X 在一段时间内 N 次独立测量值的平均值 $\bar{X}$,那么式(5.4)中的标准不确定度是由式(2.14)计算的 $s_{\bar{X}}$ 值,即

$$s_{\bar{X}} = s_X/\sqrt{N}$$

而且,由式(5.4)计算的随机不确定度是结果平均值的随机标准不确定度 $s_{\bar{r}}$。

正如第3章中介绍的那样,在一个稳态实验中,通过采用式(5.5)直接计算 s_r 是更加准确的方式:

$$(s_r)_d = \left[\frac{1}{M-1}\sum_{i=1}^{M}(r_i - \bar{r})^2\right]^{1/2} \quad (5.5)$$

其中,实验有 M 个独立的结果,且

$$\bar{r} = \frac{1}{M}\sum_{i=1}^{M} r_i \quad (5.6)$$

与式(2.14)类似,$(s_{\bar{r}})_d$ 可定义为

$$s_{\bar{r}} = s_r/\sqrt{M} \quad (5.7)$$

例如,假设结果 r 是两个被测变量 y 和 z 的函数,即 $r = r(y,z)$,而且这两个变量在 $t = 1,2,\cdots,20\text{s}$ 时进行了测量,因而产生了 $M = 20$ 个数据对。根据式(2.12)可计算 s_y 和 s_z,并根据式(5.4)可计算 $(s_r)_{\text{TSM}}$。根据函数关系式可计算 $t = 1,2,\cdots,20\text{s}$ 时的结果 r,因而也存在一个由 M 个 r 值组成的样本。根据式(5.5)可直接计算结果的 s_r。由于由 M 个 r 值组成的这个样本已隐含了被测变量间相关的影响,因而式(5.5)计算的实际上是 $(s_r)_d$。

在过去几十年里,对单次实验这一情形,直接计算法并不常用,这是因为最初的文献产生了一种倾向,即多次实验的实验结果是必须的。显然,直接法和传播法均利用了相同的信息,产生了两个平均值的估计值和两个标准随机不确定

度的估计值。在稳态实验中,这两种计算随机不确定度的方式均看似合理。在稳态实验中,当变量的变化不相关时,$(s_r)_{TSM}$与$(s_r)_d$应该是相等的(在泰勒级数法方程本身的近似以及2.4节中讨论的不确定度的不确定度的影响范围内)。然而,当不同的被测变量之间的变化并不独立的时候,从两个方程获得的s_r是完全不同的。两个估计值之间的明显差异可视为由变量测量值间的相关效应引起的,而且直接估计值应该被认为更加"准确",因为它包含了相关效应。

式(5.2)和式(5.3)表明每个相关项是协方差系数($b_{X_iX_k}$或$s_{X_iX_k}$)与结果对两个变量的偏微分的乘积。如果协方差系数值是正的,而且两个偏微分的符号相反,那么相关项是负的,即相关效应可减小不确定度;相反,如果两个偏微分具有相同的符号,那么相关项是正的,即相关效应将增大不确定度。

5.3节将通过包含相关的随机误差案例在内的三个实例进一步介绍结果中随机不确定度的计算。

5.3 实验结果的随机不确定度

之前已经介绍了样本标准差的估计方法,也已经提及了包含所有关注的变化在内的样本的重要性。例如,在一个存在逐批变化的样本实验中,如果期望标准差的估计中包含这种批次间变化的影响,那么仅仅通过在同一个给定的批次中简单的多次抽样是无法达到这个预期的。在稳态实验中,需要注意引起变化的因素的时间尺度。例如,对于图5.2所示的情形,一个实验结果或一个被测变量Y是随时间变化的。

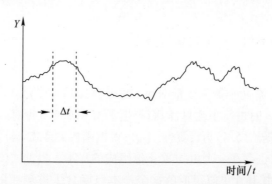

图5.2 "稳态"条件下的一个实验结果或一个被测变量Y随时间的变化

无论是用于估计传播方程式(5.4)的s_X还是用于估计式(5.5)的s_r,获取样本的时间间隔对准确地确定s_X或s_r是非常重要的。例如,在图5.2所示的时间间隔Δt内获取的一组数据计算的估计值,要比在$100\Delta t$的时间间隔内获得的数据计算的估计值差,无论是 Y 的平均值还是根据这组数据计算的标准差。

为了确定被测变量或实验结果的标准差的估计值,采集所需的数据组时应该维持足够长的时间间隔,这个时间间隔必须比那些对数据或者随机不确定度有重要影响的因素的时间尺度大。在一些情形下,这意味着随机不确定度的估计值必须利用那些包含合适时间点的辅助实验来确定。或者,如果利用过去已经多次使用的实验装置进行实验,那么可以得到之前的用于计算 s_X 或 s_r 值的实验数据,即确定能表征实际标准差的数据点所需的时间间隔;这些数据被采集的时间间隔决定着其标准差真正代表着什么。

与相对湿度一样,大气压在小时这一时间尺度上变化。如果这些因素确实影响实验中的一个变量且是不可控的,那么应该事先了解这一情况。如果一个实验对通过建筑物结构传播的振动是敏感的,那么上午的振动可能不同于下午的振动,因为在建筑物内各种设备的运行或关闭可能会影响振动。在确定被测变量和实验结果的随机不确定度时,每一次实验都必须考虑这样的因素。

利用式(2.14)计算平均值的标准差 $s_{\bar{X}}$ 或利用式(5.7)计算 $s_{\bar{r}}$ 及其对它们的解释中均隐含有上述问题。利用高速数据采集系统时,在图 5.2 所示的时间间隔 Δt 内,可以采集大量的测量值并使 $s_{\bar{X}}$ 或 $s_{\bar{r}}$ 趋于零。从工程的角度来说,这样的估计值能多有用仍然是一个尚未形成统一认识的问题。

5.3.1~5.3.3 节将介绍三个真实实验项目确定随机不确定度的例子。这些实验具有不同的控制水平——可压缩流文丘里流量计校准实验装置,实验室级大气温度下引射流动实验装置,它被安装于一个带有现代供热和空调的建筑内;全尺度火箭发动机地面实验装置,而且其测量和控制系统被安置在一个专门的房间中。

5.3.1 可压缩流文丘里流量计校准实验

利用一台 ASME 喷管作为流量标准对一台文丘里流量计进行校准,如图 5.3 所示[1]。实验确定的文丘里流量计的流量系数 C_D①是标准流量 W_{std}、文丘里入口压力 p_1 和温度 T_1、喉部压力 p_2、入口直径 d_1 和喉部直径 d_2 的函数,即

$$C_D = f(W_{std}, p_1, p_2, T_1, d_1, d_2) \tag{5.8}$$

本例仅考虑流量系数的随机不确定度。利用泰勒级数法传播公式和直接方法计算这个不确定度,即分别利用式(5.4)和式(5.5)进行计算。文丘里流量计在一定的马赫数 Ma 和雷诺数 Re 的范围内被校准。每个实验工况采集 10 个数

---

① 由于流量系数和阻力系数均表征的是流体的阻力压降特性,本书中统一采用变量 C_D 表示。

据。文丘里流量计的压力和温度被记录并用于计算每次实验的平均 Ma、Re 和 C_D。所有实验均保证标准喷管在阻塞工况下工作。

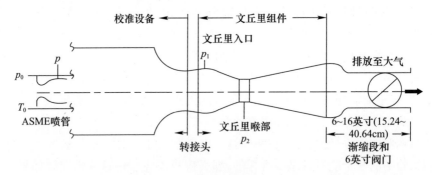

图 5.3　文丘里流量计校准示意图[1]

首先,利用泰勒级数法确定流量系数的随机标准不确定度,并假设仅 p_1、p_2 和 T_1 对随机不确定度存在影响:

$$s_{C_D} = f(p_1, p_2, T_1)$$

相对于压力和温度等实验测量值的随机不确定度,与标准质量流量有关的随机不确定度是可以忽略不计的。三个被测变量(p_1、p_2 和 T_1)的均值和标准差可由每次采集的 10 组数据进行计算($N=10$)。利用每次实验的 p_1、p_2 和 T_1 的平均值可计算流量系数 C_D 的敏感度系数 θ_i。随后,将敏感度系数和随机标准不确定度代入式(5.4)可计算流量系数 C_D 的随机标准不确定度,如表 5.2 所列。

表 5.2　利用泰勒级数法传播方法和直接计算方法计算的随机不确定度

Ma	$Re/10^{-6}$	C_D	$s_{C_D}/\%$		TSM/直接计算法
			TSM	直接计算法	
0.20	1.0	0.990	1.0	0.06	17
0.19	1.0	0.992	2.2	0.055	39
0.20	1.1	0.987	1.1	0.022	51
0.20	2.9	0.989	1.23	0.041	30
0.20	6.0	0.993	0.60	0.031	19
0.50	1.0	0.989	0.18	0.025	7
0.50	3.0	0.991	0.36	0.026	14
0.49	5.8	0.993	0.06	0.031	2
0.70	1.5	0.991	0.05	0.024	2
0.70	3.0	0.991	0.12	0.015	8
0.68	5.9	0.994	0.04	0.012	3

根据流量系数C_D的计算结果也可直接确定随机标准不确定度。每次实验中，10组数据($Ma=10$)的任意一组均可计算C_D，利用式(5.5)可直接计算标准差s_{C_D}，同理，10个C_D的平均值可作为每次实验的结果。这些数据如表5.2所列。

利用泰勒级数法传播公式计算的随机标准不确定度大于直接计算法获得的随机标准不确定度。两者的差异在低马赫数时特别明显。对于低马赫数的实验，文丘里流量计入口和喉部的压力差很小。利用传播方法得到的敏感度系数表明，C_D的随机不确定度对文丘里流量计的入口和喉部压力测量值是极端敏感的。文丘里流量计中的温度测量值对C_D的随机不确定度影响较小。因而，文丘里流量计的质量流量和C_D主要是入口压力与喉部压力比值的函数。这意味着如果这个比值保持常数，入口压力和喉部压力的变化将不影响C_D的随机不确定度。

在泰勒级数法传播方法中，文丘里流量计的两个压力的标准不确定度被认为是相互独立的。某一次实验中的这两个压力利用临界流喷管入口处的总压归一化后的结果如图5.4所示，图中数据表明这两个压力是不独立的。所有实验条件下均能观察到这种相同的结果。实际上喉部压力随入口压力变化这个特性与实验的控制过程有密切关系。ASME临界流喷管与文丘里流量计之间的差异非常小，因此，喷管和文丘里之间的压力变化是同步的。压力测量值的变化不是真正随机的，它们是相关的。p_1和p_2的随机标准不确定度的这种相关性在泰勒级数法传播方法中不予考虑，但是在直接计算方法中是自动被包含在内的。

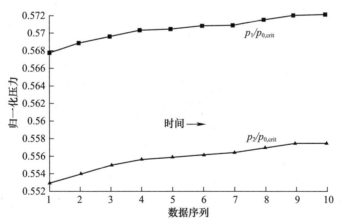

图5.4　某一次实验中归一化后的文丘里入口压力和喉部压力[1]

5.3.2　实验室级大气温度下引射流动试验

在一个实验室级的大气温度下的引射器试验中[2]，压缩空气被驱动通过一个火箭喷管并在一个开口槽道中形成一股流动(主流),如图 5.5 所示。从喷管进入槽道的空气抽吸槽道上游开口处的流体(二次流)。图 5.5 中还标识了二次流在喷管支撑结构上游的滞止压力和静压、入口温度和火箭喷管腔室内的压力和温度作为试验的直接被测变量。所讨论的试验结果为二次流的质量流量和引射系数。

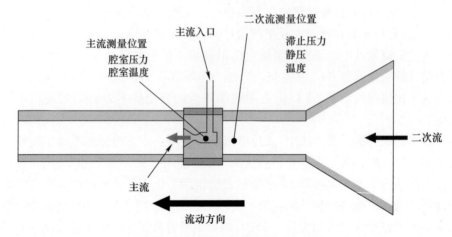

图 5.5 大气温度下引射器试验示意图

利用理想气体的等熵不可压缩均匀流动,假设可计算二次流的质量流量 $\dot{m}_s$,其相应的数据简化方程为

$$\dot{m}_s = p_1 A d \left(\frac{p_{01}}{p_1}\right)^{(\gamma-1)/(2\gamma)} \sqrt{\frac{2\gamma}{RT_0(\gamma-1)}\left[\left(\frac{p_{01}}{p_1}\right)^{(\gamma-1)/\gamma}-1\right]} \quad (5.9)$$

式中:滞止压力 p_{01} 和静压 p_1 是在支撑上游被测量的,如图 5.5 所示;滞止温度 T_0 是在槽道外部的大气压条件下被测量的。

引射器的引射系数定义为二次流的质量流量与主流的质量流量之比:

$$\omega = \dot{m}_s / \dot{m}_p \quad (5.10)$$

主流的质量流量为

$$\dot{m}_p = \frac{p_c}{T_c} A_t \sqrt{\frac{\gamma}{R}\left(\frac{2}{\gamma+1}\right)^{(\gamma+1)/(\gamma-1)}} \quad (5.11)$$

式中:p_c 为火箭喷管的腔室压力;T_c 为火箭喷管的腔室温度;A_t 为火箭喷管的喉部面积。

因此,引射系数的数据简化方程为

$$\omega = \frac{p_1 A \left(\dfrac{p_{01}}{p_1}\right)^{(\gamma-1)/(2\gamma)} \sqrt{\dfrac{2\gamma}{RT_0(\gamma-1)}\left[\left(\dfrac{p_{01}}{p_1}\right)^{(\gamma-1)/\gamma} - 1\right]}}{\dfrac{p_c}{T_c} A_t \sqrt{\dfrac{\gamma}{R}\left(\dfrac{2}{\gamma+1}\right)^{(\gamma+1)/(\gamma-1)}}} \quad (5.12)$$

试验中独立的可控变量是喷管腔室压力 p_c，它不可避免地随时间的变化将引起支撑上游 p_{01} 和 p_1 相应的变化。因而，这三个压力的变化是相互关联的。当利用式(5.4)计算 $(s_r)_{TSM}$ 时，这种相关效应无法包含在内。

在此讨论 8 个试验结果，其编号根据喷管腔室内的压力从低到高确定。根据传播方法和直接方法计算的二次流质量流量的随机不确定度和引射系数不确定度的比值如图 5.6 所示。图中数据表明，传统的传播方法计算的随机标准不确定度的估计值是直接方法的 2~2.5 倍。这个相关效应的大小在意料之外[2]，因为这个试验采用了现存成熟的设备、测量手段，且在控制较好实验室环境下开展试验。

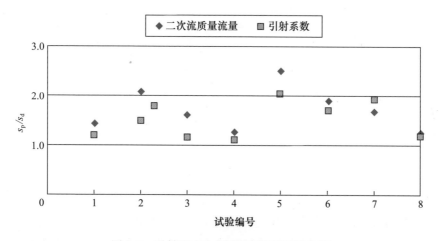

图 5.6　引射器试验中随机不确定度的比值

5.3.3　实验室级火箭发动机地面试验

本例介绍的试验结果来自全尺寸的液态火箭发动机的地面试验[2]。这些试验是在一个远不如实验室级试验的环境下进行的。平均的推力和比冲是本实验所关心的结果。在这些试验中，推力是在两个不同的负荷单元下独立测量的，因此推力是根据两个测量的推力值 F_1 和 F_2 的平均得到的，其数据简化方程为

$$F = 0.5(F_1 + F_2) \quad (5.13)$$

比冲 I 是推力与氧化剂-燃料总重量流率的比值，其数据简化方程为

$$I = 0.5(F_1 + F_2)/(\rho_{ox} g Q_{ox} + \rho_f g Q_f) \tag{5.14}$$

式中：下标 ox 为氧化剂，f 为燃料；ρ 为密度；Q 为体积流量；g 为重力加速度。

密度和重力加速度选自参考数据，因此视为常数（仅考虑系统不确定度）。

图 5.7 所示的是在一段"稳态"时间内推力和体积流量的测量值，这是火箭发动机 17 次试验中的一次。在这次试验中，将数据以 1s 为时间间隔取平均值，并在整个试验中进行记录。图中的数据通过除以平均值已经进行了归一化处理，而且为了比较它们的趋势，已经沿坐标轴进行了平移。

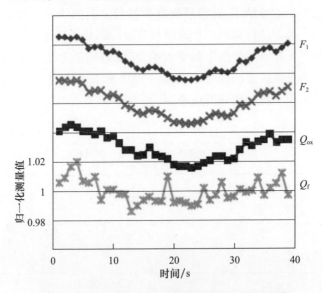

图 5.7　液态火箭发动机地面试验的归一化测量值

泰勒级数法传播方法和直接方法计算的随机标准不确定度的相对大小为所关心的内容，因而下面的分析中比较了根据式（5.4）和式（5.5）计算的 $(s_r)_{TSM}$ 和 $(s_r)_d$。显然，如果两者均除以 $\sqrt{N}$ 得到 $(s_{\bar{r}})_{TSM}$ 和 $(s_{\bar{r}})_d$，两者的比值保持不变。8 台"相同的"液态火箭发动机的 17 次试验如图 5.7 所示。同样地，数据是 1s 时间间隔内的平均值。稳态试验的时间为从启动瞬态开始后 39s 间隔。

对于每次试验的推力值，根据式（5.4）和式（5.5）计算的 s_F 与 17 次试验的结果如图 5.8 所示。对于每一次实验，$(s_F)_d$ 比 $(s_F)_{TSM}$ 大约 40%。

如果采用式（5.3）这个包含随机误差相关项的传播方程，并将其应用于平均推力式（5.13）可得

$$(s_F)^2_{TSM} = \left(\frac{\partial F}{\partial F_1}\right)^2 s^2_{F_1} + \left(\frac{\partial F}{\partial F_2}\right)^2 s^2_{F_2} + 2\left(\frac{\partial F}{\partial F_1}\right)\left(\frac{\partial F}{\partial F_2}\right) s_{F_1 F_2} \tag{5.15}$$

两个偏微分均等于 0.5；而且，既然两个负荷单元的输出功率的变化是一致的，

那么$s_{F_1F_2}$是正的;这意味着相关项是正的。而且,当利用式(5.4)计算随机标准不确定度时,其计算结果会偏小。

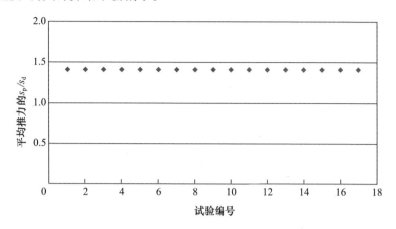

图5.8 平均推力的随机标准不确定度的比值

17次试验结果的比冲的随机标准不确定度的计算值如图5.9所示,其特性与推力的结果正好相反。对于比冲,每次试验的$(s_I)_{TSM}$均大于$(s_I)_d$。考虑到$(s_I)_d$是"正确的"估计值,那么利用式(5.4)计算的随机标准不确定度$(s_I)_{TSM}$就太大了;其中两个试验的比值达到了4。这意味着被忽略的F_1、F_2、Q_{ox}和Q_f间的相关效应是负的,这导致利用式(5.4)计算的结果偏大。

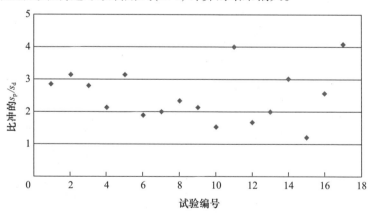

图5.9 比冲的随机标准不确定度的比值

5.3.4 小结

随机不确定度估计所能利用的信息及其质量在一个实验项目的不同阶段是不同的,从一个新项目初期的不充足到利用实验执行阶段获得的数据进行计算。

当利用来自其他实验的s_X和/或s_r之前的估计值时，需要注意的是，之前的那些估计值代表什么样的变化源，务必记住图 5.2 所示的特性。

在求被测变量的平均值$\bar{X}$或结果的平均值$\bar{r}$以及平均值的随机不确定度$s_{\bar{X}}$与$s_{\bar{r}}$时，"时间范围"这个概念也非常重要。基于笔者的经验，在复杂工程系统的许多稳态实验中，例如，5.3.3 节的火箭发动机实验，以及在船模实验水池中船模的阻力实验，既然它是在一段相对于影响系统变化较短的时间内获取的，实验的结果应该被视为一个数据点。在这样的情形下，$s_{\bar{X}}$与$s_{\bar{r}}$不具有太多的工程价值或者实用价值；特别地，如果数据是在短时间范围高速采集的，那么乘以$1/\sqrt{N}$后可使$s_{\bar{X}}$与$s_{\bar{r}}$变得非常小。

在一个实验的后期阶段，已经获得了有价值的数据，结果的随机不确定度应该通过传播方法和直接方法这两种方法进行计算，即式(5.4)和式(5.5)。这能对多个变量在时间上相关的情形有更加深入的认识。利用式(5.5)获得的直接计算值应该视为"正确值"，但是，同时要注意讨论这个问题时的时间尺度。

参考文献

[1] Hudson, S. T., Bordelon, W. J., and Coleman, H. W., "Effect of Correlated Precision Errors on the Uncertainty of a Subsonic Venturi Calibration," *AIAA Journal*, Vol. 34, No. 9, Sept. 1996, pp. 1862–1867.

[2] Coleman, H. W., and Lineberry, D. L., "Proper Estimation of Random Uncertainties in Steady State Testing," *AIAA Journal*, Vol. 44, No. 3, 2006, pp. 629–633.

第 6 章
详细不确定度分析:系统不确定度

在所有对系统不确定度的讨论中,假设所有已知大小的系统误差已经被修正了,如通过校准。这意味着需要估计的系统不确定度为所有剩下的影响较大的系统误差。由于被测变量的"真值"是未知的,而且系统误差在一个给定的条件下是不会发生变化的,因此不存在像第 2 章那样的用于确定系统不确定度估计值的测量过程或者统计过程。

确定实验结果中系统不确定度 b_r 的蒙特卡罗法如图 3.2 和图 3.3 所示。图 6.1 所示的是泰勒级数法的步骤。每个用于确定变量测量值的测量系统均受大量基本误差源的影响。系统不确定度分析是估计这些基本误差源并将其合成

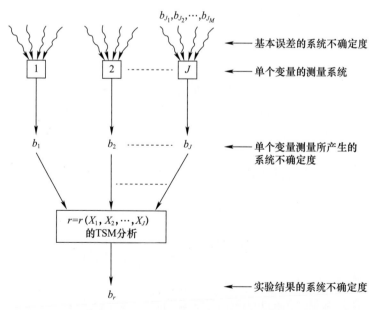

图 6.1 详细不确定度分析的泰勒级数法:实验结果的系统不确定度

为每个被测变量的系统不确定度估计值的过程。随后,利用泰勒级数法传播公式将单个变量的系统不确定度合成为实验结果的系统不确定度。

在进行下一步介绍之前,有必要介绍一下结果的随机标准不确定度和系统标准不确定度估计方法之间的基本差异。对于随机不确定度的估计,正如5.3节介绍的那样,在进行 s_X 的传播分析时,关注的是测量系统输出的变量 X 的变化情况;在直接计算 s_r 时,关注的是大量结果组成的样本的变化情况。在进行系统不确定度分析时,需要返回至图6.1的最顶层,即基本系统误差源这一层。这里必须要做的"新"工作是估计基本系统误差源的系统标准不确定度 $(b_J)_1$,$(b_J)_2$,…。一旦完成了这一工作,接下去就是应用已经介绍过的传播方法进行估计即可。

例如,假设第 J 个变量 X_J 受到 M 个重要的基本系统误差的影响,其相应的系统不确定度记为 b_{J_1},b_{J_2},…,b_{J_M}。那么,在蒙特卡罗法分析中(图3.2和图3.3),对 M 个基本系统误差分布进行抽样以确定任意一次迭代的 X_J。在泰勒级数法分析中,测量值 X_J 的系统标准不确定度通过基本系统不确定度平方和的平方根来计算:

$$b_J = \left[\sum_{k=1}^{M} b_{J_k}^2 \right]^{1/2} \tag{6.1}$$

既然每个系统误差 β_i 的真值是未知的,本书推荐一个合理的且经得起考验的工程方法以确定某一基本误差源的 b_i。因为目前并不存在一个被广泛接受的"最佳"方法,因此其他人也可能获得不同的估计值,而且,所有已知的信息表明这个估计值是合理的。

6.1 系统不确定度的估计

第一步是考虑每一个测量值的基本误差源。这些误差源在传统上被分成四类:

(1)校准误差(calibration error),既然任何标准都是不完美的,那么校准过程也都是不完美的,因而校准后也总是留有一定的系统误差。

(2)数据采集误差(data acquisition error),环境和安装对传感器的影响,以及系统获取、调整和储存传感器输出结果时所引入的潜在误差。

(3)数据简化误差(data reduction error),利用拟合的曲线代替校准数据、计算的精度等引入的误差。

(4)概念误差(concept error),莫法特引入了"概念系统误差"这个概念。被测变量是数据简化方程确实需要的吗?例如,对于管内流体流动,需要的是平均流速,但可用的仪表仅能测量某一点的流速。该点的速度测量值与平均速度之间的关系需从其他辅助信息中推导获得,这在不确定度计算中可视为系统不确定度的一个来源。这是非常容易记住的一个分类。每次用数值代替数据简化方程的符号时都可以问一个问题:"这个数值在概念上与符号代表的是同一个东西吗?"

下一步是利用经验和所有可用信息去确定"与实验结果的用途要求达到的不确定度相比,众多基本误差源中哪个基本误差源是重要的?"这一步可视为"量级粗定"步骤,并对基本误差源的重要性进行分类。这一步的其中一个方法是代数形式的泰勒级数法。

在式(6.4)所示的平方和的平方根合成方法中,对基本系统不确定度的平方求和意味着越大的基本误差源变得越占主导地位。传统的"经验法则(大拇指法则)"表明,大小为最大基本不确定度的1/4或者更小的基本不确定度可以考虑忽略不计。当然,如果存在许多大小为最大值的1/4不确定度,这个法则可能是不成立的。因此可以认为"大拇指法则"是一种指南而不是定律。根据笔者的经验,一个被测变量通常存在2~5个重要的基本系统不确定度。根据最初的量级估计,更多的人力和物力应该用于获得那些被认为重要的基本误差源的不确定度上,而不应该花费在那些不重要的基本误差源的估计上。然而,笔者经常遇到后面这种情形。

例6.1 一些基本系统误差源影响某一压力传感器的测量值,其基本系统不确定度 b_i 已被估计为:

(1) 来源于校准标准, $b_1 = 30\text{Pa}$;

(2) 来源于安装误差, $b_2 = 50\text{Pa}$;

(3) 来源于代替校准数据的拟合曲线, $b_3 = 10\text{Pa}$。

这个传感器测量的压力值的系统标准不确定度是多少?

解:由式(6.1)可知

$$b_p = \sqrt{b_1^2 + b_2^2 + b_3^2}$$

或

$$b_p = \sqrt{30^2 + 50^2 + 10^2} = \sqrt{3500} \approx 59$$

如果忽略最小的误差源,那么

$$b_p = \sqrt{30^2 + 50^2} = \sqrt{3400} \approx 58$$

从不确定度估计值的好坏来说,58与59没有差别。因而,大小为最大误差源的1/4或者更小的不确定度可以忽略不计。当然,需要再次提醒的是,如果存在 100 个 $b=10$ 的误差源,经验法则会得到不合理的结果!

在进行系统不确定度 b 的估计时,不必试图去估计未知系统误差 β 的真值的最概然值或者最大值;相反,应该试图去估计分布的标准差。

每个变量 X_i 的基本系统不确定度必须通过当时可用的最佳信息进行估计。在实验项目的设计阶段,制造商的规格、理论分析的估计值和以前的经验是通常可作为不确定度估计的基础。随着实验项目的进行,如随着设备的组装,校准的开展,早期的估计值应该利用新出现的额外信息进行更新,如校准标准的精度、校准过程和曲线拟合过程相关的误差、安装误差的理论估计值等。

测量系统(如传感器、信号调节器、数据记录设备等)必须在尽可能接近实际测量和安装布置的条件下被校准。已经校准的与测量系统相关的系统误差应尽量减小以使其尽量接近校准标准,如 1.3.5 节所述。

在许多情形下,由于时间或者成本,测量系统未能按照其实验布置进行校准。在这些情形下,安装过程中固有的系统误差应该被包含在总系统不确定度中。莫法特(Moffat)[1]指出,这些安装误差包括传感器与系统的相互作用(例如,温度测量中的辐射误差)和传感器对系统的扰动。有时,通过理论模型对数据简化方程进行修正可包含这些误差的影响。对于修正的数据简化方程中新出现的项,其系统不确定度的估计值可用于代替安装系统误差的估计值。此类实例详见 6.1.2.1 节。

当缺少校准信息时,如果制造厂家的信息比较完整且可用,那么利用这些信息可对测量系统的不确定度进行估计。精度规格通常可视为是线性且零误差的,当无其他信息可用时,它可视为系统不确定度。这个不确定度可附加到测量系统中出现的安装不确定度中。通常来说,如果制造商的精度规格是可接受的(相对于实验结果的用途要求达到的不确定度),即使实际估计值可能低 2~4 个数量级,在没有校准数据的情况下,笔者经常使用它们。这是每个实验者必须进行的一个判断。当精度规格大小对实验项目有重要影响时,毫无根据地接受制造厂家提供的不确定度规格是不推荐的。

根据可利用的信息,有时可以判断 b_X 是常数,即不是测量值 X 的函数,而且它经常可被表述为"满量程的百分数"。有时,b_X 是变量 X 的函数,它被表述为"读数的百分数"或者为变量 X 的其他函数形式。这些估计值必须从常识的角度来理解。例如,如果 b_X 是满量程的百分数,那么这个估计值在 $X=0$ 处或附近显然是不适用的。这是由于,如果仪表的读数被调为 0,这意味着在这个点处不存在任意大小的系统误差。

综合上述所有潜在的系统误差源,有人可能会认为无法进行准确的测量。然而,实际的情况并非如此。基于某些特定的测量经验,实验人员可以判断哪些误差是重要的,而哪些误差是可以忽略不计的。关键的是要充分考虑整个测量过程以对系统误差进行合理的解释。

下面各小节将通过各种实例来说明笔者及其学生们如何估计各种情形下的系统标准不确定度。这些介绍的实例不是为了展示特定的数值,而且为了展示和讨论在真实场景下用于获得不确定度估计值的逻辑和假设。

6.1.1 物性的不确定度实例

在许多实验中,数据简化方程中的一些变量及其数值并不是直接测量得到,而是来源于参考资料。最常见的是材料的物性,它们通常被整理成温度、压力等的表格。无论是通过表格或者表格数据的拟合公式获得物性数据,在某个特定的温度下,所得的物性参数是不会发生变化的。物性的数值并不是真值,它是基于实验数据的最佳估计值,因而也存在不确定度。

例如,需要空气的一些热物性参数,如比热容和导热系数。图 6.2 和图 6.3 分别示出了一定温度范围内比热容和导热系数的实验数据。这些实验数据与美国国家标准局(national bureau of standard,NBS)公布的数值[2]之间的相对偏差如图 6.2 和图 6.3 所示。从这两个图中可知,假设物性参数的不确定度是可以忽略的并不总是一个好的假设,即使对于最常见的物质,如空气。

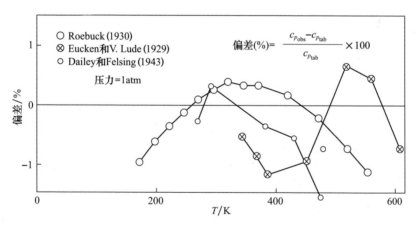

图 6.2　空气在低压下实验获得的比热容与表格化数值之间的偏差

如何估计表格或拟合曲线方程获得的物性数值的随机不确定度和系统不确定度?例如,一旦选定了使用的表格或拟合曲线,总是能在给定温度下得到完全相同的物性参数。在一个月内,利用空气比热容表获得 100 次 400K 时的数值,这 100 个比热容值都是相同的,即从表格中读取的数据的随机不确定度是零,无论表格所依据的实验数据有多大的散度。

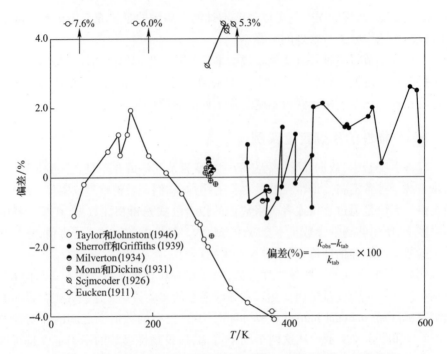

图 6.3 空气在低压下实验获得的导热系数与表格化数值之间的偏差

由此可知,实验的物性数据具有的所有误差(随机和系统)已经被"冻结"为这些从代表实验数据的表格数据或拟合曲线方程的系统误差[1]。因此,可将物性参数的合成不确定度的最佳估计值用作物性冻结的系统不确定度。在实际应用中,这通常意味着可基于不同实验数据的散度来估计不确定度带,如图 6.2 和图 6.3 所示。在这两个图中,不同实验的系统误差之间的差异表现为散度,因而从某种意义上来说它们是 N 阶的。如果所采用的方法引起了系统误差,而且所有实验采用了相同的方法,那么这种方法引起的误差显然是不明显的。

6.1.2 湍流传热试验实例

图 6.4 所示的风洞系统用于产生验证级的粗糙表面湍流对流传热数据以研究粗糙表面的影响[3],因而要求这个试验研究计划所得的试验数据具有相对较小的不确定度。试验计划是先进行一组光滑表面试验以评估这个试验装置,随后进行粗糙表面试验以获得用于验证的数据。空气流速 u_∞ 的运行范围为 $12 \sim 67 \mathrm{m/s}$。

这个系统被设计用于研究表面粗糙度对湍流边界层与平板传热的影响,所述平板是风洞试验段的底部表面。试验方法采用 4.5.3 节所述的稳态方法。试验表面由 24 块平板片段组成;每一个片段具有各自的电加热、功率供应和测量系统。如图 6.5 所示，每个试验片段的加热功率为 P_s，以维持其壁面温度 T_w 保持不变。

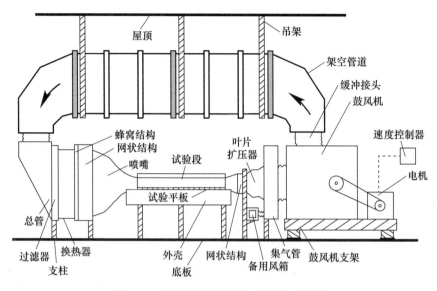

图 6.4　湍流传热试验装置(THTTF)示意图

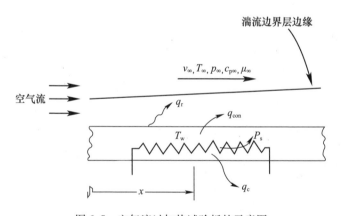

图 6.5　空气流过加热试验板的示意图

对流传热系数 h 可表示为无量纲的斯坦顿数(Stanton number, St)即

$$St = h/(\rho_\infty v_\infty c_{p\infty}) \tag{6.2}$$

式中：ρ_∞ 为空气密度；$c_{p\infty}$ 为空气的比定压热容；v_∞ 为空气来流速度。

h 满足的方程为

$$q_{con} = hA(T_w - T_0) \tag{6.3}$$

式中：T_0 为来流空气的局部温度；T_w 为试验板壁面温度。

如图 6.6 所示,每块试验板满足能量守恒定律:

$$P_s = q_{con} + q_c + q_r \tag{6.4}$$

式中:P_s 为输入功率;q_c 为导热损失;q_r 为辐射损失。

将式(6.4)和式(6.3)代入数据简化方程式(6.2)可得

$$St = (P_s - q_c - q_r)/[\rho_\infty v_\infty c_{p\infty} A(T_w - T_0)] \tag{6.5}$$

试验先设置期望的来流速度 v_∞,直到计算机控制的数据采集系统和控制系统调整每块板的功率以使所有 24 块板的壁面温度稳定在期望值 T_w 的范围之内。一旦达到这样的稳态,所有变量的数值均被记录下来,且数据被简化并绘制在 $St - Re_x$ 的双对数坐标图中。其中,雷诺数由试验的第二个数据简化方程计算得到

$$Re_x = \rho_\infty v_\infty x / \mu_\infty \tag{6.6}$$

式中:x 为整个试验段前端到某块试验板中心的距离。

下面将讨论如何对数据简化方程中的两个非对称偏差(q_c 和 q_r)建模,以使偏差的效应零中心化(对称化)。随后介绍用于获得实验板壁面温度 T_w 和功率 P_s 系统标准不确定的方法。7.3 节将以湍流传热试验装置为例介绍稳态试验的调试和确认。

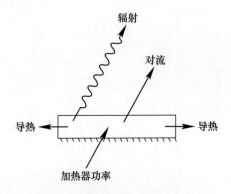

图 6.6 试验板的稳态能量守恒

6.1.2.1 零中心化非对称系统误差效应

当功率的测量值 P_s 直接用于式(6.3)中的 q_{con} 时,那么由式(6.4)可知导热损失和辐射损失可视为非对称的系统误差。因为它们在给定的试验点(v_∞, T_w)保持不变,因而它们是系统误差。而且,它们是非对称的,因为试验板的温度比其支撑和周围环境都高,导热损失和辐射损失总是具同向的,这导致电功率 P_s 总是比 q_{con} 的估计值大。一种可以用来处理上述非对称效应的方法为:基于分析者的判断和不确定度在结果中的重要性来进行非对称或对称标准不确定度估

计。另一种包含这些非对称偏差效应的方法是通过建模将其包含入数据简化方程,如式(6.5)所示。这在过去称为"零中心化",所谓"零中心"是指通过对模型的修正使误差分布以零为中心。当然,这些模型会带来额外的变量以及不确定度。

图 6.7 所示的是湍流传热试验装置试验段的横截面示意图。辐射传热的模型可写为

$$q_r = \sigma \varepsilon A (T_w^4 - T_r^4) \tag{6.7}$$

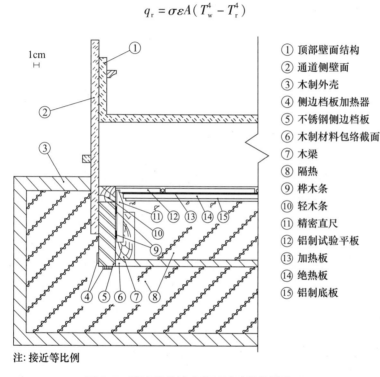

图 6.7 湍流传热试验装置试验段的横截面

式中:σ 为斯特藩-玻尔兹曼常数;ε 为平板表面的发射率;T_r 为空气的恢复温度(表征平板周围环境的温度)。

在对辐射传热引起的"非对称误差"进行建模时,需在数据简化方程中引入两个额外的变量,它们各自的系统不确定度也需要考虑在内。

导热损失的模型选择较多。基于各种考虑,导热模型选为

$$q_c = (UA)_{eff}(T_w - T_{rail}) \tag{6.8}$$

式中:$(UA)_{eff}$ 为通过试验确定的平板与周围支撑条之间的有效导热率,后者又通过金属支撑与混凝土地板连接在一起,如图 6.4 所示;T_{rail} 为平板轴向上侧支撑的温度。

因此，导热损失模型也引入了两个额外的变量$(UA)_{\text{eff}}$和T_{rail}。通过将试验装置置于运行温度但无空气流过，且在试验段内填充绝热材料的条件下可通过试验确定有效导热率$(UA)_{\text{eff}}$。在这样的条件下，测量的投入功率P_s本质上等于q_c；将P_s、T_w和T_{rail}代入式(6.8)可得$(UA)_{\text{eff}}$。

这两个非对称系统误差的模型代入式(6.5)，原式变为

$$St = \frac{P_\text{s} - (UA)_{\text{eff}}(T_\text{w} - T_{\text{rail}}) - \sigma\varepsilon A(T_\text{w}^4 - T_\text{r}^4)}{\rho_\infty v_\infty c_{p\infty} A(T_\text{w} - T_0)} \tag{6.9}$$

6.1.2.2 试验板壁面温度T_w的系统不确定度

数据简化方程中的壁面温度T_w概念上(理论上)是平板表面的温度。假设它是均匀的，并在设定的稳态条件下保持常数。利用埋于平板内且垂直于平板底部的热电阻进行温度测量，同时又不影响试验表面的状况。

总不确定度分析阶段的研究表明[4]，T_w的测量值的不确定度非常重要，因而对其校准的过程受到了特别的关注。正如1.3.5节中利用校准代替基本系统误差源的讨论，校准测量系统时的布置尽可能与其使用时的一样。将恒温浴校准系统置于工作台上，且将这个工作台的状态调整至与THTTF接近；将所有热电阻安装到试验板中但不进行固定，并利用合适的导线将其与数据采集系统相连。仍与数据采集系统相连的热电阻随后被轻轻地从试验板底下移除并置于恒温浴的试验管中。

既然热电阻处的温度可能并不是板表面的温度，那么其中一个基本系统误差源是概念误差源(或者安装误差源，取决于个人观点)。其他具有潜在重要影响的基本误差源包括来自标准(石英温度计)的系统误差和校准过程(恒温浴的不均匀性、所有热电阻采用同一个校准拟合曲线)的系统误差。关于这些详见如下的讨论。

1) T_w中的概念系统误差

这个误差在初步设计阶段通过理论分析的方法进行研究[4]；通过合理地选择平板材料、平板厚度和电热丝间距可保证这个误差源足够小以使其不成为误差的主要来源。采用二维热传导程序在最不利的边界条件和几个假设模型条件下求解平板内的温度分布，如图6.8~图6.10所示。

这些模型在不同的材料、厚度和电热丝间距下进行求解；计算结果包括平板表面最大的温度差(图6.11)和平板上任意一点与热电阻位置处的最大温度差。由此确定了最终的设计(0.375英寸(0.9525cm)厚的铝板以及合适的电热丝间距)以保证温差总是远小于0.05℃。需要注意的是，由于热量总是从平板背面传至平板表面进而传递到空气中，因而它是一个非对称的系统误差。既然设计保证误差源的大小是可以接受的，那么它在以后的分析中就不

再被关注了。

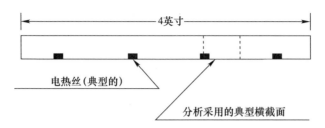

图 6.8　布置有电热丝的试验板示意图[4]

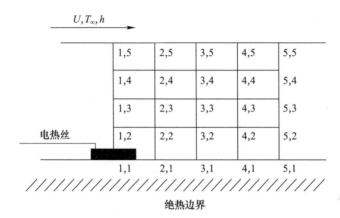

图 6.9　电热丝的导热模型[4]

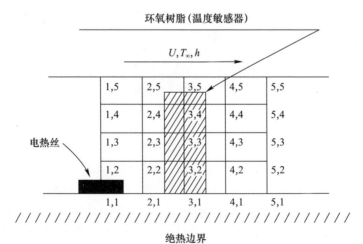

图 6.10　带有电热丝和热电阻的导热模型[4]

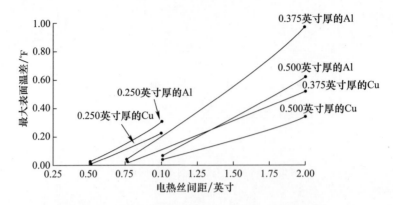

图 6.11　一些假设设计的导热模型输出结果实例[4]

2）T_w 中来自校准标准的系统误差

由一个大仪表制造厂家生产的石英温度计被选为温度标准。制造厂家代表宣称"95% 的置信水平下绝对精度 0.04℃"，即标准的系统不确定度为 $b_{QT}=0.02℃$。

3）T_w 中来自校准过程的系统不确定度

湍流传热试验装置采用了大量的热电阻(2 支/块 ×24 块和其他位置)，因而无法保证每支热电阻均采用各自的校准曲线。校准过程如图 6.12 所示。热电阻及其标准均被置于试验管架的试验管中，整个试验管架被置于恒温浴中。

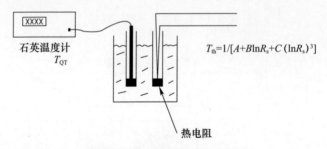

图 6.12　热电阻校准方法示意图

恒温浴的制造厂家宣称温度的均匀程度在 0.1℃ 以内，但是因为这个参数非常重要，因而这个规格参数并未被采纳。在恒温浴处于校准程序的稳态后，将标准的石英温度计移动至恒温浴内的各种位置，并获得了校准过程中标准所在位置与恒温浴其他位置之间温差的分布。试验观察到的非均匀性明显地大于制造厂家宣称的值；但是，如果仅仅使用恒温浴中心 1/3 内的区域，其结果是可以接受的。因此，校准程序建立了稳态温度条件，记录了标准指示的温度 T_{QT}，并利用每支热电阻测量的电阻值 R_s 代入制造厂家提供的统一的校准方程确定了每支热电阻指示的温度 T_{th}。

许多不同的方法可用于绘制和观察这些校准数据。其中一个最合理的用于估计校准过程的系统不确定度 b_{cal} 的是累积分布图,如图 6.13 所示。该图中包含了 56 支热电阻在 22~50℃范围内的 360 个数据点,曲线的形状看似与期望的高斯分布是相似的。既然 95% 的数据点落入如下的范围内:

$$|T_{QT} - T_{th}| \leq 0.092℃$$

那么 0.092℃可视为 $2b_{cal}$ 的估计值,因而 b_{cal} 可估计为 0.046~0.05℃。

实际上,图 6.13 所采用的热电阻实际上是一个更大集合的子集。虽然更大集合的 95% 的数据远大于 0.092℃,但是由于热电阻并不是昂贵的仪表,因而通过舍弃那些不可接受的热电阻,并挑选那些能满足不确定度要求的热电阻,所有热电阻利用一个统一的校准曲线是可实现的。

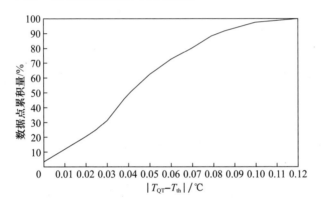

图 6.13 热电阻校准参数的累积分布图

6.1.2.3 试验板输入功率的系统不确定度

在任意一次试验中,一旦达到稳态,功率表被依次地切换至 24 块试验板的每一块试验板,并记录投入试验板的功率 P_s。通过实施功率测量校准程序以保证所有试验板能控制取得期望的温度。基于测量电热丝的电阻和电压可计算投入平板中的功率值,$P_{s,std}$ 的不确定度是读数范围的 0.05%,因而相对于其他误差源,它可忽略不计。一旦开始测量,功率表被依次切换并记录其每个输出值 $I(mA)$。该仪表的制造厂家提供的校准曲线是 $P_s = 500I$,其中 P_s 的单位为 W,I 的单位为 mA。获得的校准数据如图 6.14 所示。

采用与分析热电阻校准数据相似的方法分析功率的校准数据。如图 6.15 所示,累积分布图的坐标采用最容易理解的"读数的百分比"这一方式,而不是绝对值。该图包含了 0~250W 范围内的 172 个数据点。既然 95% 的数据在如下的范围内:

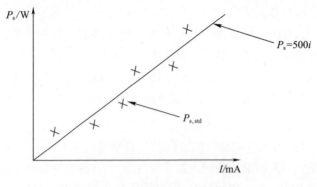

图 6.14 试验板功率表的校准

$$\left|\frac{P_{s,std} - 500I}{P_{s,std}}\right| \times 100\% \leqslant 0.9\%$$

那么 0.9% 可视为 $2b_{P_s}$ 的估计值,因而 b_{P_s} 可估计为 0.45%。

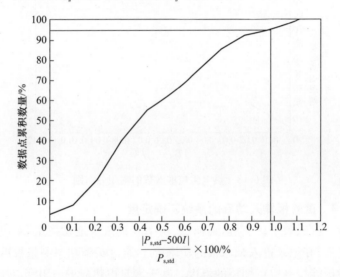

图 6.15 功率表校准数据的累积分布图

6.1.3 透平效率试验实例

在一个政府实验室的研究项目中[5],采用空气作为工作流体的"冷流"透平需要进行试验。该试验项目的总不确定度分析结果已经在 4.6.1 节中进行了介绍。"冷流"是指其周围的环境,相对于低温或者燃烧的条件。其中一个主要的结果是利用热力学方法,即式(4.37)计算的透平效率,并希望实际的效率在其 1% 的范围内。透平效率的数据简化方程包含的变量有环形入口和出口平面上的平均温度,因而对这些平面上温度的测量是试验中非常重要的一部分工作。

借助沿环形平面径向上布置有大量温度测点的热电偶架可以测量平面上的温度。热电偶架可沿轴旋转几度,并获得另一组测量值。重复这一过程直至获得一组完整的测量值,它包含进出口环形平面上几百个温度测点。这些值可作为数据简化方程的输入值;这些值不是简单的入口温度和出口温度的平均值,它实际上包含了几百个独立测量的温度值 $T_{i,j}$。

热电偶首先在校准实验室中进行了校准;校准过程中利用了校准实验室的恒温浴和数据采集系统。经校准的热电偶架重新安装在试验装置上,并与试验装置中的数据采集系统相连接。令人沮丧的是,经多轮校准仍未取得一致的试验结果,因此确定透平效率不确定度的这个方法失败。

从试图利用校准中温度标准的误差尽可能多地代替系统基本误差源这一角度来说,通过构建一个校准方法可以实现大量误差源的优化。虽然这个方法与 6.1.2.2 节所述的对试验板热电阻校准方法类似,但在这里需进一步消除误差源。

对一铜块进行切割和加工以保证当铜块再次被合在一起时,热电偶架能与其紧密贴合。购买一支高精度的 RTD[①] 并用作标准,其不确定度 b 记为 b_{std}。利用 RTD 校准 4 支热电阻,并利用 RTD 的读数进行修正。RTD 被置于铜块的中心,4 支热电阻分散在其周围。热电偶架、RTD 和 4 支热电阻与试验装置的数据采集系统相连。从试验装置中移除热电偶架并将其安装在铜块上。利用热空气流将铜块和传感器加热至 30℃ 左右后用绝热带将其包裹起来,并将其置于试验台旁边的泡沫聚苯乙烯冷却剂中。绝热带和冷却器同样被预热。当整个系统在一天的时间内逐渐被冷却时,数据采集系统监视和记录所有传感器的读数。热电阻和 RTD 的响应表明铜块内几乎没有温度梯度,所得的校准曲线(即 RTD 指示的温度与热电偶架上热电偶的输出值)在整个温度范围内是连续的。

整个系统的校准过程从包含热电偶架的试验系统到数据采集系统的输出结果表明,热电偶架上的每支热电偶均有一条校准曲线,它与标准的曲线完全一样。因此,所有热电偶的系统标准不确定度为 b_{std}。而且,更加重要的是每支热电偶具有完全相同的系统误差 β_{std},即标准 RTD 未知系统误差的真值。在 6.2 节综合讨论系统误差相关效应时,将介绍其潜在的作用。

对于这个特定的实例,影响进口和出口平面平均温度的额外的系统误差源包括安装误差和基于空间有限数量测量值的平均值引入的误差。

从更广义的角度来说,这个方法适用于其他不同变量的校准。对于一个均

---

① Resistance Temperature Detector,电阻温度探测器。

匀环境中的多个传感器,随着环境在预计范围内的缓慢(相对于传感器的时间常数)变化,本质上可获得一条连续的校准曲线,而且每支传感器在给定条件下具有与校准所采用的标准相同的误差。

6.2 系统误差的相关效应

相关的系统误差是指那些相互不独立的系统误差,典型的是具有相同的基本误差源的不同被测变量的结果。一个实验结果的不确定度受一些变量的系统误差相关效应的影响是非常常见的。用相同的传感器测量不同的变量是相关效应的典型例子,例如,多个依次排列的测点的压力用同一台传感器进行测量,或者不同位置处的温度用同一根探针在流场中不断移动进行测量。显然,利用同一个传感器测量的变量的系统不确定度相互之间不是独立的。另一个常见的例子是采用不同的传感器测量不同的变量,但是所有的传感器均是用同一标准进行校准的。例如,在航天实验装置中广泛使用的电子扫描压力(electronically scanned pressure)测量系统。在这种情况下,各压力传感器中至少有一部分源于校准过程的系统误差是相同的,因而变量测量值中的一些基本误差是相关的。

1) 蒙特卡罗法

包含系统误差相关效应的蒙特卡罗方法与之前所介绍的方法相同,仅需要改变的是对于那些具有相同误差源的每个变量在迭代中代入完全相同的误差即可,如图 6.16 所示。其中,变量 x 和 y 均受到第三个基本误差源的影响。

2) 泰勒级数法

对于泰勒级数法,对于如下的数据简化方程:

$$r = r(X_1, X_2, \cdots, X_J) \tag{6.10}$$

计算结果的系统标准不确定度 b_r 为

$$b_r^2 = \left(\frac{\partial r}{\partial X_1}\right)^2 b_{X_1}^2 + \left(\frac{\partial r}{\partial X_2}\right)^2 b_{X_2}^2 + \cdots + \left(\frac{\partial r}{\partial X_J}\right)^2 b_{X_J}^2 + \cdots + 2\left(\frac{\partial r}{\partial X_i}\right)\left(\frac{\partial r}{\partial X_k}\right) b_{X_i X_k} + \cdots \tag{6.11}$$

式中:b_X 为变量 X 的系统标准不确定度;针对每一对具有共同基本系统误差源的变量,其系统误差相关项包含协方差系数 $b_{X_i X_k}$。

式(6.11)中的 $b_{X_i X_k}$ 必须近似,通常无法获得数据来对 X_i 和 X_k 的协方差进行统计估计。系统不确定度的协方差系数为

$$b_{X_i X_k} = \sum_{\alpha=1}^{L} (b_{X_i})_\alpha (b_{X_k})_\alpha \tag{6.12}$$

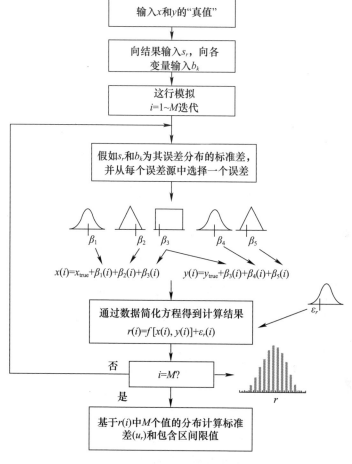

图 6.16 系统误差相关效应的蒙特卡罗法

式中：L 为变量 X_i 和 X_k 测量值中基本系统误差源的数量。

例如，如果

$$r = r(X_1, X_2, X_3) \tag{6.13}$$

变量 X_1、X_2 和 X_3 的测量值可能受到相同误差源的影响，那么式(6.11)变为

$$b_r^2 = \left(\frac{\partial r}{\partial X_1}\right)^2 b_{X_1}^2 + \left(\frac{\partial r}{\partial X_2}\right)^2 b_{X_2}^2 + \left(\frac{\partial r}{\partial X_3}\right)^2 b_{X_3}^2 + 2\left(\frac{\partial r}{\partial X_1}\right)\left(\frac{\partial r}{\partial X_2}\right)b_{X_1 X_2} + \\ 2\left(\frac{\partial r}{\partial X_1}\right)\left(\frac{\partial r}{\partial X_3}\right)b_{X_1 X_3} + 2\left(\frac{\partial r}{\partial X_2}\right)\left(\frac{\partial r}{\partial X_3}\right)b_{X_2 X_3} \tag{6.14}$$

需要注意的是，对于受到相同误差源影响的每对变量的测量值，它们均具有一个协方差项。

为方便介绍，假设仅变量 X_1 和 X_2 的测量值受到相同误差源的影响，因而 $b_{X_1 X_3} = 0$ 和 $b_{X_2 X_3} = 0$，那么式(6.14)变为

$$b_r^2 = \left(\frac{\partial r}{\partial X_1}\right)^2 b_{X_1}^2 + \left(\frac{\partial r}{\partial X_2}\right)^2 b_{X_2}^2 + \left(\frac{\partial r}{\partial X_3}\right)^2 b_{X_3}^2 + 2\left(\frac{\partial r}{\partial X_1}\right)\left(\frac{\partial r}{\partial X_2}\right) b_{X_1 X_2} \quad (6.15)$$

假设变量 X_1 和 X_2 的测量值均受到 4 个基本误差源的影响,误差源 2 和 3 对变量 X_1 和 X_2 的影响是相同的。如果采用简单的符号,那么式(6.1)可写为

$$b_1^2 = b_{1_1}^2 + b_{1_2}^2 + b_{1_3}^2 + b_{1_4}^2 \quad (6.16)$$

和

$$b_2^2 = b_{2_1}^2 + b_{2_2}^2 + b_{2_3}^2 + b_{2_4}^2 \quad (6.17)$$

式(6.12)可写为

$$b_{12}^2 = b_{1_2} b_{2_2} + b_{1_3} b_{2_3} \quad (6.18)$$

如果 X_3 受到 3 个基本误差源的影响,则式(6.1)可写为

$$b_3^2 = b_{3_1}^2 + b_{3_2}^2 + b_{3_3}^2 \quad (6.19)$$

如果式(6.15)的所有项都已知,那么 b_r 可以被求出来。

根据笔者的经验,确定相关系统误差唯一的途径是辨别出那些影响多个被测变量的基本误差源,它们会引起不同的测量值一同偏高或者偏低。在这种情形下,协方差的估计值 b_{ik} 总是正的。理论上来说,不同被测变量中系统误差的协方差也有可能是负的,但是笔者尚未遇到过这种情形。

与相同的实验方法但无相关系统误差的情形相比,不同变量的测量值中相关系统误差的影响能使最终实验结果的系统不确定度增加或减少,这与实验方法是有关的。对于式(6.15)中的最后一项,如果一些误差是相关的,那么协方差系数 $b_{X_1 X_2}$ 不等于零(正的)。因而,如果偏导数($\partial r/\partial X_1$ 和 $\partial r/\partial X_2$)具有相同的符号,那么这一项是正的,并使 b_r 增大。另外,如果两个偏导数具有相反的符号,那么这一项是负的,并使 b_r 减小。这些分析表明,如果在实验计划和设计阶段合理运用,相关系统误差的影响有时是有利的。例如,通过恰当的校准方法使系统误差相关。

在以下的各小节中,介绍了相关系统误差的各类实例,包括系统不确定度是满量程的百分比、读数的百分比和其他的函数形式。泰勒级数法的分析表明,代数处理过程有时能得到一些蒙特卡罗法发现不了的东西。

6.2.1 全量程的百分比型实例

在一个研究不同木材干燥过程有效性的实验项目中,原木的重量在秤 1 上被称出后放置在干燥炉中,经干燥后的原木在秤 2 上被再次称重,随后被送往工厂,如图 6.17 所示。两次称重的重量相减可得干燥过程在原木中去掉的水分(ΔW)。

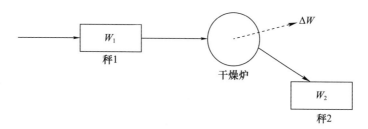

图 6.17 卡车与原木实例示意图

方法 A 秤的校准系统不确定度为唯一的重要不确定度来源,分别为 $b_{W_1}=100\text{N}$ 和 $b_{W_2}=200\text{N}$。那么,结果 ΔW 的系统不确定度是多少?

这种情形下的数据简化方程为

$$\Delta W = W_1 - W_2 \tag{6.20}$$

结果的系统不确定度的表达式为

$$b_{\Delta W}^2 = (+1)^2 b_{W_1}^2 + (-1)^2 b_{W_2}^2 + 2\times(+1)\times(-1)b_{W_1 W_2} \tag{6.21}$$

在这种情形下,$b_{W_1 W_2}=0$,因而式(6.21)变为

$$b_{\Delta W} = \sqrt{(+1)^2\times 100^2 + (-1)^2\times 200^2 + 2\times(+1)\times(-1)\times 0} = 224$$

方法 B 利用一辆与实验中卡车和原木总质量大致相同的卡车校准其使用的两个秤,卡车的质量已知,其不确定度为 $\pm b_t$。如果每个秤的系统误差相同,结果 ΔW 的系统不确定度可能被减少吗?

在这种情形下,$b_{W_1 W_2}\neq 0$,而是 $b_{W_1 W_2}=b_t b_t$,因而式(6.21)变为

$$b_{\Delta W}^2 = (+1)^2 b_t^2 + (-1)^2 b_t^2 + 2\times(+1)\times(-1)b_t b_t = 0$$

通过对这个简单实例的分析表明:

(1) 结果中的系统不确定度显然不可能正好等于零。相对于校准标准的误差,其他的系统误差已经被假设忽略不计了,但是它们实际上不可能完全消除。

(2) 如果结果是两个被测变量的差,而且每个变量的系统不确定度并不是关注点,那么利用未知精度的标准校准测量系统并使其在校准点具有相同的(未知)误差,校准标准的差的误差实际上等于零。

(3) 仅当系统误差不随变量的大小变化时,例如,系统误差是满量程的百分比("%FS")型,来自标准的误差才可以被消除。更多的讨论见 6.2.2 节。

(4) 重量标准从秤 1 移至秤 2 时的变化已经被忽略不计了,这假设卡车的燃料重量不变、司机的重量不变等。

6.2.2 读数的百分比型实例

一个流动系统中两个压力的差可表示为

$$\Delta p = p_2 - p_1 \tag{6.22}$$

两个压力的名义值分别为 $p_2 = 500\text{kPa}$,$p_1 = 490\text{kPa}$。当标准不确定度为测量系统读数的 0.5%,且其他的误差源均忽略不计时,可确定结果 Δp 的不确定度。

b_{p_1} 等于读数的 0.5% 意味着 $b_{p_1} = 0.005 p_1$,因此,为了得到具体的数值,需在一组名义值下对不确定度进行分析。在该例中,$\Delta p_{\text{nom}} = 10\text{kPa}$,基于式(6.14)得到的系统不确定度为

$$b_{\Delta p}^2 = (+1)^2 b_{p_2}^2 + (-1)^2 b_{p_1}^2 + 2 \times (+1) \times (-1) b_{p_1 p_2} \tag{6.23}$$

如果压力是利用未经同一标准校准的不同系统测量的,那么 $b_{p_1 p_2} = 0$,而且式(6.23)可写为 $b_{\Delta p}^2 = (+1)^2 \times (0.0005 \times 500)^2 + (-1)^2 \times (0.0005 \times 490)^2 + 2 \times (+1) \times (-1) 0$

或者 $b_{\Delta p} = 3.5\text{kPa}$ 或 35% Δp_{nom}。

如果两个压力是利用同一系统顺序测量的,那么两个压力的测量值中的系统误差是相关的。在这种情形下,有

$$b_{p_1 p_2} = 0.005 \times 500 \times 0.005 \times 490$$

那么,$b_{\Delta p} = 0.05\text{kPa}$ 或 0.5% Δp_{nom}。

需要指出的是,由于在本例中的系统误差并不是常数,因此它们的影响并不能全消除,而是随变量测量值的大小而改变。然而,这个例子确实可以表明当利用系统误差的相关效应时,即使两个数值较大的变量相减得到的差值较小,其系统不确定度也能非常小。因而,差分传感器在这种情形下并非首选。

6.2.3 随设定点变化型实例

一个称重传感器在 0~30N 的范围内进行校准。通过在与称重传感器相连的秤盘中放入不同重量的物体,以产生标准力 w_{std} 用于校准,如图 6.18 所示。3 个 10N 的标准重量(w_1、w_2 和 w_3)的绝对精度为 0.01N,并记为 b_{w_i}。标准的系统不确定度的估计值($b_{w_{\text{std}}}$)是多少?

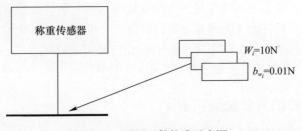

图 6.18 测压元件校准示意图

在本例中,单个重量的系统不确定度分为不相关和相关两种情形。这两个情形是如何发生的?

三个标准重量的制造商仅在一个秤上对它们进行了简单的检查,并确定它们与实验室中标准重量的偏差在 ±0.01N 的范围内,由此可假设它们的系统误差是不相关的。然而,如果每个标准重量被放置在秤上,并通过调整重量上洞内的小颗粒将其调整到与实验室标准重量完全相等,那么它们的系统误差是相关的。需要注意的是,实验室中标准重量的不确定度可能小于 0.01N,因而对于相关误差的情形,单个系统不确定度可能小于 0.01N。

w_{std} 在校准点 0N、10N、20N 和 30N 满足的数据简化方程为

$$w_{std} = \sum_{i=1}^{m} w_i \quad (m=1,2,3) \tag{6.24}$$

如果误差是不相关的,那么

$$b_{w_{std}} = \sqrt{\sum_{i=1}^{m}\left(\frac{\partial w_{std}}{\partial X_i}b_{w_i}\right)^2} = \sqrt{\sum_{i=1}^{m}(b_{w_i})^2} = \sqrt{m}\,b_{w_i} \tag{6.25}$$

如果误差是相关的,那么当 $b_{w_i w_j} = b_{w_i} b_{w_j} = (b_{w_i})^2$,且在 30N 的校准点时,式(6.14)可写为

$$b_{w_{std},m=3} = \sqrt{\sum_{i=1}^{3}(b_{w_i})^2 + 2\times 1\times 1\times b_{w_1 w_2} + 2\times 1\times 1\times b_{w_1 w_3} + 2\times 1\times 1\times b_{w_2 w_3}}$$
$$= \sqrt{9(b_{w_i})^2} = 3b_{w_i} = 0.030 \tag{6.26}$$

所有结果如表 6.1 所列。对于相关的情形,$b_{w_{std}}$ 的变化为读数的函数,而对于不相关的情形,$b_{w_{std}}$ 的变化更加复杂。

表 6.1 系统不确定度的相关分析

m	w_{std}/N	$b_{w_{std}}$(不相关)/N	$b_{w_{std}}$(相关)/N
1	10	0.010	0.010
2	20	0.014	0.020
3	30	0.017	0.030

如上述所示,如果三个标准重量被修正以匹配实验室标准,那么 b_{w_i} 可能大于 ±0.01N,导致相关列的三个数值大于不相关列的三个数值[①]。

更加实用的是,如果不确定度大小不是全量程型的,但又远小于不确定度的目标,那么笔者经常将其选为全量程的值,从而避免实用复杂的表达式用于不确定度分析。

---

① 译者注:原著该句文字叙述说反了,已调整。

6.2.4 部分误差源相关实例

用由两支塑料包覆的热电阻测量换热器冷却水的进出口温度,如图6.19所示。进出口温差的系统不确定度为

$$\Delta T = T_2 - T_1 \tag{6.27}$$

解:热电阻的制造厂家保证热电阻符合这种类型热电阻的"标准"电阻—温度曲线,且在关注的温度范围内的误差小于 $1.0℃$。与制造厂家的讨论发现,它是95%置信度的系统不确定度,即使平均多个读数也无法减小这个值,因而 $b_s = 0.5℃$。

如果系统不确定度的这个值并不令人满意,那么通过将两支热电阻浸入台式恒温水浴或油浴中,并采用校准的温度计($b = 0.15℃$)作为实验标准。根据制造厂家宣称,恒温水浴或油浴在空间上最大的温度不均匀度为 $0.1℃$,假设这值是95%置信度系统不确定度的估计值。如果不愿采用这个数值,如6.1.2.2节所述,可在稳态工况下在水浴或油浴移动温度标准进行实验。这样可得局部温差的样本分布,并可计算其标准差,并作为不均匀度 b 的估计值。

经与换热器制造厂家讨论,由于水温的不均匀性,布置热电阻的进出口管道截面上的基本系统标准不确定度分别为 $0.05℃$ 和 $0.1℃$。由于进出口截面上的水温是不均匀的,这两个系统不确定度用于反应热电阻无法测量平均水温这一事实。与上述的误差相比,所有其他的基本误差源可忽略不计。

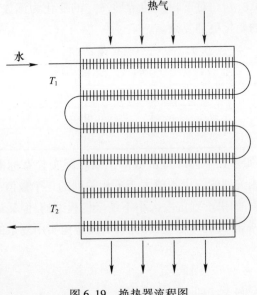

图6.19 换热器流程图

本例中这两个变量的可能的基本误差源如表6.2所列：

表6.2 进出口热电阻基本误差源

基本误差源	系统标准不确定度 b	
	$T_1/℃$	$T_2/℃$
热电阻名义的规格参数	0.5	0.5
参考温度计——校准	0.15	0.15
水浴或油浴不均匀性——校准	0.05	0.05
空间的变化——概念	0.05	0.1

如果并未校准热电阻,基本误差源1和4合成的不确定度可作为这两个被测变量的系统不确定度,它们分别为

$$b_{T_1} = \sqrt{0.5^2 + 0.05^2} \approx 0.5℃$$

$$b_{T_2} = \sqrt{0.5^2 + 0.1^2} \approx 0.5℃$$

如果这两支热电阻进行了校准,基本误差源2、3和4合成的不确定度可作为这两个被测变量的系统不确定度,它们分别为

$$b_{T_1} = \sqrt{0.15^2 + 0.05^2 + 0.05^2} \approx 0.17℃$$

$$b_{T_2} = \sqrt{0.15^2 + 0.05^2 + 0.1^2} \approx 0.19℃$$

结果的系统不确定度的表达式为

$$b_{\Delta T}^2 = \left(\frac{\partial \Delta T}{\partial T_1}\right)^2 b_{T_1}^2 + \left(\frac{\partial \Delta T}{\partial T_2}\right)^2 b_{T_2}^2 + 2\left(\frac{\partial \Delta T}{\partial T_1}\right)\left(\frac{\partial \Delta T}{\partial T_2}\right) b_{T_1 T_2} \qquad (6.28)$$

其中

$$\frac{\partial \Delta T}{\partial T_1} = -1, \quad \frac{\partial \Delta T}{\partial T_2} = 1$$

对于热电阻未校准的情形,影响热电阻的误差是相互独立的,且 $b_{T_1 T_2} = 0$,那么 $b_{\Delta T}^2 = (-1)^2 \times 0.5^2 + 1^2 \times 0.5^2$,即 $b_{\Delta T} = 0.7℃$。对于热电阻经校准的情形,式(6.28)变为

$$b_{\Delta T}^2 = (-1)^2 \times 0.17^2 + 1^2 \times 0.19^2 + 2 \times (-1) \times 1 \times b_{T_1 T_2}$$

对于如下的三种情形,

(1) 如果两支热电阻是在不同的时间经两支不同的参考温度计进行校准的,那么 $b_{T_1 T_2} = 0$,因为 T_1 和 T_2 的基本系统误差之间不相关,因而 $b_{\Delta T} = 0.25℃$。

(2) 如果两支热电阻是在相同的时间经同一温度计进行校准的,且两支热电阻被放置在恒温水浴或油浴的不同位置处,温度计的系统误差对每支热电阻

产生相同的影响,除了水浴或油浴的不均匀性。在这种情形下,有

$$b_{T_1 T_2} = 0.15 \times 0.15 = 0.023$$

可得

$$b_{\Delta T}^2 = (-1)^2 \times 0.17^2 + 1^2 \times 0.19^2 + 2 \times (-1) \times 1 \times 0.023$$
$$= 0.0289 + 0.0361 - 0.046$$

或

$$b_{\Delta T} = 0.14 ℃$$

（3）如果两支热电阻是在相同的时间经同一温度计进行校准的,且校准中热电阻被相互靠近并可视为放置在恒温水浴或油浴的相同位置处,温度计和水浴或油浴的不均匀性的系统误差源2和3对热电阻具有相同的影响。在这种情形下,两支热电阻误差相关,即

$$b_{T_1 T_2} = 0.15 \times 0.15 + 0.05 \times 0.05 = 0.025$$

因而

$$b_{\Delta T}^2 = (-1)^2 \times 0.17^2 + 1^2 \times 0.19^2 + 2 \times (-1) \times 1 \times 0.025$$
$$= 0.0289 + 0.0361 - 0.05$$

或

$$b_{\Delta T} = 0.12 ℃$$

需要注意的是,本例中的这些数值并未进行四舍五入,这主要用来表示它们大小的不同(如0.17℃与0.19℃)。笔者并不试图表明不确定度的估计值能达到这样的水平下。读者可参见2.4节对不确定度的讨论。

6.2.5 流体平均流速实例

在某些情形下需得到槽道截面上空气流的平均速度,进而确定气体的体积流量和质量流量。这经常出现在供暖、通风和空调(HVAC)的应用中。在确定槽道内空气流的平均速度时,基于槽道截面上各处速度的测量值,以面积为权重的平均速度为

$$v_{\text{avg}} = \sum_{i=1}^{N} A_i v_i / A_{\text{tot}} \tag{6.29}$$

式中:每个速度v_i是在各面积A_i的中心测量的;A_{tot}为槽道的横截面积。

如果每个A_i的值是相同的,那么平均速度为

$$v_{\text{avg}} = \sum_{i=1}^{N} v_i / N \tag{6.30}$$

基于速度v_i测量值的系统标准不确定度,平均速度的系统标准不确定度可写为更简洁的形式:

$$b_{v_{\text{avg}}}^2 = \sum_{i=1}^{N} \left(\frac{1}{N}\right)^2 (b_{v_i})^2 + 2\sum_{i=1}^{N-1}\sum_{k=i+1}^{N} \left(\frac{1}{N}\right)^2 b_{v_i v_k} \quad (6.31)$$

如果①一支探针在截面上横向移动(或一组利用同一标准进行相同校准的探针),②每个测量点的安装误差是相同的,③b_{v_i}是固定值(如满量程的百分比),那么所有b_{v_i}的值均相等(如全量程型)。在这种情形下,有

$$b_{v_i v_k} = b_{v_i} b_{v_k} = b_v^2 \quad (6.32)$$

因此

$$b_{v_{\text{avg}}} = b_v \quad (6.33)$$

对于这一组条件,平均速度的系统不确定度等于每个速度测量值的系统不确定度。然而,需要注意的是,如果b_{v_i}的值是读数百分比的函数或测量值的其他函数,上述结论并不适用。

另外,如果b_{v_i}所有值均具有相同的大小但完全不相关(如一组未利用同一标准进行校准的探针),那么平均速度的系统不确定度为

$$b_{v_{\text{avg}}} = b_v / \sqrt{N} \quad (6.34)$$

本例也展示了一些重要的结论。首先,两种情形下v_{avg}的系统不确定度相差$1/\sqrt{N}$这个系数。当系统误差是不相关的时,系统不确定度更小。因此,不能总是保证忽略相关系统误差可使结果"保守"一些。其次,对于供暖、通风和空调(HVAC)的应用,N的最小建议值:圆管道$N=18$,矩形槽道$N=25$[6],这意味着,如果忽略系统误差的相关效应,由此所得的$b_{v_{\text{avg}}}$仅仅是考虑相关系统误差时的$1/5 \sim 1/4$。这个效应是相当大的。

6.3 比较试验

在一些试验项目中,其目标是确定当试验条件发生改变时,试验结果是如何变化的。通常来说,对于这样的情形,试验结果通常是以与基准试验的比较方式呈现的。在过去的年代里,一直传播着一个经常被引用的错误观念:对于利用相同试验装置和仪器的背靠背试验,比较试验结果的系统不确定度为零。从根本上来说,这些错误的说法是试图解释比较试验中的相关系统误差,但未利用先前所述的方法。正如下面将展示的那样,比较试验中的系统误差相互抵消这样的说法仅仅在特定的条件下成立。

本节介绍两种情形下系统误差的相关效应：①两次试验结果的差是所关注的试验结果；②两次试验结果的商是所关注的试验结果。上述效应在结果是两个变量的函数中最为直观，其每次试验的数据简化方程为

$$r = r(x, y) \tag{6.35}$$

6.3.1 差值型试验结果

在本例中，关注的试验结果由两次试验结果相减所得；它来自一次用于确定自由流动条件下由于模型结构改变而引起阻力增加的风洞试验。两次试验分别记为 a 和 b，其数据简化方程为

$$\delta = r(x_a, y_a) - r(x_b, y_b) \tag{6.36}$$

应用式(5.2)可得系统标准不确定度 δ 的计算式为

$$\begin{aligned}
b_\delta^2 &= \left(\frac{\partial \delta}{\partial x_a}\right)^2 b_{x_a}^2 + \left(\frac{\partial \delta}{\partial x_b}\right)^2 b_{x_b}^2 + 2\left(\frac{\partial \delta}{\partial x_a}\right)\left(\frac{\partial \delta}{\partial x_b}\right) b_{x_a x_b} + \\
&\quad \left(\frac{\partial \delta}{\partial y_a}\right)^2 b_{y_a}^2 + \left(\frac{\partial \delta}{\partial y_b}\right)^2 b_{y_b}^2 + 2\left(\frac{\partial \delta}{\partial y_a}\right)\left(\frac{\partial \delta}{\partial y_b}\right) b_{y_a y_b} + \\
&\quad 2\left(\frac{\partial \delta}{\partial x_a}\right)\left(\frac{\partial \delta}{\partial y_a}\right) b_{x_a y_a} + 2\left(\frac{\partial \delta}{\partial x_b}\right)\left(\frac{\partial \delta}{\partial y_b}\right) b_{x_b y_b} + \\
&\quad 2\left(\frac{\partial \delta}{\partial x_b}\right)\left(\frac{\partial \delta}{\partial y_a}\right) b_{x_b y_a} + 2\left(\frac{\partial \delta}{\partial x_a}\right)\left(\frac{\partial \delta}{\partial y_b}\right) b_{x_a y_b}
\end{aligned} \tag{6.37}$$

角标为 a 的变量及其微分均按照试验 a 的条件进行计算，角标为 b 的变量及其微分均按照试验 b 的条件进行计算，且有

$$\frac{\partial \delta}{\partial x_a} = \frac{\partial r}{\partial x_a}, \quad \frac{\partial \delta}{\partial y_a} = \frac{\partial r}{\partial y_a}, \quad \frac{\partial \delta}{\partial x_b} = -\frac{\partial r}{\partial x_b}, \quad \frac{\partial \delta}{\partial y_b} = -\frac{\partial r}{\partial y_b} \tag{6.38}$$

代入式(6.37)可得

$$\begin{aligned}
b_\delta^2 &= \left(\frac{\partial r}{\partial x_a}\right)^2 b_{x_a}^2 + \left(\frac{\partial r}{\partial x_b}\right)^2 b_{x_b}^2 + 2\left(\frac{\partial r}{\partial x_a}\right)\left(-\frac{\partial r}{\partial x_b}\right) b_{x_a x_b} + \\
&\quad \left(\frac{\partial r}{\partial y_a}\right)^2 b_{y_a}^2 + \left(\frac{\partial r}{\partial y_b}\right)^2 b_{y_b}^2 + 2\left(\frac{\partial r}{\partial y_a}\right)\left(-\frac{\partial r}{\partial y_b}\right) b_{y_a y_b} + \\
&\quad 2\left(\frac{\partial r}{\partial x_a}\right)\left(\frac{\partial r}{\partial y_a}\right) b_{x_a y_a} + 2\left(-\frac{\partial r}{\partial x_b}\right)\left(-\frac{\partial r}{\partial y_b}\right) b_{x_b y_b} + \\
&\quad 2\left(-\frac{\partial r}{\partial x_b}\right)\left(\frac{\partial r}{\partial y_a}\right) b_{x_b y_a} + 2\left(\frac{\partial \delta}{\partial x_a}\right)\left(-\frac{\partial r}{\partial y_b}\right) b_{x_a y_b}
\end{aligned} \tag{6.39}$$

等号右端第三项是试验 a 中变量 x 的测量值与试验 b 中变量 x 的测量值之间的系统误差相关项,第六项是针对变量 y 的测量值。既然大部分对比试验中试验 a 和 b 的变量是利用相同的系统进行测量的,那么两次试验中变量的测量值中大部分基本误差源是相同的,并且其协方差系数 $b_{x_a x_b}$ 与 $b_{y_a y_b}$ 非零。

等号右端最后的四项用于考察变量 x 和 y 的测量值受一些共同的基本误差源的影响。这通常发生在变量 x 和 y 均为压力或均为温度且测量所采用的相同仪表或不同仪表均被同一标准所校准。在本书讨论中,假设变量 x 和 y 的测量值不受共同基本误差源的影响,因此等号右端的最后四项均等于 0。那么式(6.39)简化为

$$b_\delta^2 = \left(\frac{\partial r}{\partial x_a}\right)^2 b_{x_a}^2 + \left(\frac{\partial r}{\partial x_b}\right)^2 b_{x_b}^2 - 2\left(\frac{\partial r}{\partial x_a}\right)\left(\frac{\partial r}{\partial x_b}\right) b_{x_a x_b} +$$
$$\left(\frac{\partial r}{\partial y_a}\right)^2 b_{y_a}^2 + \left(\frac{\partial r}{\partial y_b}\right)^2 b_{y_b}^2 - 2\left(\frac{\partial r}{\partial y_a}\right)\left(\frac{\partial r}{\partial y_b}\right) b_{y_a y_b} \quad (6.40)$$

什么条件下 b_δ 必为零?首先,变量 x 的测量值的所有基本误差源在试验 a 和 b 时必须均相等,而且基本误差源的系统不确定度必须是常数(满量程的百分比)而不能是测量值的函数(如读数的百分比)。对于变量 y 同样适用,那么

$$b_{x_a} = b_{x_b} = b_x, \quad b_{x_a x_b} = b_x^2, \quad b_{y_a} = b_{y_b} = b_y, \quad b_{y_a y_b} = b_y^2 \quad (6.41)$$

其次,利用试验 a 的条件计算的微分必须等于利用试验 b 的条件计算的微分,即

$$\frac{\partial r}{\partial x_a} = \frac{\partial r}{\partial x_b}, \quad \frac{\partial r}{\partial y_a} = \frac{\partial r}{\partial y_b} \quad (6.42)$$

由式(6.41)和式(6.42)可知,式(6.40)的等号右端第 1、2 和 3 的和为零,4、5 和 6 项的和为零,那么由式(6.40)可得 $b_\delta = 0$。

由之前所提及的试验可知,对于因模型结构变化引起的阻力增加值,其数据简化方程为

$$\delta = \frac{F_a}{\frac{1}{2}\rho_a A_a v_a^2} - \frac{F_b}{\frac{1}{2}\rho_b A_b v_b^2} \quad (6.43)$$

例如,对 v 的导数分别为

$$\frac{\partial \delta}{\partial v_a} = \frac{-2F_a}{\frac{1}{2}\rho_a A_a v_a^3}, \quad \frac{\partial \delta}{\partial v_b} = \frac{2F_b}{\frac{1}{2}\rho_b A_b v_b^3} \quad (6.44)$$

即使两个导数的分母是相等的(试验 a 和 b 的来流条件准确相同),分子也不可能完全相同,除非两次试验中试验变量(阻力)有相同的数值。发生这事的可能性极低;即使试验中包括结构在内的所有内容是完全复现的,试验 a 和 b 中

被测变量的数值仍有可能存在轻微的差别。对于本节所关心的内容,最有可能的是阻力F_a和F_b是不同的,因此式(6.42)的条件无法完全满足,这意味着$b_\delta \neq 0$。

基于上述讨论可以得出的是,对于两次试验结果之差是试验结果的这类比较试验,其系统不确定度是不可能消除的。然而,当两次试验采用相同的试验装置和仪表时,式(6.39)或式(6.40)所示的系统不确定度远小于试验 a 或 b 的系统不确定度。

当面临"比较试验中可识别多小的增量"这一问题时,既然可识别的最小增量一定要大于其不确定度,那么必须考虑与 δ 有关的合成标准不确定度。对于泰勒级数法,δ 的合成标准不确定度为

$$u_\delta^2 = b_\delta^2 + s_\delta^2 \tag{6.45}$$

式中,利用式(6.39)或式(6.40)可计算 b_δ。s_δ 的合适估计值详见进一步的讨论。

s_δ 的估计值必须包含确定 δ 的过程中所有引起 δ 变化的重要因素的影响。在此考虑一个与阻力增量试验相似的案例,例如,风洞在试验 a 后被关闭,试验模型被移除、改变并被再次安装,风洞重新被打开并设置为试验 a 的自由来流条件,随后获取试验 b 的数据。对于式(6.36)的数据简化方程,利用泰勒级数法传播公式确定 s_δ 为

$$s_\delta^2 = \left(\frac{\partial r}{\partial x_a}\right)^2 s_{x_a}^2 + \left(\frac{\partial r}{\partial x_b}\right)^2 s_{x_b}^2 + \left(\frac{\partial r}{\partial y_a}\right)^2 s_{y_a}^2 + \left(\frac{\partial r}{\partial y_b}\right)^2 s_{y_b}^2 \tag{6.46}$$

如果s_x和s_y的值是根据那些未包含风洞重新设置和模型重新安装效应在内的试验数据估计的,那么这个结果通常无法给出s_δ合适的估计值。式(6.47)可给出一个更加合适的估计值:

$$s_\delta^2 = (1)^2 s_{r_a}^2 + (-1)^2 s_{r_b}^2 \tag{6.47}$$

式中:s_r由包含上述所有影响在内的多次试验结果直接确定。

在许多实际的工程试验(如阻力增量试验)中,可直接利用那些包含重置风洞条件和模型重新安装等影响在内的之前的试验结果(尽可能采用相似的模型)确定s_r的估计值。假设

$$s_{r_a} = s_{r_b} = s_r \tag{6.48}$$

因而由式(6.47)可得

$$s_\delta = \sqrt{2}\, s_r \tag{6.49}$$

需要指出的是,上述罗列的影响 δ 的一些因素在试验周期内可能并未发生

作用,因为这与如何进行比较实验有关。例如,如果模型角度是风洞试验 a 和 b 按相同名义值持续运行过程中唯一改变的参数,那么与比较有关的随机不确定度将不能不含关闭和重启风洞、模型移除和重新安装的影响。s_r 值仅代表那些在试验 a 和 b 结果的比较过程中发生变化的随机因素。

差值型比较试验的一种特殊情形是通过比较两次试验结果来确定它们是否能呈现相同的现象;试验结果可来自相同的试验装置,也可来自不同试验装置。在这种情形下,差值 δ 并不是所期望的试验结果,相反地,检验两次试验是否代表相同的现象才是期望的结果。可利用之前的讨论来回答这个问题。从根本上来说,对于大数量样本,如果两个结果的差是 δ 且 $|\delta|<ku_\delta$,其中,u_δ 由式(6.45)计算,k 为所选的某个置信水平,那么这可以说明两次试验代表相同的物理现象。当两次试验是在同一个试验装置进行时,系统误差的相关效应是非常重要的。对于那些在不同试验装置上进行的试验,系统误差可能是不相关的。

6.3.2 比值型试验结果

对于感兴趣的试验结果是两次试验结果比值的情形,例如,某一指定试验件的传热实验中,其试验数据是以不同壁面边界条件下传热系数比值的方式给出的。本节选择沙克龙(Chakroun)等人发表的一个包含不确定度讨论的实例[7]。同样地,两次试验标记为 a 和 b,其数据简化方程为

$$\eta = r(x_a, y_a)/r(x_b, y_b) \tag{6.50}$$

应用式(5.2)可得 η 的系统不确定度的表达式为

$$\begin{aligned} b_\eta^2 = & \left(\frac{\partial \eta}{\partial x_a}\right)^2 b_{x_a}^2 + \left(\frac{\partial \eta}{\partial x_b}\right)^2 b_{x_b}^2 + 2\left(\frac{\partial \eta}{\partial x_a}\right)\left(\frac{\partial \eta}{\partial x_b}\right) b_{x_a x_b} + \\ & \left(\frac{\partial \eta}{\partial y_a}\right)^2 b_{y_a}^2 + \left(\frac{\partial \eta}{\partial y_b}\right)^2 b_{y_b}^2 + 2\left(\frac{\partial \eta}{\partial y_a}\right)\left(\frac{\partial \eta}{\partial y_b}\right) b_{y_a y_b} + \\ & 2\left(\frac{\partial \eta}{\partial x_a}\right)\left(\frac{\partial \eta}{\partial y_a}\right) b_{x_a y_a} + 2\left(\frac{\partial \eta}{\partial x_b}\right)\left(\frac{\partial \eta}{\partial y_b}\right) b_{x_b y_b} + \\ & 2\left(\frac{\partial \eta}{\partial x_b}\right)\left(\frac{\partial \eta}{\partial y_a}\right) b_{x_b y_a} + 2\left(\frac{\partial \eta}{\partial x_a}\right)\left(\frac{\partial \eta}{\partial y_b}\right) b_{x_a y_b} \end{aligned} \tag{6.51}$$

其中

$$\frac{\partial \eta}{\partial x_a} = \frac{1}{r_b}\frac{\partial r}{\partial x_a}, \quad \frac{\partial \eta}{\partial y_a} = \frac{1}{r_b}\frac{\partial r}{\partial y_a}, \quad \frac{\partial \eta}{\partial x_b} = -\frac{r_a}{r_b^2}\frac{\partial r}{\partial x_b}, \quad \frac{\partial \eta}{\partial y_b} = -\frac{r_a}{r_b^2}\frac{\partial r}{\partial y_b} \tag{6.52}$$

代入式(6.51)可得

$$b_\eta^2 = \left(\frac{1}{r_b}\frac{\partial r}{\partial x_a}\right)^2 b_{x_a}^2 + \left(-\frac{r_a}{r_b^2}\frac{\partial r}{\partial x_b}\right)^2 b_{x_b}^2 + 2\left(\frac{1}{r_b}\frac{\partial r}{\partial x_a}\right)\left(-\frac{r_a}{r_b^2}\frac{\partial r}{\partial x_b}\right)b_{x_a x_b} +$$

$$\left(\frac{1}{r_b}\frac{\partial r}{\partial y_a}\right)^2 b_{y_a}^2 + \left(-\frac{r_a}{r_b^2}\frac{\partial r}{\partial y_b}\right)^2 b_{y_b}^2 + 2\left(\frac{1}{r_b}\frac{\partial r}{\partial y_a}\right)\left(-\frac{r_a}{r_b^2}\frac{\partial r}{\partial y_b}\right)b_{y_a y_b} +$$

$$2\left(\frac{1}{r_b}\frac{\partial r}{\partial x_a}\right)\left(\frac{1}{r_b}\frac{\partial r}{\partial y_a}\right)b_{x_a y_a} + 2\left(-\frac{r_a}{r_b^2}\frac{\partial r}{\partial x_b}\right)\left(-\frac{r_a}{r_b^2}\frac{\partial r}{\partial y_b}\right)b_{x_b y_b} +$$

$$2\left(-\frac{r_a}{r_b^2}\frac{\partial r}{\partial x_b}\right)\left(\frac{1}{r_b}\frac{\partial \eta}{\partial y_a}\right)b_{x_b y_a} + 2\left(\frac{1}{r_b}\frac{\partial \eta}{\partial x_a}\right)\left(-\frac{r_a}{r_b^2}\frac{\partial \eta}{\partial y_b}\right)b_{x_a y_b} \quad (6.53)$$

仅当试验 a 和 b 完全相同时，这个表达式等于零。在这种情况下，$\eta=1$，且式(6.53)右端第1、2和3项的和为零。同理，第4、5和6项的和为零，7、8、9和10项的和为零。更加实际的是，沙克龙等人[7]的研究表明，当传热试验结果以与基准试验的比值的方式呈现时，比值的系统不确定度可小于单次试验结果的系统不确定度。该研究考虑了变量 x 和 y 测量值受到相同系统误差源的影响，因而式(6.53)中所有协方差项均非零。

正如试验结果为差值型的情形，当两次试验采用相同的试验装置和仪表时，两次试验结果的比值具有比任一单次试验结果更低的系统不确定度。对于差值型试验中相同的随机不确定度的讨论适用于相除型试验结果。

比较试验所涉的详细实例参见7.4节和7.5节。

6.4 实验执行中的一些考虑

6.4.1 实验点的选择：矫正

在实验项目的执行阶段得到的结果为被测变量在各类"设定"点处的一系列测量值。这些设定点应该被精挑细选，以保证实验在期望的范围内能提供一致的实验结果。在本节中介绍"矫正"这一概念及其在设置实验点间隔中的应用。

一旦实验点被确定下来后，必须仔细地确定它们在实验中的顺序。正如在后续讨论中将见到的那样，实验设定点的随机实验顺序比顺次实验顺序更好。

通过选择将要设定的控制变量的值可确定实验数据点的间距。通过测量控制变量在每一个设定点处的值可确定因变量的值。在实验开始之前，应该仔细挑选这些实验点。如果因变量与控制变量之间的关系是非线性的，那么控制变量在关注的范围内等间距的设置将导致因变量是非等间距的。这导致在变量的一些范围内具有过多的实验点,而在其他范围内具有过少的实验点。在确定实验点的间距时应该考虑坐标系的选择这一问题,而矫正这个概念在选择坐标系时非常重要。在回归分析(详见第8章)中,矫正对选择合适的坐标变量也非常重要。

假设一个实验已经产生了大量高精度的数据,即当 y 与 x 绘制成图时,大量数据对 (x,y) 形成了一条光滑且散度很小的曲线。对于这些高精度的数据,可试图采用能对数据进行矫正并使其形成一条直线的坐标。需要注意的是, x 和 y 可能是由一些不同的被测变量组成的无量纲参数。

当将数据绘制成一条直线时,那么数据可由下式表示:

$$Y = aX + b \tag{6.54}$$

(1) 当数据对 (x,y) 满足如下的函数关系时:

$$y = ax + b \tag{6.55}$$

即 $Y = y, X = x$。在绘制 y 与 x 满足的曲线时,线性 – 线性坐标能使其变成直线。

(2) 当数据对 (x,y) 满足如下的函数关系时:

$$y = cx^d \tag{6.56}$$

式(6.56)两边取对数可得

$$\log y = \log c + d\log x \tag{6.57}$$

与式(6.54)相比,令 $Y = \log y, X = \log x, b = \log c, a = d$。因此,在线性 – 线性坐标系中, $\log y$ 和 $\log x$ 满足的曲线是直线。在对数 – 对数坐标系中, y 与 x 满足的曲线也是直线。

(3) 当数据对 (x,y) 满足如下的函数关系时:

$$y = ce^{dx} \tag{6.58}$$

式(6.56)两边取自然对数可得

$$\ln y = \ln c + dx \tag{6.59}$$

与式(6.54)相比,令 $Y = \ln y, X = x, b = \ln c, a = d$。因此,在线性 – 线性坐标系中, $\ln y$ 和 x 满足的曲线是直线。在半对数坐标系中, y 与 x 满足的曲线也是直线。

这三种情形是工程中最常见的情形。如何利用这些信息?如果在实验运行之前已知变量之间的函数关系,那么应该在那些能矫正数据的坐标系中呈现实验数据。

在许多情形中,变量之间的函数关系及其形式是已知的,这有助于确定实验点的间距,如例6.2和例6.3所示。

例6.2 在某个实验中, X 是控制变量, Y 是实验结果。在相似物理条件下,

之前的结果表明两者可能满足的函数关系为

$$Y = aX^b \tag{6.60}$$

实验目的是通过对数据的曲线拟合以确定常数 a 和 b 的"最佳"估计值。如何设置变量 X 值的间距？需要注意的是，在确定 a 和 b 的值之前，必须选择实验点的间距。

解：如果式(6.60)两边取对数，那么

$$\log Y = \log a + b \log X \tag{6.61}$$

由式(6.61)可知，如果 $\log Y$ 和 $\log X$ 作为变量，可得一个与 X 指数无关的线性关系。因此，以 $\log X$ 等间距地设置实验点可得到等间距的 $\log Y$ 值。

例6.3 假设 X 与 Y 满足如下的关系式：

$$Y = a e^{-bX} \tag{6.62}$$

除此之外，其他与例 6.2 相同。

解：式(6.62)两边取对数可得

$$\ln Y = \ln a - bX \tag{6.63}$$

由此可知，X 等间距的数据能获得因变量 $\ln Y$ 等间距的数据。

在确定实验点间距时需要考虑的另一个因素是实验结果在关注的范围内所期望的不确定度。如果不确定度分析已经表明在部分范围内具有较大的随机不确定度，那么应该在这个不确定度较高的范围内获取更多的实验数据，因为

$$s_{\bar{y}} = s_y / \sqrt{N} \tag{6.64}$$

由此可知，4 倍的数据点能使随机不确定度的影响减小到原来的 1/2。

例6.4 图 6.20 所示的流动实验装置可用于确定阻力系数随雷诺数的变化关系。其中，雷诺数的定义为

$$Re = 4\rho Q / (\pi \mu d) \tag{6.65}$$

阻力系数可由 Δp 和 Q 的测量值确定：

$$f = \pi^2 d^5 \Delta p / (32 \rho Q^2 \Delta X) \tag{6.66}$$

由之前的实验可知，对于某一粗糙度的管道，其阻力系数是雷诺数的函数。

实验数据通常整理成 $\log f - \log Re$ 的关系，例如，基础流体力学中著名的莫迪图。两个实验段的实验结果如图 6.21 所示，其中 14 个雷诺数在 13000 ~ 61100 的范围内(表6.3)，而且，实验 a 的壁面粗糙度比实验 b 的大。上端的数据是 Re 等间距设置实验点，而下端的数据是 $\log Re$ 等间距设置实验点。按照在

实验数据展示坐标中按等间距方式设置实验点的优势十分明显。根据等间距的 $\log Re$ 确定 Re 数设定点的方法如下：

$$\left.\begin{array}{l}Re = 611000 \rightarrow \log Re = 5.786 \\ Re = 13000 \rightarrow \log Re = 4.114\end{array}\right\} \Delta = 1.672$$

$\Delta = 1.672$ 除以 $13(N-1)$ 可得 0.1286。因此，

$$(\log Re)_i = (\log Re)_{i-1} + 0.1286 \quad (i = 2, \cdots, 14)$$

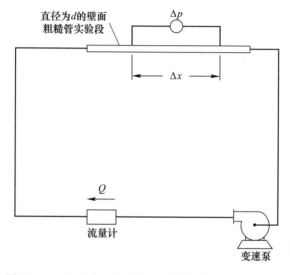

图 6.20 用于测定摩擦阻力系数的流动实验回路示意图

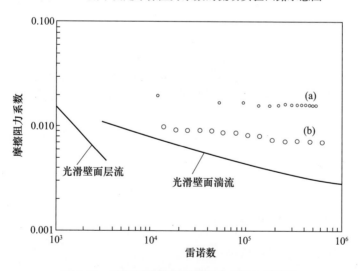

图 6.21 两根粗糙管的摩擦阻力系数与雷诺数
(a) 等间距 Re；(b) 等间距 $\log Re$。

表 6.3 等间距实验点下的 Re 与 $\log Re$

i	$\log Re$	Re
1	4.1140	13002
2	4.2426	17482
3	4.3712	23507
4	4.4998	31608
5	4.6284	42507
6	4.5770	57147
7	4.8856	76842
8	5.0142	103323
9	5.1428	138931
10	5.2714	186810
11	5.4000	251189
12	5.5286	337754
13	5.6572	454151
14	5.7858	610661

本例展示了运用矫正确定实验点间距的过程;在本例中,因变量 f 和自变量 Re 均由被测变量 Q、d、Δp 和 ΔX 以及物性参数 μ 和 ρ 确定。这两个结果是用于展示这类数据的无量纲参数。通过将被测变量和物性参数整理成无量纲参数的形式,可极大地减少实验中需要改变的变量的数目。

为设定作为实验点的每一个雷诺数的大小,可以改变管径 d、流量 Q 和流体本身(μ 和 ρ)。在实际的实验中,通常保持流体种类和管径不变,而改变流量。只要能保持雷诺数和无量纲粗糙度相同,这些结果能被推广并适用于其他流动状态下。

在任何实验计划中都应考虑合适的无量纲数。目前,存在许多涉及量纲分析的文献。通常来说,量纲分析能使实验执行得更容易,并能使实验结果的适用性更广。

6.4.2 实验顺序的选择

以随机顺序还是从低到高或者从高到低的顺序进行实验仍存在许多争议。例如[8]:

(1) 自然效应。不可控的(或外部的)变量对实验结果有小的但可以衡量的影响,而且在实验中遵循一个趋势。例如,相对湿度和大气压。

（2）人员活动。在实验过程中,操作员和数据记录员可能变得更加熟练,也可能变得无聊和粗心。

（3）滞后效应。如果读数正在变得越来越高,仪表的读数可能偏高;如果读数正在变得越来越低,仪表的读数可能偏低。

如果可能,实验执行过程应该采用随机顺序。例如,测量半径 r_P 为 10cm 自转圆盘缘处的速度 v,其为角速度 ω 的函数。假设如下的 v 与 ω 的关系未知：

$$v = r_P \omega \tag{6.67}$$

假设速度测量系统仅存在磁滞效应引入的系统误差,如果实验点从低到高变化,那么读数将偏小 5%;如果实验点从高到低变化,那么读数将偏大 5%。

如图 6.22 所示,一组数据是以顺序增加的方式采集的,一组数据是以顺序减小的方式采集的,并与真实关系进行比较。显然,"最佳"曲线未穿过任何数据点。

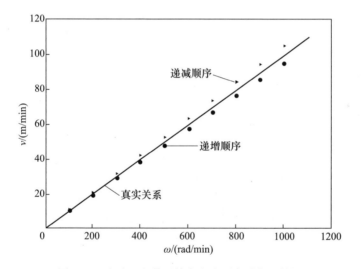

图 6.22　包含 5% 滞后效应在内顺序采集的数据

如图 6.23 所示,一组数据是以随机方式采集的,有些数据点低于直线,有些高于直线。虽然这组数据比图 6.22 中的数据散度更大,但是它们围绕真实关系散开,因而更似真实的系统误差。

实验结果 r 与一些变量的函数关系可表达为

$$r = f(x, y, z)$$

实验计划将覆盖所有自变量,但是在其范围内通常是固定其他并变化其中一个的方式进行。重复这一过程并覆盖其他自变量。经典的实验计划通常采用

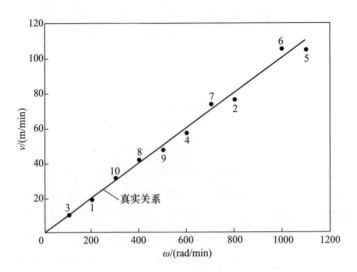

图 6.23　包含 5% 滞后效应在内随机采集的数据

这种方法,也在大部分工程实验中被广泛使用[8]。

6.4.3　实验统计设计方法

实验统计设计(DOE)是计划实验的一个方法,以便获得的数据适合统计分析。随后,采用统计检验(如方差分析、ANOVA)的方法来分析这些数据,以确定实验结果与统计意义上重要的过程变量之间是否存在可能的函数关系。典型地,随后进一步进行回归分析(基于所发现的重要关系),以获得一个能代表实验数据的数学关系式。

这类实验方法起源于质量控制和过程优化领域。许多质量控制与产品开发实验均基于系统/过程对某些因素较敏感但与这些因素之间的相互影响较不敏感这一假设[9]。这一假设成为田口(Taguchi)方法的基础[10];这一方法在 20 世纪 90 年代非常流行。

这类方法在偏微分方程控制的工程系统和过程中并不十分实用。同样地,在结果 $r(x,y)$ 依赖于独立变量或在形如 $x^a y^b$ 这样结果的情形下也不太实用,例如, $Nu = a(Re)^b (Pr)^c$ 类型的传热数据关联式。

德亚科努(Deaconu)和科尔曼(Coleman)[11]给出了蒙特卡罗模拟研究结果,该研究用于检验两种与 F 统计检验相结合的 DOE ANOVA 方法在识别各种实验条件下假设模型正确项方面的有效性。研究发现,统计方法在识别模型正确性上的能力会随着实验条件的变化而发生剧烈的变化,以致随意选择一个某种合理置信水平下的模型用于确定具有重要影响的因素是不可能的。在基于

DOE 方法设计和进行实验之前,应该对假设已知真值的实验进行模拟,以确定哪个 DOE 方法能在可接受的置信水平上从实验数据中识别正确的模型。

6.4.4 Jitter 程序的运用

Jitter 程序是非常有用的一个工具,它应该用于每一个实验项目的调试/确认和执行阶段。在 Jitter 程序中,数据简化计算机程序是一个子程序;它利用有限差分近似进行连续迭代以计算出所有在不确定度分析中所需的偏微分。莫法特(Moffat)[12-14]在结果的总不确定度传播区间中引入了这一概念。在此,将这一概念拓展应用于独立的系统和随机不确定度传播中,同时也包含系统误差的相关效应。

利用 Jitter 程序最大的优势在于当数据简化程序发生任一变化时,由于数据简化方程本身就是计算偏微分的值,这使不确定度分析程序能自动地更新结果。在一些复杂实验的调试/确认阶段,这是非常重要的。Jitter 程序的易用性也能使其用于那些数据简化程序非常简单的实验。

Jitter 程序的流程如图 6.24 所示。在此情形下,实验结果 r 是 K 个变量 X_i 的函数。X_i 的值不仅包括被测量的变化,而且也包括来自参考资料的数值。例如,发射率。对于后一种数据,在数据简化程序中仍然记为变量而非数值,因为在 Jitter 程序,它们必须被扰动以计算其偏导数。

如图 6.24 所示,所需的输入包括数据本身(如变量X_i 的值)、每个变量的 s 和 b 的估计值、系统误差相关项的估计值(如果存在)和ΔX_i,即偏导数在有限差分近似下每个变量的扰动值。计算 $K+1$ 次结果r_0 和每个变量扰动后的结果$r_{X_i+\Delta X_i}$,利用有限差分近似计算偏导数并代入s_r 和 b_r的传播方程中。至此,可以计算得到 s_r、b_r和u_r,此外将与s_r^2 和 b_r^2 有关的每一项除以u_r^2 可以得到不确定度的百分比。

图 6.24 还给出了推荐的输出格式。输出包括结果r_0 以及s_r、b_r和u_r的绝对值及其百分比。百分比的形式非常有用,当结果和/或u_r、b_r和s_r远大于或者小于 1 时,百分比形式可以明确不确定度分量的权重。

输出的第二部分也是非常有用的。这个阵列包含对s_r^2 和 b_r^2 有影响的每个分量的归一化值,所有数值之和为 100;相关项的影响可能是负的,也可能是正的。阵列中的数据可以清晰地表明哪些分量是重要的,哪些是可忽略不计的。特别重要的是应该在整个实验所能覆盖的范围进行上述计算,因为某一个分量可能在一个区间内是完全可忽略的,但是在其他区间是主要的。

6.4.5 瞬态实验

之前章节已经简要地介绍了瞬态实验。在瞬态实验中,关注的过程随时间

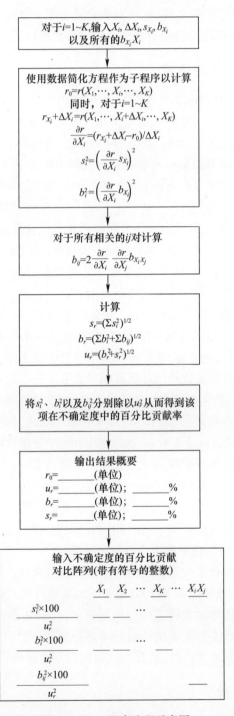

图 6.24 Jitter 程序流程示意图

变化,并在指定条件下获取一个变量的多次测量值过程中涉及一些独一无二的情形。例如,某类瞬态实验关心火箭发动机启动瞬态过程中 $t=0.1s$ 时的推力。为了获得一台发动机样机在 $t=0.1s$ 时的推力测量值,需对发动机进行一遍又一遍地测试。这类实验与样本实验具有明显的相似性;而且,如果相同型号的多台发动机作为样机,那么就更加像样本实验了。

第二类瞬态实验是实验过程是周期性变化的。例如,测量一台运行在稳定条件下的内燃机某个位置处的温度。这类实验与稳态实验具有明显的相似性。周期过程自身大量的重复过程可产生大量"相同"运行点处温度的测量值,如上死点中心前30°位置处。

除了那些稳态实验或者样本实验中出现的误差源之外,瞬态实验的测量值通常还受其他基本误差源的影响。测量系统不完美的动态响应将导致被测量在大小和相位上的误差。关于测量系统的动态响应及其误差类型的介绍参见附录F。

6.4.6 数字化数据采集的误差

利用模拟-数字(A/D)转换系统,经校准的电压范围被分成众多离散的部分,其分辨率与使用单元的位数有关。一个8位的A/D转换器将这个电压范围划分成 2^8 份,即256份,而一个12位的系统提高分辨率至 2^{12},即4096份。与数字化过程有关的系统误差与这种分辨率有关。

源于数字化过程的95%置信度的不确定度通常取为0.5LSB(最低有效位)。最低有效位的分辨率等于整个电压范围除以 2^N,其中 N 为A/D转换器采用的位数。与数字化过程有关的系统不确定度取为0.5LSB。与其他偏差一起,这个系统不确定度将成为测量系统固有的偏差。

例如,一个A/D转换器系统经标定为0~10V。对于8位的系统,当数字化一个模拟信号时,由此引入的95%置信度的系统不确定度为 $0.5(10/256)V$,即0.020V。对于一个12位的系统,数字化的系统不确定度将减小为 $0.5(10/4096)V$,即0.0012V。

需要强调的是,这些不确定度基于A/D转换器校准的范围。对于传感器的读数,必须非常注意合适的校准电压范围。例如,一个传感器的输出电压为100mV。如果10V的A/D转换器系统用于测量这个信号,对于8位的系统,数字化的系统不确定度为0.020V或20%。12位的系统,这个不确定度减小至1.2%。然而,如果A/D转换器是利用100mV进行校准而非10V,无论是8位还是12位的系统,数字化的系统不确定度将非常小。当采用数字化的数据采集时,电压校准范围和系统所用的位数必须得到关注。

参考文献

[1] Moffat, R. J., "Describing the Uncertainties in Experimental Results," *Experimental Thermal and Fluid Science*, Vol. 1, Jan. 1998, pp. 3–17.

[2] U. S. National Bureau of Standards (NBS), *Tables of Thermal Properties of Gases*, NBS Circular 564, NBS, Washington, DC, 1955.

[3] Coleman, H. W., Hosni, M. H., Taylor, R. P., and Brown, G. B., "Using Uncertainty Analysis in the Debugging and Qualification of a Turbulent Heat Transfer Test Facility," *Experimental Thermal and Fluid Science*, Vol. 4, 1991, pp. 673–683.

[4] Norton, B. A., "Preliminary Analysis and Design of a Turbulent Heat Transfer Test Apparatus," M. S. Thesis, Mississippi State University, 1983.

[5] Hudson, S. T., "Improved Turbine Efficiency Test Techniques Based on Uncertainty Analysis Application," Ph. D. Dissertation, University of Alabama in Huntsville, 1998.

[6] American Society of Heating, Refrigerating, and Air-Conditioning Engineers (ASHRAE), *Fundamentals, ASHRAE Handbook*, ASHRAE, Atlanta, GA, 1997.

[7] Chakroun, W., Taylor, R. P., Steele, W. G., and Coleman, H. W., "Bias Error Reduction Using Ratios to Baseline Experiments—Heat Transfer Case Study," *Journal of Thermophysics and Heat Transfer*, Vol. 7, No. 4, Oct.–Dec. 1993, pp. 754–757.

[8] Schenck, H., *Theories of Engineering Experimentation*, 3rd ed., McGraw-Hill, New York, 1979.

[9] Hicks, C. R., *Fundamental Concepts in the Design of Experiments*, 3rd ed., Holt, Rinehart & Winston, New York, 1982.

[10] Montgomery, D. C., *Design and Analysis of Experiments*, 4th ed., Wiley, New York, 1997.

[11] Deaconu, S., and Coleman, H. W., "Limitations of Statistical Design of Experiments Approaches in Engineering Testing," *Journal of Fluids Engineering*, Vol. 122, No. 2, 2000, pp. 254–259.

[12] Moffat, R. J., "Contributions to the Theory of Single-Sample Uncertainty Analysis," *Journal of Fluids Engineering*, Vol. 104, June 1982, pp. 250–260.

[13] Moffat, R. J., "Using Uncertainty Analysis in the Planning of an Experiment," *Journal of Fluids Engineering*, Vol. 107, June 1985, pp. 173–178.

[14] Moffat, R. J., "Describing the Uncertainties in Experimental Results," *Experimental Thermal and Fluid Science*, Vol. 1, Jan. 1988, pp. 3–17.

习题

6.1 在使用某一特定热敏电阻探头时,通过与校准标准对比发现,影响温度测量的系统基本误差的标准不确定度为 0.2℃;由于校准期间使用的恒温浴的温度不均匀所引入的不确定度为 0.35℃;使用拟合曲线来表征校准数据所引入的不确定度为 0.5℃;因安装引起的不确定度为 0.2℃。使用此探头进行温度测量时,系统标准不确定度的恰当估计值是多少?

6.2 比较 8 位、12 位和 16 位 A/D 转换器系统中 ±0.5V 或更低信号在

95% 置信度条件下数字化系统的不确定度。这些系统的校准范围为 ±5V 和 ±0.5V。

6.3 考虑校准某仪器系统的过程,该系统由连接到信号调节器的传感器和内置数字仪表组成。仪表校准范围为 ±100mV,最小数字为 1mV,仪表采用 8 位 A/D 转换器。如果仪表的输入信号恒定在 2mV,并且校准标准误差可以忽略不计,试估算该读数的随机和系统不确定度(必须考虑数字化系统的不确定性)。

6.4 在实验过程中,数字仪表上的读数从 1.22V 变化到 1.26V。仪表的校准范围为 0~10V,并且使用的是 12 位 A/D 转换器。制造商指出仪表在 95% 置信水平下的不确定度为 ±(读数的 2% + 最小刻度的 1 倍)。估计读数的系统和随机不确定度。

6.5 考虑图 6.2 所示的空气比热容的实验数据。当在 250~300K 的范围内通过查表获得 c_p 值时,95% 置信水平下冻结的系统不确定度的合理估计值是多少?当温度范围为 450~550K 时的结果如何?在进行这些估算时做了哪些假设?

6.6 考虑图 6.3 所示的空气导热系数的实验数据。当在 300K 附近的温度范围内通过查表获得 k 值时,95% 置信水平下冻结的系统不确定度的合理估计值是多少?当温度范围在 500K 附近时的结果如何?在进行这些估算时做了哪些假设?

6.7 通过测量空气的进口和出口温度(T_i 和 T_o),质量流量,以及使用下式可以确定从空气冷却系统中导出能量的速率。

$$\dot{E} = \dot{m} c_p (T_o - T_i)$$

式中:c_p 为比定压热容,其在平均温度条件下进行估计。对于所关心的运行条件,进口和出口温度的名义值预计在 300K 和 320K 左右。c_p 冻结的系统标准不确定度估计值为 0.5%。质量流量计的制造商保证"绝对准确度为读数的 0.5%"。温度测量过程中,系统标准不确定度的组成包括进口和出口处 0.2K 和 0.4K 的不均匀性的影响,并且两个温度探针(没有共同的误差)经校准得到的系统不确定度为 0.5K。估计结果 $\dot{E}$ 的系统标准不确定性。

6.8 对于问题 6.7 题中的情况,如果采用系统标准不确定度为 1.0K 的温度计对两个温度探头进行校准,是否会有所改进?新的系统标准不确定性 $\dot{E}$ 将是多少?

6.9 对于问题 6.7 中的情况,经长期重复实验表明,在 95% 的置信度下,固有的不稳定性所导致 $\dot{m}$ 的随机不确定度为 0.8%,每个温度的随机不确定度为 0.8K。这时结果 $\dot{E}$ 的随机标准不确定度是多少？在 95% 的置信度下，结果 $\dot{E}$ 的总不确定度是多少？如何利用相关系统误差效应(6.8题)改变 $\dot{E}$ 的总不确定度？

6.10 对于离心泵，在给定的泵速 N 下，其所需的功率输入 P_s 由下式计算：

$$P_s = CN^3$$

若在 500~2000r/min 的转速范围内开展研究，并期望在线性且等间距的 6 个工况点处运行(包括端点)。该条件下应该如何呈现数据以及应该运行哪些 N 值？

6.11 当辐射束通过介质时的衰减过程可表示为

$$I = I_0 e^{-\beta x}$$

式中：I_0 为进入介质的光束强度；I 为深度 x 处的强度。

假设 β 是一个与辐射类型和介质有关的参数。对于 β 为常数的某一特定介质，计划测量其不同深度处的伽马射线强度，其中 x 在 0.1~2m 之间变化。如果要在线性且等间距的 7 个工况点(包括端点)处进行测试，应该如何呈现数据，以及应该选用哪些 x 位置点？

6.12 自由降落的液滴的传热系数可表示为

$$Nu = a + bRe^c$$

式中：a、b 和 c 为常数；Nu 和 Re 分别表示努塞特数和雷诺数。

如果雷诺数范围的上限为 350，且需要获得 10 个数据点，实验测量过程中应考虑什么样的 Re 值？如何将这些数据以图形的方式进行表示？

第 7 章

详细不确定度分析综合实例

本章将介绍一系列综合实例以展示原先章节所述的概念及其应用方法。重点关注程序、方法和工程判断,而实例中的数值不是关注的重点,且不应该视为典型值或推荐值。

7.1 泰勒级数法综合实例:样本实验

某矿业公司雇用本实验室确定一些其感兴趣的褐煤的热值。褐煤是一种黄色的煤炭,其具有很高的灰分和水分。在美国,褐煤的最大储量在海湾沿岸地区和北部大平原地区。该公司期望将美国北达科他州的一处褐煤矿用作锅炉燃料。

7.1.1 问题描述

矿业公司最初期望确定来自一小煤矿床的褐煤的热值。矿业公司将一些来自该矿床的密封样品送至本实验室。基于这些样品,他们期望本实验室回答如下两个问题:

(1) 样品热值的测量结果有多好?

(2) 来自这一矿床的褐煤的平均热值是多少,而且这个平均值的不确定度是多少?

对于第一个问题,本质上关注的是在零阶复现水平下的不确定度,即当仅考虑测量系统的系统误差和随机误差引起的不确定度。为了回答第一个问题,应考虑将测量系统中的系统和随机不确定度合成单次热值测量值的不确定度。

即使来自同一矿床的褐煤,它们的灰分和水分仍有可能差别巨大。基于这个原因,样本热值的测量值之间必存在差异,因为材料物理上的变化。因此,第一个问题确定的不确定度可能不同于第二个问题确定的不确定度。第二个问题确定的不确定度本质上是指在 N 阶复现水平下的不确定度。在此水平下，材料的变化连同测量系统的系统不确定度和随机不确定度将被一起包含进来。

7.1.2 测量系统

利用图 7.1 所示的氧弹式量热计可测量褐煤的热值。这种装置是进行此类测量的标准商用系统。被测的燃料样本先被密封在一个金属压力容器之中；容器内随后被充满氧气。这个压力容器（炮弹）被置于一个装有 2000g 水的桶中。通过电熔丝点燃燃料后，燃料燃烧释放的热量被金属压力容器和水吸收了。通过测量水的温升，燃料的热值通过量热计中的能量平衡确定下来，其表达式为

$$H = [(T_2 - T_1)C - e]/M \tag{7.1}$$

式中：H 为热值（cal/g）；T 为温度（°F 或 °R）；C 为经校准的量热计的能量当量常数（cal/°R）；e 为金属熔丝燃烧释放的能量（cal）；M 为燃料样本的质量（g）。

需要注意的是，如果产生蒸汽并冷凝成液体，这表明燃料具有更高的热值。

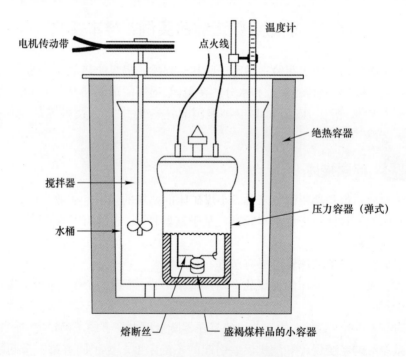

图 7.1 氧弹式量热计的示意图

在如下的讨论中，首先介绍在零阶复现水平下的详细不确定度分析及其应用。下一步介绍实验阶段，即根据多个样品确定热值。这些数据随后用于计算与测量系统和样品中灰分和水分变化有关的随机不确定度——这对应于一阶复现

水平下的分析。最后,在 N 阶复现水平下,将来自于材料的变化与测量系统引起的随机不确定度和测量系统的系统不确定度合成为该褐煤平均热值的不确定度。

7.1.3 零阶复现水平分析

从氧弹量热计系统采集的数据可用于确定每一块褐煤样品的热值,其数据简化方程为

$$H = [(T_2 - T_1)C - e]/M \qquad (7.1)$$

以高纯度的苯甲酸作为燃料已确定了系统的校准常数。在这一校准中,通过多次实验确定 C 的平均值为 $1385\text{cal}^{①}/°\text{R}$。这个平均值的随机标准不确定度为 $4\text{cal}/°\text{R}$,校准常数的系统标准不确定度为 $1\text{cal}/°\text{R}$。因此,校准常数的合成不确定度为

$$u_C = [(4)^2 + (1)^2]^{0.5} = 4.1(\text{cal}/°\text{R}) \qquad (7.2)$$

当常数 C 在式(7.1)中使用时,与该数值有关的不确定度总是 $4.1\text{cal}/°\text{R}$。即使这个不确定度本质上是系统不确定度和随机不确定度合成而成,但是当常数 $C = 1385\text{cal}/°\text{R}$ 时,它在所有计算中被"冻结"为系统标准不确定度 $b_{C,B}$。

需要注意的是,校准常数的系统标准不确定度采用符号 b_C,但是下角标还添加了一个 B,这表示该不确定度的类型已根据 GUM 1993 被划分为类型 B。由于它是基于统计数据和其他非统计信息计算的,根据定义可划分为 B 类不确定度。这样的双下标标识是非常有用的,它不仅提供了不确定度的工程信息,而且还表明采用了 GUM 1993 评定方法。

当利用氧弹量热计进行热值测量时,系统与标定时是一样的。因而,温度、质量和金属熔丝释放的能量的不确定度可利用校准常数的不确定度代替。

利用最小刻度为 $0.05°\text{F}$ 的温度计进行温度 T_1 和 T_2 的测量。为了确定这一温度计测量的温度的随机不确定度,让不同的人读一个处于稳定状态的温度。基于这些读数计算随机标准不确定度为 $0.026°\text{F}$。因此,单次温度测量值的随机不确定度为 $s_{T,A}$,并作为其随机标准不确定度的估计值。

金属熔丝自带一个指示热量的标尺,其最小刻度为 1.0cal。根据这个刻度和熔丝的长度测量值,其 95% 置信度下的随机不确定度估计值为 0.5cal,那么,随机标准不确定度是这个值的 $1/2$,即 0.25cal。式(7.1)中的金属熔丝修正 e 是金属熔丝最初的长度与未燃烧的长度之间的差,其中未燃烧部分的长度可在实验之后确定。由泰勒级数法可知,e 的随机不确定度 $s_{e,B}$ 是两个熔丝长度的随机

---

① $1\text{cal} \approx 4.18\text{J}$。

标准不确定度平方和的平方根,即 0.35cal。下角标 B 表示金属熔丝释放能量的随机不确定度是通过估计得到的而非通过数据计算得到的。

燃料质量是利用分辨率为 0.0001g 的电子天平测量的。根据观察电子读数器读数的跳动,估计质量测量值的 95% 置信度的随机不确定度为 0.0002g,由此可得随机标准不确定度为 0.0001g。式(7.1)中的质量 M 与金属熔丝长度相似:它是装有褐煤的容器质量与空容器质量这两个测量值之差。因此,利用泰勒级数法合成这两个质量的随机不确定度可得 M 的随机不确定度 $s_{M,B}$ 是 0.00014g。所有变量的系统不确定度和随机不确定度的零阶估计值汇总于表 7.1。

表 7.1 热值计算中所涉变量的系统和随机不确定度的零阶估计值

变量	系统标准不确定度	类型(GUM 1993)	随机标准不确定度	类型(GUM 1993)
T_1	—	—	0.026°F	A
T_2	—	—	0.026°F	A
C	4.1cal/°R	B	—	—
e	—	—	0.35cal	B
M	—	—	0.00014g	B

根据褐煤热值的表达式:

$$H = [(T_2 - T_1)C - e]/M$$

进行不确定度分析的相关偏导数分别为

$$\partial H/\partial T_2 = C/M \tag{7.3}$$

$$\partial H/\partial T_1 = -C/M \tag{7.4}$$

$$\partial H/\partial C = (T_2 - T_1)/M \tag{7.5}$$

$$\partial H/\partial e = -1/M \tag{7.6}$$

$$\partial H/\partial M = -H/M \tag{7.7}$$

基于式(5.2),用于确定 b_H 的不确定度分析表达式为

$$b_H^2 = \left(\frac{\partial H}{\partial C} b_C\right)^2 \tag{7.8}$$

将偏导数代入可得

$$b_H^2 = \left(\frac{T_2 - T_1}{M}\right)^2 b_C^2 \tag{7.9}$$

在确定 b_H 的具体数据之前,还需确定式(7.9)中各实验变量的名义值。在

本例中,因为原先实验的数据是可利用的,如表7.2所列,表7.2中的那些数据连同表7.1中的系统标准不确定度的估计值计算得到结果的系统不确定度为

$$b_H^2 = 181 \tag{7.10}$$

或

$$b_H = 13 \text{cal/g} \tag{7.11}$$

对于这个计算过程,"冻结的"校准常数的不确定度就是热值的系统不确定度。

表7.2 来自原先实验的名义值

被测变量	参数值
T_1	75.25 °F
T_2	78.55 °F
C	1385 cal/°R
e	12 cal
M	1.0043 g

$$H = [(T_2 - T_1)C - e]/M = 4539 \text{cal/g}$$

基于式(5.4)可得结果的随机标准不确定度为

$$s_H^2 = \left(\frac{\partial H}{\partial T_2}s_{T_2}\right)^2 + \left(\frac{\partial H}{\partial T_1}s_{T_1}\right)^2 + \left(\frac{\partial H}{\partial C}s_C\right)^2 + \left(\frac{\partial H}{\partial e}s_e\right)^2 + \left(\frac{\partial H}{\partial M}s_M\right)^2 \tag{7.12}$$

代入偏导数的具体表达式可得

$$s_H^2 = \left(\frac{C}{M}s_{T_2}\right)^2 + \left(-\frac{C}{M}s_{T_1}\right)^2 + \left(\frac{T_2-T_1}{M}s_C\right)^2 + \left(\frac{1}{M}s_e\right)^2 + \left(\frac{H}{M}s_M\right)^2 \tag{7.13}$$

利用表7.1和表7.2的数值可得随机标准不确定度为

$$\begin{array}{ccccc} (T_2) & (T_1) & (c) & (e) & (M) \\ s_H^2 = 1286 + 1286 + 0 + 0.12 + 0.4 \end{array} \tag{7.14}$$

或

$$s_H = 51 \text{cal/g} \tag{7.15}$$

由此可知,温度的随机不确定度是主导因素。

至此可解答一个样品的热值测量有多好这一问题。基于式(3.34)可得热值在95%置信水平下的不确定度为

$$U_H = 2(b_H^2 + s_H^2)^{1/2} \tag{7.16}$$

利用计算的系统不确定度和随机不确定度,结果的不确定度为

$$U_H = 2 \times (13^2 + 51^2)^{1/2} = 105 \text{cal/g} \tag{7.17}$$

在本实验中,褐煤热值在零阶复现水平下不确定度的估计值约为2%。

7.1.4 一阶复现水平分析

矿业公司又提供了26个密封的样品至实验室,并利用氧弹量热计测定了每个样品的热值,如表7.3所列。

表7.3 26个褐煤样品的热值

样品编号	热值/(cal/g)
1	4572
2	4568
3	4547
4	4309
5	4383
6	4354
7	4533
8	4528
9	4383
10	4546
11	4539
12	4501
13	4462
14	4381
15	4642
16	4481
17	4528
18	4547
19	4541
20	4612
21	4358
22	4386
23	4446
24	4539
25	4478
26	4470

根据这些结果,利用3.3.2.2节介绍的方法直接计算 H 的平均值及其随机不确定度。这些热值的平均值为

$$\overline{H} = 4486 \text{cal/g} \quad (7.18)$$

26 个结果的标准差为

$$s_H = 87.2 \text{cal/g} \quad (7.19)$$

这个随机标准不确定大于单一样品的不确定度 51cal/g，这看似是合理的，因为它同时包含了测量系统和样本与样本材料成分变化的随机不确定度。它是一阶复现水平下的随机不确定度。

将一阶随机标准不确定度的各分量分为零阶和样本与样本间材料的变化这两类，并记为

$$(s_H)_{1st}^2 = (s_H)_{zeroth}^2 + (s_H)_{mat}^2 \quad (7.20)$$

既然一阶随机不确定度已确定为 87.2cal/g，而且零阶随机不确定度已确定为 51cal/g，因而褐煤成分随样本与样本间的变化所引起的随机标准不确定度为

$$(s_H)_{mat} = [(s_H)_{1st}^2 - (s_H)_{zeroth}^2]^{1/2} = (87.2^2 - 51^2)^{1/2} \approx 71 \text{cal/g} \quad (7.21)$$

这个估计值是非常有用的，因为它表明由于矿床内褐煤成分的变化而引起的随机标准不确定度实际上大于测量系统引起的随机不确定度。当然，这个估计值应该落入 2.4 节介绍的"不确定度的不确定度"这一概念范围内。

本节的分析阐述了一阶复现水平分析在样本实验中的用途。除此之外，一旦得到零阶随机不确定度的估计值和直接从多个样本结果中计算得到一阶随机不确定度的估计值，就能估计得到样本之间材料变化的影响。

7.1.5 N 阶复现水平分析

在此可回答最初两个问题中的第二个问题，即矿业公司需要确定被调查矿床的褐煤平均热值及其不确定度。通过对 26 个样本进行实验已经确定了热值的平均值为 4486cal/g。

平均值的不确定度为

$$U_{\overline{H}} = 2(b_H^2 + s_{\overline{H}}^2)^{1/2} \quad (7.22)$$

其中

$$s_{\overline{H}} = s_H / \sqrt{M} \quad (7.23)$$

将式(7.19)得到的 s_H 代入式(7.23)可得

$$s_{\overline{H}} = 87.2/\sqrt{26} \approx 17.1 (\text{cal/g}) \quad (7.24)$$

和

$$U_{\overline{H}} = 2 \times (13^2 + 17.1^2)^{1/2} \approx 43 \text{cal/g} \tag{7.25}$$

其中,式(7.11)所示的零阶复现水平下的系统标准不确定度在此也已被采用了。因此,褐煤热值平均值的真值在(4486 ± 43) cal/g 的范围内,且具有95%的置信水平,或者说约为 4500cal/g,且在95%置信水平下的扩展不确定度约为1%。

需要注意的是,本实验中仅展示了零阶复现水平下重要的系统误差源。这使得N阶系统不确定度与零阶系统不确定度相同。受安装、传感器与环境相互作用和其他未考虑的零阶误差源引起的系统误差的影响,上述结果通常是不成立的。通常来说,$(b_r)_{Nth} > (b_r)_{zeroth}$。

7.2 泰勒级数法综合实例:平衡验证的运用

平衡验证是基本物理守恒定律(能量、质量、电流等)在实验中的应用。使用平衡验证的原因有两个:第一,在调试/确认阶段,守恒定律的应用能帮助确定是否存在未注意到的错误。如果测量值的平衡验证超出不确定度估计值的范围(N阶),那么调试/确认阶段就不能结束。第二,可利用在确认阶段已经满足的平衡验证来监视实验的执行阶段。例如,如果一个平衡突然不再满足,那么这意味着仪表或者过程本身发生了未知的变化。平衡验证可能需要比实验本身更多的测量值。在实验设计阶段必须对这些额外的测量值加以考虑。

对于图7.2所示的流动系统,安装了三个流量计用于测量质量流量m_1、m_2和m_3。如果所有测量是完美的,那么质量守恒要求:

$$m_3 = m_1 + m_2 \tag{7.26}$$

然而,测量值中的不确定度使其不能完全成立。式(7.26)两边需要多接近才能判定通过平衡验证?

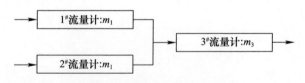

图7.2 流动系统的平衡验证实例

采用变量Δm作为质量守恒参数:

$$\Delta m = m_3 - m_1 - m_2 \tag{7.27}$$

现在的问题变为:Δm在多大程度上趋于0才能判定通过平衡验证?如果这个质量平衡在调试阶段用于检查实验或在执行阶段用于监视实验,那么必须回答这个问题。在本例中,利用式(3.6)和式(3.7)和质量流量在一段合适的时间内的测量值可直接确定 $s_{\Delta m}$ 为

$$s_{\Delta m}^2 = \sum_{k=1}^{M} (\Delta m_k - \overline{\Delta m})^2 / (M-1) \tag{7.28}$$

$$\overline{\Delta m} = \sum_{k=1}^{M} \Delta m_k / M \tag{7.29}$$

这是推荐的分析过程,既然这样的做法已经包含了在这一被定义为稳态条件下正常过程中的变化。

$b_{\Delta m}$ 的泰勒级数法传播公式为

$$b_{\Delta m}^2 = \left(\frac{\partial \Delta m}{\partial m_1}\right)^2 b_{m_1}^2 + \left(\frac{\partial \Delta m}{\partial m_2}\right)^2 b_{m_2}^2 + \left(\frac{\partial \Delta m}{\partial m_3}\right)^2 b_{m_3}^2 + 2\left(\frac{\partial \Delta m}{\partial m_1}\right)\left(\frac{\partial \Delta m}{\partial m_2}\right) b_{m_1 m_2} + 2\left(\frac{\partial \Delta m}{\partial m_1}\right)\left(\frac{\partial \Delta m}{\partial m_3}\right) b_{m_1 m_3} + 2\left(\frac{\partial \Delta m}{\partial m_2}\right)\left(\frac{\partial \Delta m}{\partial m_3}\right) b_{m_2 m_3} \tag{7.30}$$

其中, $b_{m_i m_j}$ 为 m_i 和 m_j 源于相同误差源的那部分系统不确定度,因而可包含相关误差。

由于

$$\frac{\partial \Delta m}{\partial m_1} = \frac{\partial \Delta m}{\partial m_2} = -1 \tag{7.31}$$

且

$$\frac{\partial \Delta m}{\partial m_3} = 1 \tag{7.32}$$

那么,式(7.30)变为

$$b_{\Delta m}^2 = b_{m_1}^2 + b_{m_2}^2 + b_{m_3}^2 + 2b_{m_1 m_2} - 2b_{m_1 m_3} - 2b_{m_2 m_3} \tag{7.33}$$

如果期望平衡验证能达到95%的置信度,那么需采用95%置信度的扩展不确定度:

$$U_{\Delta m}^2 = 2^2 (b_{\Delta m}^2 + s_{\Delta m}^2) \tag{7.34}$$

对于满足95%置信水平的平衡验证,有

$$|\Delta m| \leqslant U_{\Delta m} \tag{7.35}$$

为了研究 $U_{\Delta m}$ 随各种条件变化的特性,假设 $s_{\Delta m}$ 和所有的 b 均等于1kg/h, $b_{m_i m_j}$ 等于 $b_{m_i} b_{m_j}$ 并不可忽略不计。

(1) 随机不确定度占主导地位,所有系统不确定度忽略不计:

$$U_{\Delta m} = 2 s_{\Delta m} = 2.0 \text{kg/h}$$

因此, $|\Delta m| \leqslant 2.0$ kg/h 即可保证满足质量平衡。

(2) 随机不确定度忽略不计,所有系统不确定度非相关:

$$U_{\Delta m} = 2b_{\Delta m} = 2(b_{m_1}^2 + b_{m_2}^2 + b_{m_3}^2)^{1/2} = 2(1+1+1)^{1/2} = 3.5(\text{kg/h})$$

因此,$|\Delta m| \leq 3.5\text{kg/h}$ 即可保证满足质量平衡。

(3) 随机不确定度忽略不计,m_1 和 m_2 的系统误差相关:

$$U_{\Delta m} = 2b_{\Delta m} = 2(b_{m_1}^2 + b_{m_2}^2 + b_{m_3}^2 + 2b_{m_1 m_2})^{1/2}$$
$$= 2 \times (1+1+1+2 \times 1 \times 1)^{1/2} = 4.5(\text{kg/h})$$

因此,$|\Delta m| \leq 4.5\text{kg/h}$ 即可保证满足质量平衡。如果 m_1 和 m_2 的系统误差是利用同一个标准进行校准的,而 m_3 的系统误差是利用其他标准进行校准的,那么可能产生这种情形。

(4) 随机不确定度忽略不计,m_1、m_2 和 m_3 的系统误差相关:

$$U_{\Delta m} = 2b_{\Delta m} = 2(b_{m_1}^2 + b_{m_2}^2 + b_{m_3}^2 + 2b_{m_1 m_2} - 2b_{m_1 m_3} - 2b_{m_2 m_3})^{1/2}$$
$$= 2 \times (1+1+1+2 \times 1 \times 1 - 2 \times 1 \times 1 - 2 \times 1 \times 1)^{1/2} = 2.0(\text{kg/h})$$

因此,$|\Delta m| \leq 2.0\text{kg/h}$ 即可保证满足质量平衡。如果所有系统误差均来源于校准过程,而且所有流量计均是利用同一个标准进行校准的,那么就是这种情形。

(5) 随机不确定度和系统不确定度均不可忽略不计,且 m_1 和 m_2 的系统误差相关:

$$U_{\Delta m} = 2(b_{\Delta m}^2 + s_{\Delta m}^2)^{1/2} = 2(s_{\Delta m}^2 + b_{m_1}^2 + b_{m_2}^2 + b_{m_3}^2 + 2b_{m_1 m_2})^{1/2}$$
$$= 2 \times (1+1+1+1+2 \times 1 \times 1)^{1/2} = 4.9(\text{kg/h})$$

因此,$|\Delta m| \leq 4.9\text{kg/h}$ 可保证满足质量平衡。

综上所述,本例展示了利用不确定度分析原理进行平衡验证的方法。需要指出的是系统误差相关的情形可能对平衡是否满足具有非常重要的影响。

7.3 综合实例:稳态实验的调试和确认

一个实验完成计划和设计、仪器仪表选择和实验装置建造后,调试和确认是必要的。在这个阶段,通过确定和修正未预料到的问题,以保证实验装置达到可进行实验的状态。本节介绍一阶复现水平下的验证以调查稳态实验的散度。如果一阶随机不确定度的估计值 s,包含了所有重要随机误差源的影响,那么在实验调试阶段根据不同轮次散度确定的随机标准不确定度应与 s,符合较好。本节也介绍利用 N 阶扩展不确定度 U 对最新的结果与已确定的结果或者理论值进行对比。有时这可能仅仅对限定情况和条件进行比较,即使这些条件可能仅涉及了一部分实验运行的范围,这样的比较对实验而言依然是非常有价值的确认验证。

7.3.1 稳态实验中复现水平的阶数

不同阶次的复现水平这一概念在一个稳态实验的调试和确认阶段时非常有用。我们已经定义了一阶复现水平,它的主要用途是验证一个稳态实验结果r_i的重复性或散度。

在实验调试阶段,一阶复现水平的比较及其功用基于如下的逻辑。如果所有对被测变量和结果有影响的因素在确定s_r时被合理地考虑了,那么根据某一设定点处结果的散度确定的随机标准不确定度可用s_r近似。s_r是根据实验结果直接确定的随机标准不确定度。如果结果的随机不确定度大于预期的值,那么这表明存在一些未被认识到的但对实验的随机误差有影响的因素。这表明需要进一步对实验装置和实验流程进行额外的调试。

N 阶复现水平在实验调试/确认中的作用在于可将目前的实验结果与理论结果或之前实验项目已经确认的实验结果进行比较。既然 N 阶复现水平的比较可视为包含"真值"区间的比较,那么这样的比较通常是在某个选定的包含区间(蒙特卡罗法)或置信区间(泰勒级数法)内进行的。不同结果之间的符合程度可通过选择的区间固有的假设进行判断。在 N 阶水平下相符意味着对实验结果的不确定度有重要影响的所有因素均已包含在内。这样的比较及其相应的结果通常只针对实验的部分运行范围。

7.3.2 实例

以 6.1.2 节介绍过的风洞试验系统(THTTF)为例展示一个实验项目进行一阶和 N 阶复现水平的平衡验证过程[1],并讨论研究项目中系统标准不确定度的估计过程。

实验从设定自由来流速度v_∞的期望值开始,并利用计算机控制的数据采集和控制系统调整每块实验板的功率,以保证所有 24 块实验板壁面温度达到稳态值 T_w。一旦达到稳态,所有变量的值均被记录下来。通过数据简化方程简化实验数据,将其整理成 St 与 Re_x(如式(6.5)和式(6.6)定义)的形式并绘制在双对数坐标中。最初的确认实验计划采用光滑表面,v_∞ 在 12~67m/s 的范围内取 5 个值。

利用第 5 章和第 6 章介绍的方法在设计阶段进行详细不确定度分析已经表明,St 的随机不确定度与系统不确定度相比可忽略不计,那么

$$s_{St} \approx 0 \tag{7.36}$$

和

$$b_{St} \approx u_{St} \approx 1\% \sim 2\% \tag{7.37}$$

这个不确定分析结果表明在一个特别的设定点 v_∞，不同日期下的复现实验应该能获得几乎没有变化的 St 值。也就说，调试阶段一阶复现水平下的平衡验证表明不同轮次下的散度应该可忽略不计。图 7.3 所示的是 $v_\infty = 67\text{m/s}$ 时的重复数据。这些结果支持详细不确定度分析的 $s_{ST} \approx 0$ 的这个结论。然而，图 7.4 所示的是三次在设定点 $v_\infty = 57\text{m/s}$ 下的复现结果，它暴露了一个问题。1988 年 1 月 19 日获得的 St 明显地偏离了 1988 年 1 月 21 日和 26 日的结果，这三次复现表明 St 的散度不等于 0。因而，调试阶段还不能结束。

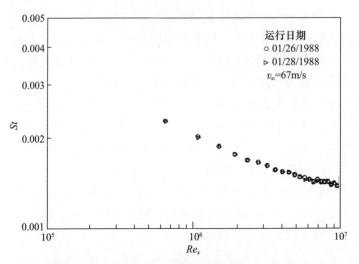

图 7.3　一阶复现水平下的调试验证（$v_\infty = 67\text{m/s}$）

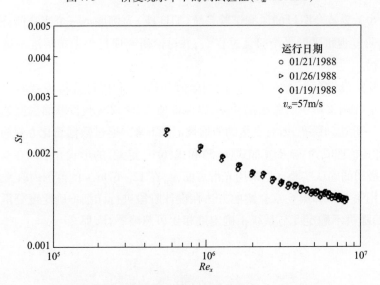

图 7.4　一阶复现水平下的调试验证（$v_\infty = 57\text{m/s}$）

在这种情形下,对三轮实验数据进行检查发现实验程序存在一个瑕疵,而与测量无关。在一轮实验的启动过程中(完成需要 4~8h),将实验室气压计测得的大气压值输入到计算机程序中用于控制和数据采集。在数据简化过程中使用相同的大气压值。1988 年 1 月 19 日,该地区遭遇严重的雷雨天气和飓风,大气压在几个小时内发生了巨大的变化。利用数据简化程序进行的数值实验和 1988 年 1 月 19 日的数据表明 St 的偏移可能是大气压的变化引起的,它发生在读取压力计读数之后,但在数据采集之前(实验装置达到稳态几个小时之后)。

在调试阶段,一阶复现水平下的这种验证发现了实验程序中的一个瑕疵,它引起了实验数据未预料到的变化。通过改变实验程序可以弥补这个问题,即要求所有变量的值在达到稳定后的几分钟内被确定和记录下来。

图 7.5 所示为 4 轮独立的在 $v_\infty = 12\text{m/s}$ 时的实验结果。显然,这机组数据同样与零随机不确定度不相符合。这些数据清楚地表明不同轮次间的散度并不可以忽略不计。研究表明在低自由来流速度($v_\infty = 12\text{m/s}$)时,传热系数相对较小,实验装置的时间常数因而变大。在这种条件下,实验装置的时间常数太大以至于装置中实验板电加热器电路的线电压以及换热器回路中来流冷却水的温度在相对较长的周期内变化,从而影响了实验装置维持稳态条件的能力。通过增加功率整定设备和冷却水系统这些额外的代价可以克服这些恼人的问题;然而,从研究项目的目标来说,不同轮次下实验结果(St)的散度仍在可接受的限值之内。需要注意的是,项目调试阶段并不会持续一年以上。1988 年 8 月 26 日的数据来自一位新研究生进行的检查工作。

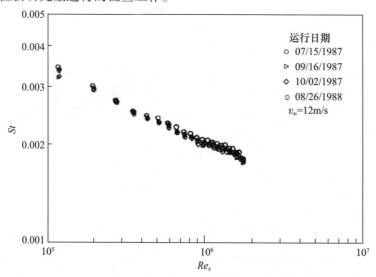

图 7.5 一阶复现水平下的调试验证($v_\infty = 12\text{m/s}$)

对$v_\infty = 12$m/s下多轮实验结果(St)的检查表明其随机不确定度约为2%。这来自于系统的不确定性,而非测量的不确定度。再次应用一阶复现水平验证,这有助于识别系统不确定性的影响,并有利于估计低自由来流速度情形下的新随机不确定度。

一旦在一阶复现水平下得到了令人满意的结论,那么可进行N阶复现水平下的验证。对于在实验项目研究的粗糙表面,由于既不存在已经确认的实验数据,也不存在可靠的理论结果,那么唯一的"真值"是光滑表面的$St \sim Re_x$数据,这些数据是广泛接受的,可作为验证的对比数据。雷诺(Reynolds)、凯斯(Kays)和克兰(Kline)[2]在1958年已报道过这样的数据,其雷诺数高达3500000。这些数据如图7.6所示,凯斯(Kays)和克劳福德(Crawford)[3]提出了幂指数形式的经验关联式:

$$St = 0.0287 (Re_x)^{-0.2} (Pr)^{-0.4} \tag{7.38}$$

式中:Pr为自由来流空气的普朗特数。

如图7.6所示,式(7.38)±5%的范围包含了95%的数据。如果这些数据作为标准,那么本质上可以说,在雷诺数100000~3500000的范围内,St有95%的置信度能落入式(7.38)±5%的范围内。

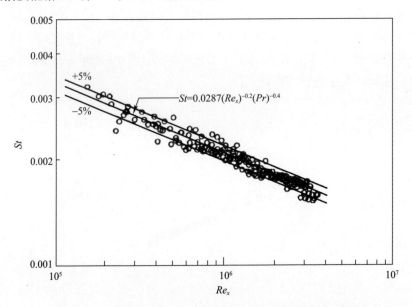

图7.6 雷诺等人报道的已被广泛接受作为标准的经典数据

图7.7所示为N阶复现水平下确认验证的结果。实验数据被绘制在图中,同时也提供了一些典型数据点的不确定度区间($\pm 2u_{St}$)。Re_x的不确定度区间

小于±2%,因而也小于图中符号的大小。在这种情形下,最新的实验结果几乎全部落入标准数据95%置信度的不确定度带内。因而,St在N阶复现水平下的确认验证在$100000<Re_x<3500000$的范围内得到了令人满意的结果。图7.7表明光滑表面的St在$Re_x>3500000$范围内的不确定度估计值也具有很大的可信度;利用相同的实验装置和相同的仪器获得的实验数据也具有很大的可信度。

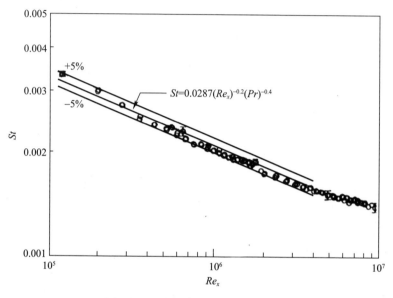

图7.7 N阶复现水平下的确认验证

7.4 综合实例:换热器试验装置的单个试验或比较试验

本例的主要目的是演示利用蒙特卡罗法和泰勒级数法进行单个试验和比较试验的不确定度分析。这个例子包含了分析的整个过程,但无具体数值。即将被分析的换热器试验装置主要用于测试换热器芯部的性能,其热空气-冷却水的结构布置如图7.8所示。

待测试的换热器芯部被安装在试验装置上,它包含所有测量仪器(测试不同的芯部并不需要新的仪表)。一支温度探针(T_1)安装于冷却水入口联箱,两支温度探针(T_2和T_3)安装于冷却水出口联箱。一台涡轮流量计用于测量冷却水的体积流量Q。

试验关注的是热空气至冷却水的换热量,它在某个设定点的数值可由如下的数据简化方程计算:

$$q = \rho Q c \left[(T_2 + T_3)/2 - T_1 \right] \tag{7.39}$$

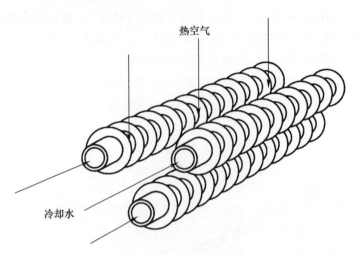

图 7.8　换热器流程示意图

式中：q 为热空气至冷却水的换热量；ρ 为冷却水密度；Q 为冷却水的体积流量；c 为冷却水平均温度下的比定压热容；T_2 和 T_3 为位于换热器冷却水出口联箱不同位置处的温度测量值；T_1 为位于换热器冷却水入口联箱内的温度测量值。

理论来讲，这个方程假设 T_1 是换热器芯部入口平面处稳态条件下的平均水温，$(T_2+T_3)/2$ 为换热器芯部出口平面处稳态条件下的平均水温。

1）试验结果 q 的随机标准不确定度

本试验装置是一个已经得到确认的试验装置，对单个换热器芯部在相同的名义设定点处进行了多次测量，也进行了拆除和重新安装试验。利用这些已有的试验数据得到了试验结果 q 的一个大样本的随机标准不确定度估计值 s_q。

2）系统标准不确定度

系统标准不确定度已经被识别出来，包括：

（1）密度 ρ，单一基本系统误差源，其系统标准不确定度为 b_ρ。

（2）流量 Q，单一基本系统误差源，其系统标准不确定度为 b_Q。

（3）比定压热容 c，单一基本系统误差源，其系统标准不确定度为 b_c。

（4）温度 T，两个基本系统误差源：对于 T_1，其系统标准不确定度为 $b_{T_{1,1}}$ 和 $b_{T_{1,2}}$；对于 T_2，其系统标准不确定度为 $b_{T_{2,1}}$ 和 $b_{T_{2,2}}$；对于 T_3，其系统标准不确定度为 $b_{T_{3,1}}$ 和 $b_{T_{3,2}}$。为了展示本例中所有的方面，基本误差源的这个数量是必要的，也是足够的。在实际的情形下，基本误差源的数量可能更多，但是对于展示的方法来说，只是增加更多的项，以包含更多的误差源。

对于本例,假设温度探针已经通过具有一组试验管的"同温"水浴进行了校准。对于每个校准设定点,探针被置于独立的试验管中,而且用于校准的标准也被置于独立的试验管中。在这种情形下,假设每个温度测量值的第一个基本系统误差源是来自校准标准,其相应的基本系统标准不确定度记为 $b_{T_{1,1}} \equiv b_{\text{std},1}$,$b_{T_{2,1}} \equiv b_{\text{std},2}$,$b_{T_{3,1}} \equiv b_{\text{std},3}$。

对于最一般的情形,探针可能是利用不同的标准校准的。目前的符号也适用这种情况。每个温度测量值的第二个基本系统误差源是来自水浴内温度的均匀性。假设水浴在校准点处于稳态,温度也无法是完全均匀的。在这种情形下,校准过程中标准所在位置处的温度与温度探针所在位置处的温度之差就是"误差"。在稳态校准过程中,移动标准至水浴不同位置处并记录各参考位置处的温差可以得到温差的分布,并将这个分布的标准差作为第二个系统不确定度的估计值,即 $b_{T_{1,2}} = b_{T_{2,2}} = b_{T_{3,2}} \equiv b_{\text{bath}}$。需要注意的是,虽然不确定度是相同的,但是如果校准过程中探针在水浴的不同位置处,由这个基本误差源引起的每支探针的误差是不相同的。由于这个原因,更为实用的定义为 $b_{T_{1,2}} \equiv b_{\text{bath},1}$,$b_{T_{2,2}} \equiv b_{\text{bath},2}$,$b_{T_{3,2}} \equiv b_{\text{bath},3}$。

7.4.1 单个试验件的不确定度

7.4.1.1 情形1:任何测量值中无相关误差源

三支温度探针未一起进行校准就属于这种情形,例如,温度探针来自不同的供应商。对于这种情形,假设每支探针仅存在一个重要的误差源(制造厂家的精度规格),其相应的系统标准不确定度分别为 b_{T_1}、b_{T_2} 和 b_{T_3}。

1)泰勒级数法

对于式(7.39)的数据简化方程,即

$$q = \rho Q c_p [(T_2 + T_3)/2 - T_1]$$

结果的系统标准不确定度为

$$b_q^2 = \left(\frac{\partial q}{\partial \rho} b_\rho\right)^2 + \left(\frac{\partial q}{\partial Q} b_Q\right)^2 + \left(\frac{\partial q}{\partial c} b_{c_p}\right)^2 + \left(\frac{\partial q}{\partial T_1} b_{T_1}\right)^2 + \left(\frac{\partial q}{\partial T_2} b_{T_2}\right)^2 + \left(\frac{\partial q}{\partial T_3} b_{T_3}\right)^2$$

(7.40)

结果的合成不确定度为

$$u_q^2 = b_q^2 + s_q^2 \qquad (7.41)$$

2)蒙特卡罗法

在蒙特卡罗方法中,假设每个变量的误差分布,将其标准差作为该变量的系统标准不确定度,并根据由此所得的系统误差进行一轮模拟试验。如图7.9所示,将所有系统误差源假设为均匀分布。本例中采用这个假设主要是为了简便性。在无任何可用信息的情况下,笔者经常采用这种假设。

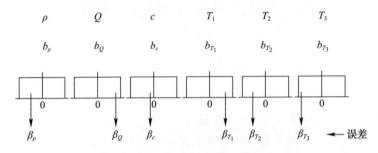

图 7.9 无相关误差时的蒙特卡罗法示意图

例如,对于第 i 轮,每个变量的测量值为

$$\rho_i = \rho_{\text{true}} + (\beta_\rho)_i$$
$$Q_i = Q_{\text{true}} + (\beta_Q)_i$$
$$c_i = c_{\text{true}} + (\beta_c)_i$$
$$T_{1,i} = (T_1)_{\text{true}} + (\beta_{T_1})_i$$
$$T_{2,i} = (T_2)_{\text{true}} + (\beta_{T_2})_i$$
$$T_{3,i} = (T_3)_{\text{true}} + (\beta_{T_3})_i \tag{7.42}$$

由此可得结果的值为

$$q_i = \rho_i Q_i c_i [(T_{2,i} + T_{3,i})/2 - T_{1,i}] + (\varepsilon_q)_i \tag{7.43}$$

其中,通过假设的误差分布与其标准差 s_q(q 的随机标准不确定度)可得结果的随机误差 $(\varepsilon_q)_i$。

重复上述过程 M 次可得 q 的一个由 M 个值组成的分布。这个分布的标准差为 u_q,即 q 的合成标准不确定度。利用 M 个 q 值可定义和计算一个包含区间,且不需要假设这 M 个值的分布形式。

7.4.1.2 情形 2:温度测量值存在可能的相关误差源

正如先前介绍的那样,标准和水浴不均匀性是温度测量值中的基本误差源。

1) 泰勒级数法分析

对于式(7.39)所示的数据简化方程:

$$q = \rho Q c[(T_2 + T_3)/2 - T_1]$$

其系统不确定度为

$$b_q^2 = \left(\frac{\partial q}{\partial \rho}b_\rho\right)^2 + \left(\frac{\partial q}{\partial Q}b_Q\right)^2 + \left(\frac{\partial q}{\partial c}b_c\right)^2 + \left(\frac{\partial q}{\partial T_1}b_{T_1}\right)^2 + \left(\frac{\partial q}{\partial T_2}b_{T_2}\right)^2 + \left(\frac{\partial q}{\partial T_3}b_{T_3}\right)^2 +$$

$$2\left(\frac{\partial q}{\partial T_1}\right)\left(\frac{\partial q}{\partial T_2}\right)b_{T_1 T_2} + 2\left(\frac{\partial q}{\partial T_1}\right)\left(\frac{\partial q}{\partial T_3}\right)b_{T_1 T_3} + 2\left(\frac{\partial q}{\partial T_2}\right)\left(\frac{\partial q}{\partial T_3}\right)b_{T_2 T_3} \quad (7.44)$$

$$b_{T_1}^2 = b_{T_{\text{std},1}}^2 + b_{T_{\text{bath},1}}^2 \quad (7.45)$$

$$b_{T_2}^2 = b_{T_{\text{std},2}}^2 + b_{T_{\text{bath},2}}^2 \quad (7.46)$$

$$b_{T_3}^2 = b_{T_{\text{std},3}}^2 + b_{T_{\text{bath},3}}^2 \quad (7.47)$$

如果三支温度探针是利用不同的标准进行校准的,且在校准过程中位于水浴的不同位置处。这种情形虽然是不可能的,但是为了分析的完整性,值得考虑的情形。在这种情形下,不存在相关的误差源,且

$$b_{T_1 T_2} = b_{T_1 T_3} = b_{T_2 T_3} = 0 \quad (7.48)$$

如果三支温度探针利用同一标准进行校准的,但位于水浴的不同位置处,那么

$$b_{T_1 T_2} = b_{T_{\text{std},1}} b_{T_{\text{std},2}}$$

$$b_{T_1 T_3} = b_{T_{\text{std},1}} b_{T_{\text{std},3}}$$

$$b_{T_2 T_3} = b_{T_{\text{std},2}} b_{T_{\text{std},3}} \quad (7.49)$$

如果三支温度探针是利用同一标准校准的,且位于水浴的相同位置处,但是与标准位于不同的位置上,那么

$$b_{T_1 T_2} = b_{T_{\text{std},1}} b_{T_{\text{std},2}} + b_{T_{\text{bath},1}} b_{T_{\text{bath},2}}$$

$$b_{T_1 T_3} = b_{T_{\text{std},1}} b_{T_{\text{std},3}} + b_{T_{\text{bath},1}} b_{T_{\text{bath},3}}$$

$$b_{T_2 T_3} = b_{T_{\text{std},2}} b_{T_{\text{std},3}} + b_{T_{\text{bath},2}} b_{T_{\text{bath},3}} \quad (7.50)$$

由式(7.41)可知 q 的合成不确定度为

$$u_q^2 = b_q^2 + s_q^2$$

虽然结果对 ρ、Q 和 c 的导数是被测温度的函数,但是其对温度的导数不是温度本身的函数,且利用这些导数可对式(7.44)可进行简化。结果对温度的导数为

$$\frac{\partial q}{\partial T_1} = -\rho Q c \quad (7.51)$$

$$\frac{\partial q}{\partial T_2} = \frac{\partial q}{\partial T_3} = \frac{1}{2}\rho Q c \quad (7.52)$$

将式(7.51)和式(7.52)代入式(7.44),b_q^2 可变为

$$b_q^2 = \left(\frac{\partial q}{\partial \rho}b_\rho\right)^2 + \left(\frac{\partial q}{\partial Q}b_Q\right)^2 + \left(\frac{\partial q}{\partial c}b_c\right)^2 + (-\rho Q c b_{T_1})^2 + \left(\frac{1}{2}\rho Q c b_{T_2}\right)^2 +$$

$$\left(\frac{1}{2}\rho Q c b_{T_3}\right)^2 + 2(-\rho Q c)\left(\frac{1}{2}\rho Q c\right)b_{T_1 T_2} + 2(-\rho Q c)\left(\frac{1}{2}\rho Q c\right)b_{T_1 T_3} +$$

$$2\left(\frac{1}{2}\rho Q c\right)\left(\frac{1}{2}\rho Q c\right)b_{T_2 T_3} \tag{7.53}$$

或

$$b_q^2 = \left(\frac{\partial q}{\partial \rho}\right)^2 b_\rho^2 + \left(\frac{\partial q}{\partial Q}\right)^2 b_Q^2 + \left(\frac{\partial q}{\partial c}\right)^2 b_c^2 + (\rho Q c)^2 b_{T_1}^2 + \frac{1}{4}(\rho Q c)^2 b_{T_2}^2 + \frac{1}{4}(\rho Q c)^2 b_{T_3}^2 -$$

$$(\rho Q c)^2 b_{T_1 T_2} - (\rho Q c)^2 b_{T_1 T_3} + \frac{1}{2}(\rho Q c)^2 b_{T_2 T_3} \tag{7.54}$$

因此,两个相关项是负的,一个相关项是正的。这表明,通过选择合适的校准方式,使一些误差源相关而另一些不相关,可以减小 b_q。

2) 蒙特卡罗法分析

正如情形1所示的蒙特卡罗法,假设每个变量的误差分布,将其标准差作为该变量的系统标准不确定度,并根据由此所得的系统误差进行一轮模拟试验。如图7.10所示,所有系统误差源均假设为均匀分布。

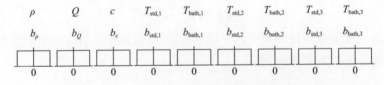

图 7.10 展示基本误差源的蒙特卡罗法示意图

如果三支温度探针利用不同的标准进行校准,且在校准过程中被置于水浴中的不同位置。虽然这是不太可能的,但是为了分析的完整性,这种情形依然值得考虑。那么,在此情形下,不存在相关的误差源,而且可从图7.10所示的分布中得到单一误差 β。由此可得

$$\begin{aligned}
\rho_i &= \rho_{\text{true}} + (\beta_\rho)_i \\
Q_i &= Q_{\text{true}} + (\beta_Q)_i \\
c_i &= c_{\text{true}} + (\beta_c)_i \\
T_{1,i} &= (T_1)_{\text{true}} + (\beta_{\text{std},1})_i + (\beta_{\text{bath},1})_i \\
T_{2,i} &= (T_2)_{\text{true}} + (\beta_{\text{std},2})_i + (\beta_{\text{bath},2})_i \\
T_{3,i} &= (T_3)_{\text{true}} + (\beta_{\text{std},3})_i + (\beta_{\text{bath},3})_i
\end{aligned} \tag{7.55}$$

结果的值为

$$q_i = \rho_i Q_i c_i [(T_{2,i} + T_{3,i})/2 - T_{1,i}] + (\varepsilon_q)_i$$

其中，通过假设的误差分布与其标准差 s_q（q 的随机标准不确定度）可得结果的随机误差 $(\varepsilon_q)_i$。

如果三支温度探针是利用相同的标准校准的，且在校准过程中被置于水浴中的不同位置上，那么在第 i 次蒙特卡罗迭代中，三个温度测量值来自误差源1（标准）的误差应该是完全相同的。因而，在第 i 次迭代中，基于 $T_{\text{std},1}$ 的误差分布可得误差 β_{std}，并可令

$$(\beta_{\text{std},1})_i = (\beta_{\text{std},2})_i = (\beta_{\text{std},3})_i \equiv (\beta_{\text{std}})_i \tag{7.56}$$

那么

$$\begin{aligned} T_{1,i} &= (T_1)_{\text{true}} + (\beta_{\text{std}})_i + (\beta_{\text{bath},1})_i \\ T_{2,i} &= (T_2)_{\text{true}} + (\beta_{\text{std}})_i + (\beta_{\text{bath},2})_i \\ T_{3,i} &= (T_3)_{\text{true}} + (\beta_{\text{std}})_i + (\beta_{\text{bath},3})_i \end{aligned} \tag{7.57}$$

利用上式再次计算结果的值为

$$q_i = \rho_i Q_i c_i [(T_{2,i} + T_{3,i})/2 - T_{1,i}] + (\varepsilon_q)_i$$

其中，通过假设的误差分布与其标准差 s_q（q 的随机标准不确定度）可得结果的随机误差 $(\varepsilon_q)_i$。

如果三支温度探针是利用同一标准校准的，且在校准过程中位于水浴的相同位置处，但是与标准位于不同的位置上，那么在第 i 次蒙特卡罗迭代中，三个温度测量值来自误差源1（标准）的误差应该是完全相同的，而且来自误差源2（水浴的不均匀性）的误差也应该完全相同。因而，第 i 次迭代中，基于 $T_{\text{std},1}$ 的误差分布可得误差 β_{std}，并可令

$$(\beta_{\text{std},1})_i = (\beta_{\text{std},2})_i = (\beta_{\text{std},3})_i \equiv (\beta_{\text{std}})_i \tag{7.58}$$

基于 $T_{\text{bath},1}$ 的误差分布可得误差 β_{bath}，并可令

$$(\beta_{\text{bath},1})_i = (\beta_{\text{bath},2})_i = (\beta_{\text{bath},3})_i \equiv (\beta_{\text{bath}})_i \tag{7.59}$$

那么

$$\begin{aligned} T_{1,i} &= (T_1)_{\text{true}} + (\beta_{\text{std}})_i + (\beta_{\text{bath}})_i \\ T_{2,i} &= (T_2)_{\text{true}} + (\beta_{\text{std}})_i + (\beta_{\text{bath}})_i \\ T_{3,i} &= (T_3)_{\text{true}} + (\beta_{\text{std}})_i + (\beta_{\text{bath}})_i \end{aligned} \tag{7.60}$$

利用式(7.59)和式(7.60)计算得到的结果，可得

$$q_i = \rho_i Q_i c_i [(T_{2,i} + T_{3,i})/2 - T_{1,i}] + (\varepsilon_q)_i$$

重复上述过程 M 次可得 q 的一个由 M 个数值组成的分布。这个分布的标准差为 u_q，即 q 的合成标准不确定度。利用 M 个 q 值可定义和计算一个包含区

间,且不需要假设这 M 个数值的分布形式。

7.4.2 两个试验件的不确定度

第一个设计记为 f,第二个设计记为 g,两个设计的传热量之差的数据简化方程为

$$\Delta q = q_f - q_g \tag{7.61}$$

或

$$\Delta q = \rho_f Q_f c_f [(T_{2,f} + T_{3,f})/2 - T_{1,f}] - \rho_g Q_g c_g [(T_{2,g} + T_{3,g})/2 - T_{1,g}] \tag{7.62}$$

1) 结果 Δq 的随机不确定度

对于本例,假设试验 f 和 g 的不确定度均为 s_q;利用泰勒级数法传播公式可估计结果 Δq 的随机标准不确定度:

$$s_{\Delta q}^2 = \left(\frac{\partial \Delta q}{\partial q_f}\right)^2 s_q^2 + \left(\frac{\partial \Delta q}{\partial q_g}\right)^2 s_q^2 \tag{7.63}$$

既然两个偏导数分别 1 和 -1,那么

$$s_{\Delta q} = \sqrt{2} s_q \tag{7.64}$$

2) 结果 Δq 的系统标准不确定度的泰勒级数法

如果单次试验中 T_1、T_2 和 T_3 测量值不受相关误差源的影响,由泰勒级数法可得

$$\begin{aligned}
b_{\Delta q}^2 = &\left(\frac{\partial \Delta q}{\partial \rho}\right)_f^2 b_{\rho_f}^2 + \left(\frac{\partial \Delta q}{\partial \rho}\right)_g^2 b_{\rho_g}^2 + 2 \left(\frac{\partial \Delta q}{\partial \rho}\right)_f \left(\frac{\partial \Delta q}{\partial \rho}\right)_g b_{\rho_f \rho_g} + \left(\frac{\partial \Delta q}{\partial Q}\right)_f^2 b_{Q_f}^2 + \\
&\left(\frac{\partial \Delta q}{\partial Q}\right)_g^2 b_{Q_g}^2 + 2 \left(\frac{\partial \Delta q}{\partial Q}\right)_f \left(\frac{\partial \Delta q}{\partial Q}\right)_g b_{Q_f Q_g} + \left(\frac{\partial \Delta q}{\partial c}\right)_f^2 b_{c_f}^2 + \left(\frac{\partial \Delta q}{\partial c}\right)_g^2 b_{c_g}^2 + \\
&2 \left(\frac{\partial \Delta q}{\partial c}\right)_f \left(\frac{\partial \Delta q}{\partial c}\right)_g b_{c_f c_g} + \left(\frac{\partial \Delta q}{\partial T_1}\right)_f^2 b_{T_{1,f}}^2 + \left(\frac{\partial \Delta q}{\partial T_1}\right)_g^2 b_{T_{1,g}}^2 + \\
&2 \left(\frac{\partial \Delta q}{\partial T_1}\right)_f \left(\frac{\partial \Delta q}{\partial T_1}\right)_g b_{T_{1,f} T_{1,g}} + \left(\frac{\partial \Delta q}{\partial T_2}\right)_f^2 b_{T_{2,f}}^2 + \left(\frac{\partial \Delta q}{\partial T_2}\right)_g^2 b_{T_{2,g}}^2 + \\
&2 \left(\frac{\partial \Delta q}{\partial T_2}\right)_f \left(\frac{\partial \Delta q}{\partial T_2}\right)_g b_{T_{2,f} T_{2,g}} + \left(\frac{\partial \Delta q}{\partial T_3}\right)_f^2 b_{T_{3,f}}^2 + \left(\frac{\partial \Delta q}{\partial T_3}\right)_g^2 b_{T_{3,g}}^2 + \\
&2 \left(\frac{\partial \Delta q}{\partial T_3}\right)_f \left(\frac{\partial \Delta q}{\partial T_3}\right)_g b_{T_{3,f} T_{3,g}}
\end{aligned} \tag{7.65}$$

既然试验 f 和 g 利用相同的仪器,那么试验 f 中的每个被测变量与试验 g 中相应的变量存在相关误差。

结果对 ρ、Q 和 c 的导数是被测温度的函数,但是其对温度的导数并不是温

度本身的函数,且利用这些导数可对式(7.65)可进行代数简化。结果对温度的导数为

$$\frac{\partial \Delta q}{\partial T_{1,f}} = -(\rho Q c)_f$$

$$\frac{\partial \Delta q}{\partial T_{2,f}} = \frac{\partial \Delta q}{\partial T_{3,f}} = \frac{1}{2}(\rho Q c)_f$$

$$\frac{\partial \Delta q}{\partial T_{1,g}} = (\rho Q c)_g \quad (7.66)$$

$$\frac{\partial \Delta q}{\partial T_{2,g}} = \frac{\partial \Delta q}{\partial T_{3,g}} = -\frac{1}{2}(\rho Q c)_g$$

将上述导数代入式(7.65),$b_{\Delta q}^2$ 的泰勒级数法表达式可写为

$$\begin{aligned} b_{\Delta q}^2 =& \left(\frac{\partial \Delta q}{\partial \rho}\right)_f^2 b_{\rho_f}^2 + \left(\frac{\partial \Delta q}{\partial \rho}\right)_g^2 b_{\rho_g}^2 + 2\left(\frac{\partial \Delta q}{\partial \rho}\right)_f \left(\frac{\partial \Delta q}{\partial \rho}\right)_g b_{\rho_f \rho_g} + \left(\frac{\partial \Delta q}{\partial Q}\right)_f^2 b_{Q_f}^2 + \left(\frac{\partial \Delta q}{\partial Q}\right)_g^2 b_{Q_g}^2 + \\ & 2\left(\frac{\partial \Delta q}{\partial Q}\right)_f \left(\frac{\partial \Delta q}{\partial Q}\right)_g b_{Q_f Q_g} + \left(\frac{\partial \Delta q}{\partial c}\right)_f^2 b_{c_f}^2 + \left(\frac{\partial \Delta q}{\partial c}\right)_g^2 b_{c_g}^2 + 2\left(\frac{\partial \Delta q}{\partial c}\right)_f \left(\frac{\partial \Delta q}{\partial c}\right)_g b_{c_f c_g} + \\ & (\rho Q c)_f^2 b_{T_{1,f}}^2 + (\rho Q c)_g^2 b_{T_{1,g}}^2 - 2(\rho Q c)_f (\rho Q c)_g b_{T_{1,f} T_{1,g}} + \frac{1}{4}(\rho Q c)_f^2 b_{T_{2,f}}^2 + \\ & \frac{1}{4}(\rho Q c)_g^2 b_{T_{2,g}}^2 - \frac{1}{2}(\rho Q c)_f (\rho Q c)_g b_{T_{2,f} T_{2,g}} + \frac{1}{4}(\rho Q c)_f^2 b_{T_{3,f}}^2 + \frac{1}{4}(\rho Q c)_g^2 b_{T_{3,g}}^2 - \\ & \frac{1}{2}(\rho Q c)_f (\rho Q c)_g b_{T_{3,f} T_{3,g}} \end{aligned} \quad (7.67)$$

试验 g 中每个被测温度与试验 f 中相应的被测温度具有相同的误差源,那么

$$\begin{aligned} b_{T_{1,f}} = b_{T_{1,g}} = \sqrt{b_{\text{std},1}^2 + b_{\text{bath},1}^2} \equiv b_{T_1} \\ b_{T_{2,f}} = b_{T_{2,g}} = \sqrt{b_{\text{std},2}^2 + b_{\text{bath},2}^2} \equiv b_{T_2} \\ b_{T_{3,f}} = b_{T_{3,g}} = \sqrt{b_{\text{std},3}^2 + b_{\text{bath},3}^2} \equiv b_{T_3} \end{aligned} \quad (7.68)$$

且

$$\begin{aligned} b_{T_{1,f} T_{1,g}} = b_{\text{std},1} b_{\text{std},1} + b_{\text{bath},1} b_{\text{bath},1} = b_{\text{std},1}^2 + b_{\text{bath},1}^2 \equiv b_{T_1}^2 \\ b_{T_{2,f} T_{2,g}} = b_{\text{std},2} b_{\text{std},2} + b_{\text{bath},2} b_{\text{bath},2} = b_{\text{std},2}^2 + b_{\text{bath},2}^2 \equiv b_{T_2}^2 \\ b_{T_{3,f} T_{3,g}} = b_{\text{std},3} b_{\text{std},3} + b_{\text{bath},3} b_{\text{bath},3} = b_{\text{std},3}^2 + b_{\text{bath},3}^2 \equiv b_{T_3}^2 \end{aligned} \quad (7.69)$$

两个试验运行在"相同的"设定点,那么

$$(\rho Q c)_f \cong (\rho Q c)_g \equiv \rho Q c \quad (7.70)$$

$b_{\Delta q}^2$ 表达式的最后 9 项变为

$$(\rho Qc)_f^2 b_{T_1,f}^2 + (\rho Qc)_g^2 b_{T_1,g}^2 - 2(\rho Qc)_f (\rho Qc)_g b_{T_{1,f}T_{1,g}} + \frac{1}{4}(\rho Qc)_f^2 b_{T_2,f}^2 +$$

$$\frac{1}{4}(\rho Qc)_g^2 b_{T_2,g}^2 - \frac{1}{2}(\rho Qc)_f (\rho Qc)_g b_{T_{2,f}T_{2,g}} + \frac{1}{4}(\rho Qc)_f^2 b_{T_3,f}^2 +$$

$$\frac{1}{4}(\rho Qc)_g^2 b_{T_3,g}^2 - \frac{1}{2}(\rho Qc)_f (\rho Qc)_g b_{T_{3,f}T_{3,g}}$$

$$= (\rho Qc)^2 b_{T_1}^2 + (\rho Qc)^2 b_{T_1}^2 - 2(\rho Qc)^2 b_{T_1}^2 + \frac{1}{4}(\rho Qc)^2 b_{T_2}^2 + \frac{1}{4}(\rho Qc)^2 b_{T_2}^2 -$$

$$\frac{1}{2}(\rho Qc)^2 b_{T_2}^2 + \frac{1}{4}(\rho Qc)^2 b_{T_3}^2 + \frac{1}{4}(\rho Qc)^2 b_{T_3}^2 - \frac{1}{2}(\rho Qc)^2 b_{T_3}^2 \equiv 0 \qquad (7.71)$$

因此,对于宣称的条件,源于标准和水浴非均匀性的温度基本系统误差源的影响抵消,那么 $b_{\Delta q}^2$ 的表达式变为

$$b_{\Delta q}^2 = \left(\frac{\partial \Delta q}{\partial \rho}\right)_f^2 b_{\rho_f}^2 + \left(\frac{\partial \Delta q}{\partial \rho}\right)_g^2 b_{\rho_g}^2 + 2\left(\frac{\partial \Delta q}{\partial \rho}\right)_f \left(\frac{\partial \Delta q}{\partial \rho}\right)_g b_{\rho_f \rho_g} + \left(\frac{\partial \Delta q}{\partial Q}\right)_f^2 b_{Q_f}^2 +$$

$$\left(\frac{\partial \Delta q}{\partial Q}\right)_g^2 b_{Q_g}^2 + 2\left(\frac{\partial \Delta q}{\partial Q}\right)_f \left(\frac{\partial \Delta q}{\partial Q}\right)_g b_{Q_f Q_g} + \left(\frac{\partial \Delta q}{\partial c}\right)_f^2 b_{c_f}^2 +$$

$$\left(\frac{\partial \Delta q}{\partial c}\right)_g^2 b_{c_g}^2 + 2\left(\frac{\partial \Delta q}{\partial c}\right)_f \left(\frac{\partial \Delta q}{\partial c}\right)_g b_{c_f c_g} \qquad (7.72)$$

如果单次试验中 T_1、T_2 和 T_3 的测量值受到相关误差源的影响,由泰勒级数法可得

$$b_{\Delta q}^2 = \left(\frac{\partial \Delta q}{\partial \rho}\right)_f^2 b_{\rho_f}^2 + \left(\frac{\partial \Delta q}{\partial \rho}\right)_g^2 b_{\rho_g}^2 + 2\left(\frac{\partial \Delta q}{\partial \rho}\right)_f \left(\frac{\partial \Delta q}{\partial \rho}\right)_g b_{\rho_f \rho_g} +$$

$$\left(\frac{\partial \Delta q}{\partial Q}\right)_f^2 b_{Q_f}^2 + \left(\frac{\partial \Delta q}{\partial Q}\right)_g^2 b_{Q_g}^2 + 2\left(\frac{\partial \Delta q}{\partial Q}\right)_f \left(\frac{\partial \Delta q}{\partial Q}\right)_g b_{Q_f Q_g} + \left(\frac{\partial \Delta q}{\partial c}\right)_f^2 b_{c_f}^2 +$$

$$\left(\frac{\partial \Delta q}{\partial c}\right)_g^2 b_{c_g}^2 + 2\left(\frac{\partial \Delta q}{\partial c}\right)_f \left(\frac{\partial \Delta q}{\partial c}\right)_g b_{c_f c_g} + \left(\frac{\partial \Delta q}{\partial T_1}\right)_f^2 b_{T_1,f}^2 + \left(\frac{\partial \Delta q}{\partial T_1}\right)_g^2 b_{T_1,g}^2 +$$

$$2\left(\frac{\partial \Delta q}{\partial T_1}\right)_f \left(\frac{\partial \Delta q}{\partial T_1}\right)_g b_{T_{1,f}T_{1,g}} + \left(\frac{\partial \Delta q}{\partial T_2}\right)_f^2 b_{T_2,f}^2 + \left(\frac{\partial \Delta q}{\partial T_2}\right)_g^2 b_{T_2,g}^2 +$$

$$2\left(\frac{\partial \Delta q}{\partial T_2}\right)_f \left(\frac{\partial \Delta q}{\partial T_2}\right)_g b_{T_{2,f}T_{2,g}} + \left(\frac{\partial \Delta q}{\partial T_3}\right)_f^2 b_{T_3,f}^2 + \left(\frac{\partial \Delta q}{\partial T_3}\right)_g^2 b_{T_3,g}^2 +$$

$$2\left(\frac{\partial \Delta q}{\partial T_3}\right)_f \left(\frac{\partial \Delta q}{\partial T_3}\right)_g b_{T_{3,f}T_{3,g}} + 2\left(\frac{\partial \Delta q}{\partial T_1}\right)_f \left(\frac{\partial \Delta q}{\partial T_2}\right)_f b_{T_{1,f}T_{2,f}} +$$

$$2\left(\frac{\partial \Delta q}{\partial T_1}\right)_f \left(\frac{\partial \Delta q}{\partial T_3}\right)_f b_{T_{1,f}T_{3,f}} + 2\left(\frac{\partial \Delta q}{\partial T_1}\right)_f \left(\frac{\partial \Delta q}{\partial T_2}\right)_g b_{T_{1,f}T_{2,g}} +$$

$$2\left(\frac{\partial \Delta q}{\partial T_1}\right)_f \left(\frac{\partial \Delta q}{\partial T_3}\right)_g b_{T_{1,f}T_{3,g}} + 2\left(\frac{\partial \Delta q}{\partial T_2}\right)_f \left(\frac{\partial \Delta q}{\partial T_3}\right)_f b_{T_{2,f}T_{3,f}} +$$

$$2\left(\frac{\partial \Delta q}{\partial T_2}\right)_f \left(\frac{\partial \Delta q}{\partial T_1}\right)_g b_{T_{2,f}T_{1,g}} + 2\left(\frac{\partial \Delta q}{\partial T_2}\right)_f \left(\frac{\partial \Delta q}{\partial T_3}\right)_g b_{T_{2,f}T_{3,g}} +$$

$$2\left(\frac{\partial \Delta q}{\partial T_3}\right)_f \left(\frac{\partial \Delta q}{\partial T_1}\right)_g b_{T_{3,f}T_{1,g}} + 2\left(\frac{\partial \Delta q}{\partial T_3}\right)_f \left(\frac{\partial \Delta q}{\partial T_2}\right)_g b_{T_{3,f}T_{2,g}} +$$

$$2\left(\frac{\partial \Delta q}{\partial T_1}\right)_g \left(\frac{\partial \Delta q}{\partial T_2}\right)_g b_{T_{1,g}T_{2,g}} + 2\left(\frac{\partial \Delta q}{\partial T_1}\right)_g \left(\frac{\partial \Delta q}{\partial T_3}\right)_g b_{T_{1,g}T_{3,g}} +$$

$$2\left(\frac{\partial \Delta q}{\partial T_2}\right)_g \left(\frac{\partial \Delta q}{\partial T_3}\right)_g b_{T_{2,g}T_{3,g}} \quad (7.73)$$

如果所有三支温度探针是利用相同的标准进行校准的,那么

$$b_{\text{std},1} = b_{\text{std},2} = b_{\text{std},3} \equiv b_{\text{std}} \quad (7.74)$$

而且,所有三支温度传感器在校准过程中位于被置于相同的位置上,以便由于水浴的不均匀性引起的所有探针的误差是相同的,即

$$b_{\text{bath},1} = b_{\text{bath},2} = b_{\text{bath},3} \equiv b_{\text{bath}} \quad (7.75)$$

那么每个 $b_{T_i}^2$ 和 $b_{T_i T_j}$ 均等于

$$b_T^2 = b_{\text{std}}^2 + b_{\text{bath}}^2 \quad (7.76)$$

如果 $(\rho Q c)_f \cong (\rho Q c)_g \equiv \rho Q c$,一旦源于标准和水浴非均匀性的温度基本系统误差源的影响抵消,那么 $b_{\Delta q}^2$ 的表达式与式(7.72)相同。

3) 蒙特卡罗法分析

如前所述的蒙特卡罗法,进行一轮模拟试验 i 来确定 Δq。对于本例,假设试验 f 和 g 是利用相同的仪器进行的"背靠背"试验,因而所有在试验 f 中影响被测变量的误差与试验 g 中的是一样。在第 i 轮试验中,假设每个变量的误差分布,将其标准差作为该变量的系统标准不确定度,并由此确定系统误差 β(在试验 f 和试验 g 中均采用这个值)。如图 7.10 所示,所有系统误差源均假设了均匀分布。

如果每次试验中 T_1、T_2 和 T_3 的测量值不受相关误差源的影响,基于蒙特卡罗法可得

$$\rho_{i,f} = \rho_{\text{true},f} + (\beta_\rho)_i$$

$$\rho_{i,g} = \rho_{\text{true},g} + (\beta_\rho)_i$$

$$Q_{i,f} = Q_{\text{true},f} + (\beta_Q)_i$$
$$Q_{i,g} = Q_{\text{true},g} + (\beta_Q)_i$$
$$c_{i,f} = c_{\text{true},f} + (\beta_c)_i$$
$$c_{i,g} = c_{\text{true},g} + (\beta_c)_i$$
$$T_{1,i,f} = (T_1)_{\text{true},f} + (\beta_{\text{std},1})_i + (\beta_{\text{bath},1})_i$$
$$T_{1,i,g} = (T_1)_{\text{true},g} + (\beta_{\text{std},1})_i + (\beta_{\text{bath},1})_i$$
$$T_{2,i,f} = (T_2)_{\text{true},f} + (\beta_{\text{std},2})_i + (\beta_{\text{bath},2})_i$$
$$T_{2,i,g} = (T_2)_{\text{true},g} + (\beta_{\text{std},2})_i + (\beta_{\text{bath},2})_i$$
$$T_{3,i,f} = (T_3)_{\text{true},f} + (\beta_{\text{std},3})_i + (\beta_{\text{bath},3})_i$$
$$T_{3,i,g} = (T_3)_{\text{true},g} + (\beta_{\text{std},3})_i + (\beta_{\text{bath},3})_i \tag{7.77}$$

由此,结果 Δq_i 的值为

$$\Delta q_i = \rho_{i,f} Q_{i,f} c_{i,f} [(T_{2,i,f} + T_{3,i,f})/2 - T_{1,i,f}] - \rho_{i,g} Q_{i,g} c_{i,g} [(T_{2,i,g} + T_{3,i,g})/2 - T_{1,i,g}] + (\varepsilon_{\Delta q})_i \tag{7.78}$$

式中,通过假设的误差分布与其标准差 $s_{\Delta q}$(Δq 的随机标准不确定度)可得结果的随机误差 $(\varepsilon_{\Delta q})_i$。

重复上述过程 M 次可得 Δq 的一个由 M 个数值组成的分布。这个分布的标准差为 $u_{\Delta q}$,即 Δq 的合成标准不确定度。利用 M 个 Δq 值可定义和计算一个包含区间,且不需要假设这 M 个数值的分布形式。

如果每次试验中 T_1、T_2 和 T_3 的测量值受到相关误差源的影响,蒙特卡罗法非常容易将这些额外的因素考虑在内。例如,如果温度探针 2 和 3 利用相同的标准进行校准,而温度探针 1 利用不同的标准进行校准,那么那些相关基本误差在第 i 轮蒙特卡罗法计算中可设置成相同的,即

$$(\beta_{\text{std},2})_i = (\beta_{\text{std},3})_i$$

由此,计算 $T_{3,i,f}$ 和 $T_{3,i,g}$ 的计算式可修正为

$$T_{3,i,f} = (T_3)_{\text{true},f} + (\beta_{\text{std},2})_i + (\beta_{\text{bath},3})_i$$
$$T_{3,i,g} = (T_3)_{\text{true},g} + (\beta_{\text{std},2})_i + (\beta_{\text{bath},3})_i$$

如果所有三支温度探针利用相同的标准校准,那么第 i 轮计算中源于标准的误差均相同,即

$$(\beta_{\text{std},1})_i = (\beta_{\text{std},2})_i = (\beta_{\text{std},3})_i \equiv (\beta_{\text{std}})_i$$

同理,如果所有三支温度探针在校准过程中在水浴的相同位置,那么在所有温度相关的表达式中,由于水浴非均匀性引起的误差将完全相等:

$$(\beta_{\text{bath},1})_i = (\beta_{\text{bath},2})_i = (\beta_{\text{bath},3})_i \equiv (\beta_{\text{bath}})_i$$

7.5 综合实例：核动力装置余热排出换热器试验

本节介绍对核电厂中单台余热排出换热器(RHR)的试验结果和比较试验结果的分析。描述这些过程的主要参考资料是两份 EPRI 的报告[4-5]和 ASME – OM – 2015 报告[6]。本节中讨论的换热器是参考文献[4]中5.9节中的实例。

余热排出换热器在反应堆停堆后和事故条件下用于冷却反应堆冷却剂系统。在余热排出系统正常的试验中，模拟事故场景下真实的热负荷不太实际(不是完全不可能)，因而采用了一个辅助热源，而且，余热排出系统在远小于设计运行工况负荷的条件下进行试验。需要确定换热器的换热性能和所需满足的法规要求，其主要考察指标是总污垢热阻 R_f，定义为

$$R_f = \frac{1}{h_t} - \frac{A}{A_w}R_w - \frac{A}{A_h \eta_h h_h} - \frac{A}{A_c \eta_c h_c} \tag{7.79}$$

式中：h_t 为与面积 A 相配的总传热系数；h_h 和 h_c 分别为热侧和冷侧的对流传热系数(未结垢条件下)；η_h 和 η_c 分别为热侧和冷侧的壁面效率；A_h 和 A_c 分别为与热侧和冷侧对流传热系数相配的表面积；A_w 为与壁面热阻 R_w 相配的表面积。

用于确定壁面效率和对流传热系数的表达式较复杂且是非线性的；它们不在讨论之内。对于这些换热器，热侧是流过反应堆冷却剂系统去离子水的壳侧，冷侧是流过江水的管侧。

污垢热阻的不确定度主要是由壳侧(热侧)的对流传热系数的系统不确定度引起的(UPC > 80%)。系统标准不确定度在 10% ~ 25% 的范围内[4]，而且，基于蒙特卡罗法的分析结果，在此假设其值为 12.5%，且满足均匀分布。

7.5.1 节介绍了 R_f 的一些结果以及单台换热器两次试验的不确定度。7.5.2 节介绍了两次试验中污垢热阻的变化结果，以及在对比试验分析中利用系统误差相关效应的情形。

7.5.1 余热排出换热器的试验结果

本节的分析中利用的数据来自一台换热器(HX1)在 2012 年的一次试验和该换热器在 2016 年的一次试验。在两次试验之间的时间里，对 HX1 进行了一次清洗过程，用于清除换热表面的部分污垢。试验计划是在系统达到"稳态"后的 30min 内以 1min 为间隔采集数据。HX1 在 2016 年试验的数据如图 7.11 和图 7.12 所示。

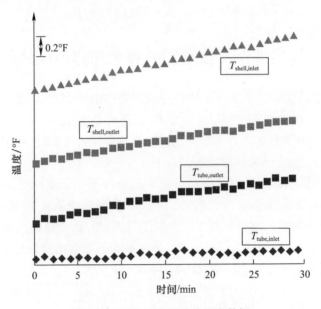

图 7.11 HX1 稳态试验的温度数据

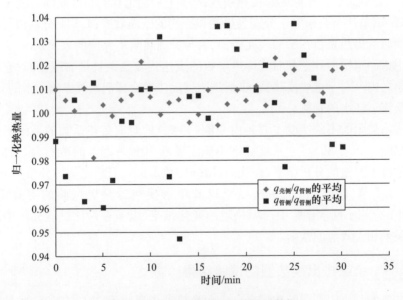

图 7.12 HX1 稳态试验的换热量数据

图 7.11 所示的温度被缩放和平移以显示大型工程系统的稳态试验中典型的漂移过程,正如先前章节中多次提及的那样。

根据测量的流量和温度可计算壳侧和管侧的换热量,归一化后如图 7.12 所示。虽然用于计算换热量的变量出现了漂移,但是图 7.12 中所示的结果明显未出现漂移效应。在一段时间内的换热量出现了百分之几的变化,其系统不确定度被估计为 3%~4%。考虑实际停堆或事故工况涉及的时间周期,在评价余热排出换热器的性能时,30min 试验周期内的结果的平均值可视为一个数据点。

将式(7.80)视为数据简化方程进行蒙特卡罗法不确定度分析,并忽略相对于系统不确定度可忽略的随机不确定度。污垢热阻的分析结果如图 7.13 和图 7.14 所示。为了方便,在所有讨论中,R_f 的值已乘以 10^4。例如,$R_f = 5.5 \text{m}^2 \cdot \text{℃/W}$ 实际上表示 $R_f = 0.00055 \text{m}^2 \cdot \text{℃/W}$。

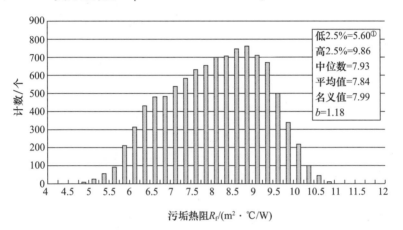

图 7.13 2012 年 HX1 试验中污垢热阻的蒙特卡罗法结果

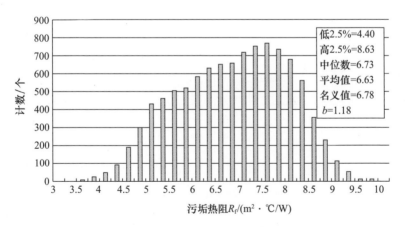

图 7.14 2016 年 HX1 试验中污垢热阻的蒙特卡罗法结果

① 低 2.5% = 5.60 表示概率论中低 2.5% 的界限值为 5.60。

图 7.13 和图 7.14 中 R_f 的分布不是标准的高斯分布而是偏斜的,这是由于数据简化方程的非线性和主要不确定度源(壳侧的传热系数)满足均匀分布这一假设。两次试验中 R_f 的系统标准不确定度分别是其名义值的 15% 和 17%。需要说明的是,法规最关注的指标是两次试验的 95% 包含区间的上限值,即 $R_{f,high} = 9.86$ 和 8.63。

7.5.2 污垢热阻的对比试验及其不确定度

对于 HX1 的两组试验结果,数据简化方程中所有输入值的系统误差均是相同的,除了那些热电阻测量的温度(两次试验中热电阻被更换了)。因此,根据经验关联式计算的 h_h 值与换热器的 h_h 的"真值"之间未知符号和大小的误差对两次试验来说是相同的,而且不确定度分析表明它是不确定度的主要因素。对于下式所示的数据简化方程:

$$\Delta R_f = R_{f1} - R_{f2} = \left(\frac{1}{h_t} - \frac{A}{A_w} R_w - \frac{A}{A_h \eta_h h_h} - \frac{A}{A_c \eta_c h_c} \right)_1 - \left(\frac{1}{h_t} - \frac{A}{A_w} R_w - \frac{A}{A_h \eta_h h_h} - \frac{A}{A_c \eta_c h_c} \right)_2 \quad (7.80)$$

进行了蒙特卡罗法分析,其结果如图 7.15 所示。

两次试验结果之差 ΔR_f 的系统标准差是 2.3%,与之相应的两次单独试验结果 R_f 的不确定度为 15% ~ 17%。正如期望的,如果利用相关系统误差的影响,两次试验结果之差的不确定度比任一单次试验结果的不确定度均小。

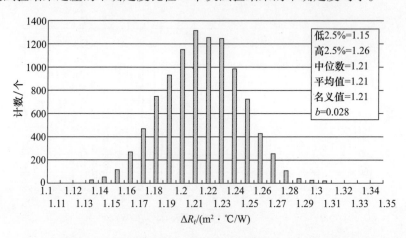

图 7.15 HX1 两次试验的污垢热阻的蒙特卡罗法分析结果

当系统不确定度的相关效应能合适地被考虑进来,系统不确定度仅为 2.3%。如果 ΔR_f 的系统标准不确定度计算时忽略相关系统误差的影响,由式(7.82)可知:

$$b_{\Delta R} = \sqrt{b_{R_1}^2 + b_{R_2}^2} \tag{7.81}$$

$b_{\Delta R} = 1.67$ 或名义值的 138%。

需要说明的是,即使单次试验受到系统不确定度的影响,$b_{\Delta R}$ 非常小以致随机标准不确定度 $s_{\Delta R}$ 一定具有很大的影响,而且可能成为 $u_{\Delta R}$ 的主要影响因素。用于确定 $s_{\Delta R}$ 的一个合适的 s_{R_f} 未作为试验项目的一部分而被确定下来。

参考文献

[1] Coleman, H. W., Hosni, M. H., Taylor, R. P., and Brown, G. B., "Using Uncertainty Analysis in the Debugging and Qualification of a Turbulent Heat Transfer Test Facility," *Experimental Thermal and Fluid Science*, Vol. 4, 1991, pp. 673–683.

[2] Reynolds, W. C., Kays, W. M., and Kline, S. J., *Heat Transfer in the Turbulent Incompressible Boundary Layer*, Parts I, II, and III, NASA memos 12-1-58W, 12-2-58W, and 12-3-58W, 1958.

[3] Kays, W. M., and Crawford, M. E., *Convective Heat and Mass Transfer*, McGraw-Hill, New York, 1980.

[4] Electric Power Research Institute (EPRI), *Service Water Heat Exchanger Testing Guidelines*, Report 3002005340, May 2015.

[5] Electric Power Research Institute (EPRI), *Classical Heat Exchanger Analysis*, Report 30020035337, May 2015.

[6] American Society of Mechanical Engineers (ASME), *Operation and Maintenance of Nuclear Power Plants: Part 21 Inservice Performance Testing of Heat Exchangers in Light-Water Reactor Power Plants*, ASME-OM-2015, 2015.

习题

7.1 假设需测试一种利用水来冷却变速箱油的热交换器,以确定其有效性。热交换器中的能量平衡(假设对环境的能量损失很小)可表示为

$$\dot{m}_0 c_0 (T_{0,i} - T_{0,o}) = \dot{m}_w c_w (T_{w,o} - T_{w,i})$$

式中:$\dot{m}_0$ 为油的质量流量;c_0 为油的比热容;$T_{0,i}$ 为油入口处的油温;$T_{0,o}$ 为油出口处的油温;m_w 为水的质量流量;c_w 为水的比热容;$T_{w,o}$ 为出水口的水温;$T_{w,i}$ 为进水口的水温

假设随机误差相对于系统误差可以忽略不计。在 95% 置信度下,质量流量测量结果(没有相关误差)的系统不确定度为读数值的 1%。在 95% 置信度下,比热容冻结的系统不确定性估计值为 15%。由于进口和出口流体温度不均匀,所有温度测量结果对系统不确定度贡献为 1.0℃,且置信度为 95%。经标定,所有温度测量值在 95% 置信度下的系统不确定度为 1.5℃。对于如下的名义工况:

$$T_{0,i} - T_{0,o} = 40℃, \quad T_{0,i} - T_{0,o} = 30℃$$

分别在①所有系统误差不相关;②温度传感器中的所有校准系统误差相关的条件下确定能量平衡所预期的范围。

7.2 在某一特定实验中,需测量提供给电路元件的直流电功率。制造商指出,直流功率传感器在测量功率时的不确定度为读数值的 0.4% 以内。作为调试期间的例行检查,采用万用表测量组件的电压(V_0)、电流(I)和电阻(R),其中 V_0 的不确定度规格为 0.1%,R 的为 0.3%,I 的为 0.75%。测量结果的名义值为 1.7A、12Ω 和 20.4V。记 P_{s1} 为仪表输出指示的功率,$P_{s2} = V_0 I$,$P_{s3} = I^2 R$。假设所有随机不确定性可忽略不计。为了满足平衡检验,W_1 和 W_2 应在多大程度上保持一致?P_{s1} 和 P_{s3}?P_{s2} 和 P_{s3}?P_{s1}、P_{s2} 和 P_{s3}(所有不确定度有 95% 置信度)?

7.3 热交换器制造商正在测试所设计的两种的空气-水热交换器("f"和"g")。两个热交换器核心部分的空气侧设置有不同布置形式的肋片。典型的核心部分设计如下图所示。

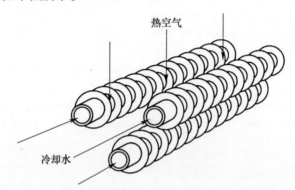

为评估该设计,在给定的设定点下,确定了水的传热速率为

$$q = mc\left(\frac{T_2 + T_3 + T_4}{3} - T_1\right)$$

式中:q 为从热空气到冷却水的传热速率;m 为水的质量流量;c 为比定压热容;T_2、T_3 和 T_4 为位于出口集管横截面不同位置处的三个温度探头的测量结果;T_1 为入口集管处通过单个探头测得的水温。

两组测试得到的数据如下:

参数	f 组	g 组	系统标准不确定度 b
$m/(\text{kg/s})$	0.629	0.630	读数的 0.25%
$c/(\text{kJ}/(\text{kg}\cdot\text{K}))$	4.19	4.19	0.30%
$T_1/℃$	15.7	15.4	0.3
$T_{2,3,4}/℃$	52.8,53.1,52.6	51.4,51.6,51.3	0.3

温度探头的主要基本系统不确定度为 b_{std} 为 0.3℃,入口 b_{install} 为 0.1℃,出口

$b_{install}$ 为 0.2℃。之前使用相同的测试设备和仪器,在类似于 f 和 g 的核心部分设计上对相同的设定点进行了测试。结果表明,随机标准不确定度约为 q 值的 0.4%。在相同的测试条件下,通过比较 q_f 和 q_g,并确定哪个 q 更大,可以确定更好的设计。找出与测定下式相关的不确定度:

$$\Delta q = q_f - q_g$$

使用 MCM 执行不确定性分析,并与使用 TSM 得到的不确定性分析结果进行比较。分别考虑如下两种情况:四个温度探针未采用相同的标准进行校准;这些探测采用了相同的标准进行校准。

第 8 章
回归的不确定度

一旦获得实验结果,实验者通常会利用数学公式来呈现实验结果。方程是比图与表更加简洁的表达方式,而且它也能很容易在离散数据之间插值。对于实验信息(如物性参数)的使用者,实验人员也经常将实验数据回归成数学公式。除了回归公式,实验信息还必须包括回归中输出变量的不确定度,而后者是由原始数据的不确定度引起的。这个由原始数据不确定度传播而来的不确定度及其影响在过去很少提到;过去的回归不确定度分析并不采用输入数据中的不确定度,因而它并不能包含其影响。更多的时候通常评价选择的回归表达式能多好地符合实验数据。

本章介绍确定与回归有关的不确定度的方法,这类不确定度通常是由回归的数据的不确定度引起的。选择不合适的回归模型所引入的误差并不包含在本章讨论的范畴之内。在介绍相关方法时假设已经采用了正确的回归模型。

本章介绍的方法将利用基于输入数据确定的回归模型作为数据简化方程。理论上来说,它可能是一个相当大且复杂的计算机程序,它能生成一个多维非线性回归表达式。在下面的章节中,采用线性回归分析作为讨论的基础,更加准确地说是线性最小二乘法。

8.1 节概述线性回归分析及其不确定度;8.2 节展示确定回归不确定度的蒙特卡罗法和泰勒级数法;8.3 节对最小二乘分析进行简要介绍;8.4 节展示一个利用蒙特卡罗法进行回归不确定度分析的实例;8.5 节展示几个利用泰勒级数法进行回归不确定度分析的实例;最后,8.6 节展示对一个流动实验进行回归及其不确定度分析的综合实例。

8.1 线性回归及其不确定度概述

当实验信息通过一个回归公式进行展示时,实验项目中原始的不确定度会引起回归模型的不确定度。对于更一般的情形,例如,对某一硬件进行的一次实验,实验数据被绘制出来,并利用线性回归确定了数据的最佳拟合曲线。需要说明的是,线性回归(linear regression)是指回归系数 $a_0, a_1, \cdots, a_n$ 不是变量 X 的函数,而不是表示 X 和 Y 之间满足线性关系。既然数据是通过实验获得的,那么 X 和 Y 均存在不确定度,而且这些不确定度由系统不确定度和随机不确定度组成。源于实验的随机不确定度就此冻结为系统不确定度,但是仍采用符号 s,既然它们表示随机误差的影响且可能是不相关的。对 (X,Y) 进行线性回归,其回归公式的一般形式可表示为

$$Y(X_{\text{new}}) = a_0 + a_1 X_{\text{new}} + a_2 X_{\text{new}}^2 + \cdots + a_n X_{\text{new}}^n \tag{8.1}$$

这个多项式可用于描述硬件在 X_{new} 处的性能 Y;X_{new} 可以不同于原始数据。需要指出的是,虽然回归系数不是 X_{new} 的函数,但是它们是用于确定它们的原始数据的函数。回归公式的后续使用通常不再需要原始数据及其不确定度。这个模型无法预测硬件的"真实性能",因为原始数据的不确定度和 X_{new} 值的不确定度将输入模型以计算新的 Y 值。因而,需要确定回归过程的不确定度,以提供在一定置信水平下期望真值落入的区间。

显然,如果采用了错误的回归模型,例如,采用一个三阶回归模型而真实的关系式是一阶的,这会引入额外的误差。正如上所述,不合适的回归模型引入的误差并不在本章讨论的方法之内。

基于回归信息的使用方式,回归不确定度主要可以分为三类:第一类主要关注的是回归系数;第二类主要关注利用回归模型在新 X 值 X_{new} 下计算出的 Y 值;第三类主要关注的是数据点 (X_i, Y_i) 并不是被测变量而是其他变量的函数。第三类可包含其他两类,即回归系数和 Y 的回归值的不确定度。

为了能正确估计回归的不确定度,重要的是仔细全面地评估系统不确定度与相关的系统误差。当数据对 (X_i, Y_i) 与数据对 (X_{i+1}, Y_{i+1}) 具有源于相同误差源的系统误差时,就出现了相关系统误差,且应该合适地处理它。下面的实例将展示对出现相关系统误差的一些处理方法。

8.1.1 回归系数的不确定度

回归公式是直线时的表达式可写为

$$Y(X) = mX + c \tag{8.2}$$

式中:m 为直线的斜率;c 为 y 的截距。

在一些实验中,这些系数是实验期望获得的信息。例如,线性弹性材料的应力应变关系式可表示为

$$\sigma = E\varepsilon \tag{8.3}$$

式中：应力 σ 与应变 ε 是线性关系，系数 E 为弹性模量。通过测量材料在一定载荷下的延伸率，由此可计算出正应力和应变在线性弹性区域内直线的斜率，它就是材料的弹性模量。既然应力和应变均是通过实验确定的，那么它们具有不确定度，导致弹性模量的实验值也具有不确定度。

8.1.2　回归模型计算值 Y 的不确定度

回归模型（如式(8.1)或式(8.2)）的计算结果的不确定度通常也是值得关注的。基于一组数据 (X_i, Y_i) 确定一个回归模型后，可利用回归模型计算被测变量 X 或指定 X_{new} 时的 Y 值。数据的本质和数据的使用方式决定着不确定度估计值是如何被确定的，例如，①一些或者所有数据对 (X_i, Y_i) 来源于不同的实验；②所有数据对 (X_i, Y_i) 来自同一个实验；③X_{new} 来自相同的仪表；④X_{new} 来自不同的仪表；⑤X_{new} 无不确定度。对每一种情形进行讨论是非常有益的。

来自不同实验装置的传热系数数据被结合成一组数据，而每个实验装置的数据范围稍有不同，基于这组数据生成一个回归模型。每个实验装置的随机标准不确定度和系统标准不确定度是不同的，而且不会受到相同误差源的影响且不相关。或者，如果数据对 (X_i, Y_i) 和 (X_{i+1}, Y_{i+1}) 来自相同的仪器，因而受到相同误差源的影响，它们的系统误差是相关的。回归模型的不确定度必须合适地包含系统误差的这种相关性。

热电偶的校准是一个所有数据均来自同一实验的实例。通过测量温度和输出电压可得热电偶的校准曲线，而温度和电压均含有不确定度。校准曲线具有如下的形式：

$$T = mV_0 + c \tag{8.4}$$

式中：m 和 c 为由校准数据 $(V_{0,i}, T_i)$ 确定的回归系数。

当热电偶在实验中使用时，可得新的电压值 $V_{0,new}$。由校准曲线可得新的温度值：

$$T_{new} = mV_{0,new} + c \tag{8.5}$$

T_{new} 的不确定度包括校准曲线的不确定度和电压测量值 $V_{0,new}$ 的不确定度。如果实验中采用的电压计与校准中的相同，电压的新测量值与回归中使用的每一个电压值 $V_{0,i}$ 的系统误差是相关的，那么在确定 T_{new} 的不确定度时必须考虑这些相关误差。如果电压的测量使用了不同的电压计，那么 $V_{0,new}$ 的系统误差与 E_i 的系统误差不相关。

当回归公式用于代表一组数据且在分析中使用时，新的 X 值通常为假设值

且可视为无不确定度。离心泵的泵功率 P_s 与泵转速 N 是其中一例,其回归公式可表示为

$$P_s = aN^b \quad (8.6)$$

如果一个分析者利用这个表达式确定一个假设的 N 值下的功率值,那么 N 的不确定度应该为零。由回归公式计算出的功率的不确定度仅来自回归数据。

8.1.3 函数关系的不确定度

另一个常见的情形是在回归中使用的变量(X_i, Y_i)并不是被测变量而是一些被测变量的函数。先前讨论的弹性模量是一个典型的例子。应力或应变均不是直接测量量。应力是根据载荷传感器测得的力和横截面积的测量值计算所得,其数据简化方程为

$$\sigma = CV_{0,\text{lc}}/V_{0,\text{i}}A \quad (8.7)$$

式中:C 为校准常数;$V_{0,\text{lc}}$ 为载荷传感器电压;$V_{0,\text{i}}$ 为激发电压;A 为横截面积。

应变是利用应变计确定的,其数据简化方程为

$$\varepsilon = 2V_{0,\text{br}}/GV_{0,\text{i}} \quad (8.8)$$

式中:$V_{0,\text{br}}$ 为电桥电压;G 为应变计常数;$V_{0,\text{i}}$ 为激发电压。

代表弹性模量的回归系数因此是变量 C、$V_{0,\text{lc}}$、$V_{0,\text{i}}$、$V_{0,\text{br}}$ 和 G 的函数。在本实例中,不同的变量受到相同误差源的影响。例如,如果所有电压使用同一个电压计测量的,那么在不确定度传播表达式中需要额外的项来合适地包含这些相关系统误差。

8.2 回归不确定度的确定和展示

确定回归表达式的不确定度的根本出发点是将回归方程视为数据简化方程:

$$Y = f(X_1, \cdots, X_N, \cdots, Y_1, \cdots, Y_N, X_{\text{new}}) \quad (8.9)$$

并利用蒙特卡罗法或泰勒级数法确定回归的不确定度。不同的方法如8.2.1节和8.2.2节所述。

8.2.1 蒙特卡罗法确定回归的不确定度

蒙特卡罗法确定 Y 的不确定度的流程如图8.1所示。既然包含区间与 X_{new} 的值有关,那么在 X_{new} 合适的范围内重复这一过程可确定随 X_{new} 变化的 U_Y 值。如果回归系数是关注的对象,那么利用随原始数据变化的系数的表达式和相似

的流程可确定回归系数的不确定度。系数的不确定度与 X_{new} 无关。利用蒙特卡罗法的这个流程分析一阶回归的不确定度的实例详见 8.4 节。

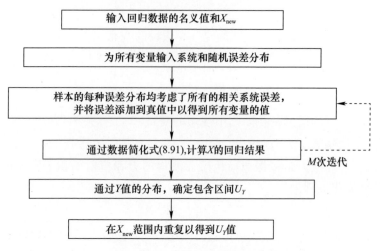

图 8.1　确定回归表达式不确定度的蒙特卡罗法

8.2.2　泰勒级数法确定回归的不确定度

泰勒级数法确定 Y 的不确定度的流程如图 8.2 所示。在 X_{new} 合适的范围内重复这一过程可确定随 X_{new} 变化的 U_Y 值。同样地，利用相似的流程可确定回归系数的不确定度。利用泰勒级数法的这个流程估计回归不确定度的实例详见 8.5 节。

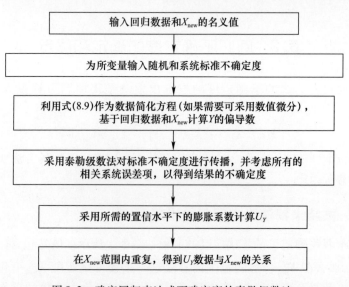

图 8.2　确定回归表达式不确定度的泰勒级数法

8.2.3 回归不确定度的呈报

利用上述两种方法可计算出回归曲线的不确定度的上下限值。泰勒级数法的上下限值是对称的,但是蒙特卡罗法的限值可能是不对称的。对于蒙特卡罗法,数据分析者可决定推荐的不确定度的限值。如果它们在整个 X_{new} 范围内几乎是对称的,那么更大的限值或平均限值可作为每个 X_{new} 的上限和下限使用。如果蒙特卡罗法的限值是不同的,那么必须做一个决定。如果限值均较好地落入使用回归公式所要求的不确定度范围内,那么取更大的那个限值作为每个 X_{new} 值的对称的不确定度限值也是合理的。如果这种不对称性对实验项目是重要的,那么对于每个 X_{new} 值采用不同的限值。

在计算获得回归表达式的不确定度后,应该清楚且准确地进行表达以便能方便地使用它。图 8.3 所示是一组数据 (X,Y) 及其一阶回归模型,以及利用蒙特卡罗法或泰勒级数法确定的不确定度区间;图中所示的不确定度区间是对称的。回归模型以及 $U_Y(X_{new})$ 满足的方程均是非常有用的信息。

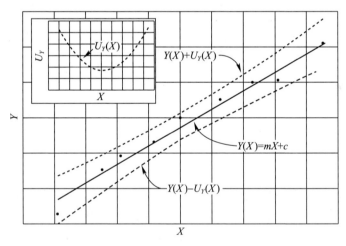

图 8.3　回归不确定度区间的表达(摘录自参考文献[1]和[2])

Brown 等人建议[2]对于计算获得的这组数据 (X_{new}, U_Y),利用这组数据可回归一个 $U_{Y-regress}(X_{new})$ 的公式。正如下面将解释的那样,这个公式可用于计算指定 X_{new} 值下的 $U_Y(X_{new})$。确定 U_Y 的蒙特卡罗法或泰勒级数法包含用于回归的原始数据的随机不确定度和系统不确定度,以及任何已知的 X_i 与 X_{new} 之间的相关系统误差的影响。$U_{Y-regress}$ 应利用回归公式进行呈报。$U_{Y-regress}$ 对 U_Y 的贡献仅仅是一个系统不确定度,既然所有随机不确定度在回归中已被"冻结"了。需要指出的是,应该采用最低阶的拟合曲线来表示这个可接受的拟合不确

定度 $U_{Y-regress}$。

利用泰勒级数法，$U_{Y-regress}$ 可与 X_{new} 中任何额外的系统不确定度和随机不确定度合成为

$$(U_Y)^2 = U_{Y-regress}^2 + 2^2 \left(\frac{\partial Y}{\partial X_{new}}\right)^2 (b_{X_{new}}^2 + s_{X_{new}}^2) \tag{8.10}$$

其中，假设 $U_{Y-regress}$ 的扩展系数为 2 以满足 95% 的置信水平。对于图 8.3 中所示的直线，式(8.10)中的导数是其斜率 m。如果蒙特卡罗法获得图 8.1 中 $U_{Y-regress}$ 的分布是对称的或者接近对称的，那么采用与式(8.10)相同的流程可计算 X_{new} 中额外的不确定度。如果蒙特卡罗法获得图 8.1 中 $U_{Y-regress}$ 的分布是非对称的，那么需要另一个蒙特卡罗法流程以实现 X_{new} 中不确定度与 $U_{Y-regress}$ 的合成，而这一部分已超出讨论的范畴。

8.3 最小二乘回归法

线性回归分析是使曲线与数据点之差的平方和最小化的方法，即众所周知的最小二乘法(method of least square)。线性回归分析可分为三大类：直线回归、多项式回归和多元线性回归(参见 8.5.5 节)。直线回归是最常用的形式，它也被称为一阶回归或简单线性回归。正如 6.4 节分析的那样，如果数据本质上不是线性的，可采用变换以获得线性关系。例如，指数函数和幂函数通过合适的对数变换可变换为线性函数。倒数变换也可用于线性化非线性函数。如果无法找到合适的变换方式，经常也可采用多项式回归。

一阶线性最小二乘回归。考虑一组绘制在 $X-Y$ 平面上的数据；X 和 Y 表示实验中的变量，变量的函数，如 $Y=\ln y$，或者无量纲准则数，如努赛尔数、雷诺数、阻力系数等。假设 X 与 Y 之间"真实的"关系是直线。

假设通用的线性方程为

$$Y_0 = mX + c \tag{8.11}$$

式中：Y_0 为给定数据 X 处最优的 Y。

需要寻找斜率 m 和截距 c 的值使下式最小化：

$$\eta = \sum_{i=1}^{N} (Y_i - Y_0)^2 \tag{8.12}$$

式中：Y_i 为 N 个数据的值。

将式(8.11)代入式(8.12)可得

$$\eta = \sum_{i=1}^{N}(Y_i - mX_i - c)^2 \qquad (8.13)$$

为了使 η 最小化，m 和 c 必须满足：

$$\frac{\partial \eta}{\partial m} = 0 \qquad (8.14)$$

$$\frac{\partial \eta}{\partial c} = 0 \qquad (8.15)$$

式(8.13)求导数，可得 m 和 c 需满足的方程：

$$m = \frac{N\sum_{i=1}^{N}(X_i Y_i) - \sum_{i=1}^{N}X_i \sum_{i=1}^{N}Y_i}{N\sum_{i=1}^{N}X_i^2 - \left(\sum_{i=1}^{N}X_i\right)^2} \qquad (8.16)$$

$$c = \frac{\sum_{i=1}^{N}X_i^2 \sum_{i=1}^{N}Y_i - \sum_{i=1}^{N}X_i \sum_{i=1}^{N}(X_i Y_i)}{N\sum_{i=1}^{N}X_i^2 - \left(\sum_{i=1}^{N}X_i\right)^2} \qquad (8.17)$$

通过式(8.11)～式(8.17)导出的方程即为式(8.2)：

$$Y = mX + c$$

称为回归方程，这个过程本身有时也称为"通过 X 回归 Y"。需要重点关注的是截距 c。在许多情形里，如果实验是"完美"的，我们知道截距应该是什么。经常发生的是，这个完美的截距是 $X=0$ 时，$Y=0$。这样的截距并不是强制的。正如申克(Schenck)在其著作第 237 页指出的："直线型数据的截距是数据本身固有的特性，应该维持其本来面目。"[3]

对于这些回归系数的表达式的导数，其中一个经典的假设是变量 Y 的不确定度是在整个曲线拟合的范围内是常数。在实际的工程实验中，这个假设是无法满足的。即使数据的不确定度发生了变化，通常会发现最小二乘回归能生成一个很好的代表数据的数学表达式。在最小二乘分析中，另一个经典的假设是所有不确定度均集中在 Y 上，X 值不存在不确定度或者可忽略不计。既然 X 和 Y 经常是测量值，并可能具有随机不确定度和系统不确定度，因为这个假设也无法满足。既然回归的主要目的是获得能够以最逼近的方式代表数据的数学表达式，而且也有可能在离散的数据点之间内插，那么回归曲线与数据之间的比较是其最终的测试。如果回归公式能很好地代表数据，那么回归过程可视为是成功的。

正如本章之前所述，在讨论中主要关注的是确定因数据对和 X_{new} 的不确定度在回归方程计算的 Y 中引起的不确定度。这实际上忽略（或者假设忽略）了选择不合适的表达式代表数据而可能引入的"建模误差"。

需要注意一种特殊的情形：校准中的校准数据被拟合曲线代替时所涉及的基本误差源的不确定度。在这种情形中，通常认为数据值 Y_i 比拟合曲线的计算值更加准确。对于给定的 X，拟合曲线的计算值作为 Y_i 的估计值；这样做引入的误差是系统基本误差源，因为相同的 X 产生相同的值。根据对应于误差分布的标准差的标准不确定度及其定义，确定这个基本系统不确定度的估计值的其中一个方法是计算整组"误差"的标准差，即来自拟合曲线的数据点的偏差。

假设对于一组数据已经开展了线性最小二乘曲线拟合，定义回归标准误差这个统计变量为[4]

$$s_Y = \left[\sum_{i=1}^{N} \frac{(Y_i - mX_i - c)^2}{N-2} \right]^{1/2} \tag{8.18}$$

它是标准差的一般形式。这个量是回归曲线的 Y_i 值的标准差的一个估计值。分母中出现 $N-2$ 是因为根据 N 个数据对 (X_i, Y_i) 确定拟合曲线常数 m 和 c 时损失了2个自由度。

这个标准不确定度冻结为系统标准不确定度。它仅仅代表拟合曲线的不确定度，而并不代表在测量中的其他任何不确定度，如校准标准、数据采集、安装和概念不确定度。式(8.18)确定的 s_Y 是 Y_i 值的标准差的估计值，利用合适的系统标准不确定度的符号表示拟合曲线的不确定度：

$$b_{\text{curvefit}} = s_Y \tag{8.19}$$

这个不确定度随后可与测量有关的其他不确定度进行合成。

8.4 一阶回归实例：蒙特卡罗法的运用

对于最简单的一阶回归：三个数据对 (X_1, Y_1)、(X_2, Y_2) 和 (X_3, Y_3) 组成的一个数据组。为了简化以下的分析，采用的符号简化了下角标。最小二乘表达式为

$$Y(X_1, X_2, X_3, Y_1, Y_2, Y_3, X_{\text{new}})$$
$$= m(X_1, X_2, X_3, Y_1, Y_2, Y_3) X_{\text{new}} + c(X_1, X_2, X_3, Y_1, Y_2, Y_3) \tag{8.20}$$

其中，表达式中 m 和 c 可分别由式(8.16)和式(8.17)进行计算。正如之前指出的那样，m 和 c 不能是 X_{new} 的函数；如8.2节所述，Y 值及其不确定度是 X_{new} 的函数。

正如 8.2.1 节所概括的那样，利用式(8.20)作为数据简化方程可确定 Y 的不确定度。对于图 8.1 所示的确定 u_Y 的蒙特卡罗法流程，其核心分析过程如图 8.4 所示。对于所示的变量(数据对和 X_{new})，每个基本误差源假设的分布的标准差当作标准不确定度；每个分布在一次迭代中有产生一个误差。

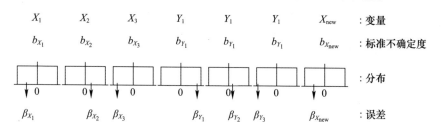

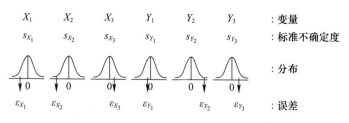

图 8.4　基于蒙特卡罗法确定 u_r 的主要分析过程

对于这个例子，假设每个变量有一个系统误差源。对于一个变量中有多个系统基本误差源的情形，额外的误差分布如图 3.2 和图 3.3 所示。

数据对中每个变量的一个"随机"误差分布如图 8.4 所示。正如之前介绍的那样，一旦数据对被采集之后，数据对中源于实验的随机不确定度将冻结为系统不确定度，但是，既然它们代表着随机误差的不确定度影响，而且可能是不相关的，所以仍保持采用符号 s。无论希望选择何种分布，它们作为系统误差很容易被建模。X_{new} 不存在随机误差分布，既然 X 的"新值"的测量环境通常未知，那么在这样的条件下，随机不确定度的值通常没有偏差。在使用回归公式且 X_{new} 变化已经明确时，需要考虑包含它的影响。在进行回归时，如果用于确定 X_{new} 的仪表的特性未知，那么不必考虑 X_{new} 的影响，即 bX_{new} 应设为零。

1) 数据对和/或 X_{new} 中无相关误差

在这种情形下，蒙特卡罗法第 i 次迭代中受扰动的变量为

$$(X_1)_i = X_1 + (\beta_{X_1})_i + (\varepsilon_{X_1})_i$$

$$(X_2)_i = X_2 + (\beta_{X_2})_i + (\varepsilon_{X_2})_i$$

$$(X_3)_i = X_3 + (\beta_{X_3})_i + (\varepsilon_{X_3})_i$$

$$(Y_1)_i = Y_1 + (\beta_{Y_1})_i + (\varepsilon_{Y_1})_i$$

$$(Y_2)_i = Y_2 + (\beta_{Y_2})_i + (\varepsilon_{Y_2})_i$$

$$(Y_3)_i = Y_3 + (\beta_{Y_3})_i + (\varepsilon_{Y_3})_i$$

$$(X_{\text{new}})_i = X_{\text{new}} + (\beta_{X_{\text{new}}})_i \tag{8.21}$$

式(8.21)代入式(8.20)可得 Y_i。在下一轮的迭代中,从各分布中获得各误差的新值,代入后计算得到 Y_{i+1}。经过 M 轮迭代后,可获得与 X_{new} 名义值相应的结果 Y 的一个分布(类似于图 3.2 和图 3.3)。对于这个分布,可计算出与 Y 的合成标准不确定度 u_Y 对应的标准差。正如 3.4.1 节所述,包含区间的下限和上限($Y_{\text{low}}, Y_{\text{high}}$)可由此被确定下来。关于对称的和非对称的包含区间的讨论参见 8.2.3 节。

2) 所有数据对和 X_{new} 中存在相关误差

在这种情况,假设

$$\beta_X = \beta_{X_1} = \beta_{X_2} = \beta_{X_3} = \beta_{X_{\text{new}}} \tag{8.22}$$

$$\beta_Y = \beta_{Y_1} = \beta_{Y_2} = \beta_{Y_3} \tag{8.23}$$

在每一步迭代中,对于 X,从一个系统误差分布中确定一个系统误差 β_X。同理,对于 Y,从一个系统误差分布中确定一个系统误差 β_Y。在这种情形下,蒙特卡罗法第 i 次迭代中受扰动的变量为

$$(X_1)_i = X_1 + (\beta_X)_i + (\varepsilon_{X_1})_i$$

$$(X_2)_i = X_2 + (\beta_X)_i + (\varepsilon_{X_2})_i$$

$$(X_3)_i = X_3 + (\beta_X)_i + (\varepsilon_{X_3})_i$$

$$(Y_1)_i = Y_1 + (\beta_Y)_i + (\varepsilon_{Y_1})_i$$

$$(Y_2)_i = Y_2 + (\beta_Y)_i + (\varepsilon_{Y_2})_i$$

$$(Y_3)_i = Y_3 + (\beta_Y)_i + (\varepsilon_{Y_3})_i$$

$$(X_{\text{new}})_i = X_{\text{new}} + (\beta_X)_i \tag{8.24}$$

将式(8.24)代入式(8.20)可得 Y_i。在下一轮的迭代中,从各分布中获得各误差的新值,代入后计算得到 Y_{i+1}。经过 M 轮迭代后,可获得与 X_{new} 名义值相应的结果 Y 的一个分布(类似于图 3.2 和图 3.3)。

对于部分数据对具有相关误差的情形,无论与 X_{new} 是否有相关误差,蒙特卡罗法很容易处理这种情形,只是需要非常小心处理好相关项。

8.5 回归实例：泰勒级数法的运用

8.5.1 一阶系数的不确定度

正如 8.3 节所述，对于 N 个数据对 (X_i, Y_i)，由式(8.16)可知斜率 m 为

$$m = \frac{N\sum_{i=1}^{N}(X_i Y_i) - \sum_{i=1}^{N}X_i \sum_{i=1}^{N}Y_i}{N\sum_{i=1}^{N}X_i^2 - \left(\sum_{i=1}^{N}X_i\right)^2}$$

由式(8.17)可知截距为

$$c = \frac{\sum_{i=1}^{N}X_i^2 \sum_{i=1}^{N}Y_i - \sum_{i=1}^{N}X_i \sum_{i=1}^{N}(X_i Y_i)}{N\sum_{i=1}^{N}X_i^2 - \left(\sum_{i=1}^{N}X_i\right)^2}$$

式(8.16)和式(8.17)可作为数据简化方程，并简写为

$$m = m(X_1, X_2, \cdots, X_N, Y_1, Y_2, \cdots, Y_N) \tag{8.25}$$

$$c = c(X_1, X_2, \cdots, X_N, Y_1, Y_2, \cdots, Y_N) \tag{8.26}$$

应用不确定度分析方程，斜率 m 的 95% 扩展不确定度的最一般的表达式为

$$\begin{aligned}U_m^2 = 2^2\Bigg[&\sum_{i=1}^{N}\left(\frac{\partial m}{\partial Y_i}\right)^2 s_{Y_i}^2 + \sum_{i=1}^{N}\left(\frac{\partial m}{\partial X_i}\right)^2 s_{X_i}^2 + \sum_{i=1}^{N}\left(\frac{\partial m}{\partial Y_i}\right)^2 b_{Y_i}^2 + \\ & 2\sum_{i=1}^{N-1}\sum_{k=i+1}^{N}\left(\frac{\partial m}{\partial Y_i}\right)\left(\frac{\partial m}{\partial Y_k}\right)b_{Y_i Y_k} + \sum_{i=1}^{N}\left(\frac{\partial m}{\partial X_i}\right)^2 b_{X_i}^2 + \\ & 2\sum_{i=1}^{N-1}\sum_{k=i+1}^{N}\left(\frac{\partial m}{\partial X_i}\right)\left(\frac{\partial m}{\partial X_k}\right)b_{X_i X_k} + 2\sum_{i=1}^{N}\sum_{k=1}^{N}\left(\frac{\partial m}{\partial X_i}\right)\left(\frac{\partial m}{\partial Y_k}\right)b_{X_i Y_k}\Bigg]\end{aligned} \tag{8.27}$$

式中：s_{Y_i} 为变量 Y_i 的随机标准不确定度；s_{X_i} 为变量 X_i 的随机标准不确定度；b_{Y_i} 为变量 Y_i 的系统标准不确定度；b_{X_i} 为变量 X_i 的系统标准不确定度；$b_{Y_i Y_k}$ 为变量 Y_i 和 Y_k 协方差的估计值；$b_{X_i X_k}$ 为变量 X_i 和 X_k 协方差的估计值；$b_{X_i Y_k}$ 为变量 X_i 和 Y_k 协方差的估计值。

同理，截距 c 的 95% 扩展不确定度的最一般的表达式为

$$\begin{aligned}U_c^2 = 2^2\Bigg[&\sum_{i=1}^{N}\left(\frac{\partial c}{\partial Y_i}\right)^2 s_{Y_i}^2 + \sum_{i=1}^{N}\left(\frac{\partial c}{\partial X_i}\right)^2 s_{X_i}^2 + \sum_{i=1}^{N}\left(\frac{\partial c}{\partial Y_i}\right)^2 b_{Y_i}^2 + \\ & 2\sum_{i=1}^{N-1}\sum_{k=i+1}^{N}\left(\frac{\partial c}{\partial Y_i}\right)\left(\frac{\partial c}{\partial Y_k}\right)b_{Y_i Y_k} + \sum_{i=1}^{N}\left(\frac{\partial c}{\partial X_i}\right)^2 b_{X_i}^2 + \end{aligned}$$

$$2\sum_{i=1}^{N-1}\sum_{k=i+1}^{N}\left(\frac{\partial c}{\partial X_i}\right)\left(\frac{\partial c}{\partial X_k}\right)b_{X_iX_k} + 2\sum_{i=1}^{N}\sum_{k=1}^{N}\left(\frac{\partial c}{\partial X_i}\right)\left(\frac{\partial c}{\partial Y_k}\right)b_{X_iY_k}\right] \quad (8.28)$$

这些方程显示的是斜率和截距的不确定度最一般的表达式,包含 X 不同量之间相关的系统误差,Y 不同量之间相关的系统误差,X 和 Y 之间相关的系统误差。如果变量 X 和 Y 之间的系统误差源不相关,那么式(8.27)和式(8.28)的最后一项,X-Y 协方差的估计值等于零。需要提醒的是,式中的偏导数可以进行数值计算,没有必要获得它们的解析表达式。

8.5.2 一阶回归中 Y 的不确定度

通过将式(8.16)和式(8.17)代入下式

$$Y(X_{\text{new}}) = m\,X_{\text{new}} + c \quad (8.29)$$

并应用不确定度传播方程可得由回归模型确定的在 X 的一个测量值或指定值处变量 Y 的 95% 扩展不确定度:

$$\begin{aligned}
U_Y^2 = 2^2 \bigg[&\sum_{i=1}^{N}\left(\frac{\partial Y}{\partial Y_i}\right)^2 s_{Y_i}^2 + \sum_{i=1}^{N}\left(\frac{\partial Y}{\partial X_i}\right)^2 s_{X_i}^2 + \sum_{i=1}^{N}\left(\frac{\partial Y}{\partial Y_i}\right)^2 b_{Y_i}^2 + \\
&2\sum_{i=1}^{N-1}\sum_{k=i+1}^{N}\left(\frac{\partial Y}{\partial Y_i}\right)\left(\frac{\partial Y}{\partial Y_k}\right)b_{Y_iY_k} + \sum_{i=1}^{N}\left(\frac{\partial Y}{\partial X_i}\right)^2 b_{X_i}^2 + 2\sum_{i=1}^{N-1}\sum_{k=i+1}^{N}\left(\frac{\partial Y}{\partial X_i}\right)\left(\frac{\partial Y}{\partial X_k}\right)b_{X_iX_k} + \\
&2\sum_{i=1}^{N}\sum_{k=1}^{N}\left(\frac{\partial Y}{\partial X_i}\right)\left(\frac{\partial Y}{\partial Y_k}\right)b_{X_iY_k} + \left(\frac{\partial Y}{\partial X_{\text{new}}}\right)^2 b_{X_{\text{new}}}^2 + \left(\frac{\partial Y}{\partial X_{\text{new}}}\right)^2 s_{X_{\text{new}}}^2 + \\
&2\sum_{i=1}^{N}\left(\frac{\partial Y}{\partial X_{\text{new}}}\right)\left(\frac{\partial Y}{\partial X_i}\right)b_{X_{\text{new}}X_i} + 2\sum_{i=1}^{N}\left(\frac{\partial Y}{\partial X_{\text{new}}}\right)\left(\frac{\partial Y}{\partial Y_i}\right)b_{X_{\text{new}}Y_i} \bigg]
\end{aligned} \quad (8.30)$$

式(8.30)等号右边的前 7 项解释数据对 (X_i, Y_i) 的不确定度。第 8 项和第 9 项解释新 X 的系统不确定度和随机不确定度。如果 X_{new} 与 X 采用同一个仪器进行测量,那么第 10 项需要包含在方程中。如果 X_{new} 和 Y_i 具有共同的误差源,那么最后一项需要包含在方程中。

如果对式(8.29)确定的 Y 值进行不确定度分析,假设在回归模型中采用的 X 值,即 X_{new} 无不确定度,那么式(8.30)等号右边第 8~11 项可忽略。8.6 节给出了一个压力传感器校准的一阶回归及其不确定度分析实例。

作为式(8.30)应用于一阶回归模型的一个特例,假设系统标准不确定度满足:①所有 Y_i 具有相同的系统标准不确定度 b_y;②所有 Y_i 的系统误差是相关的;③所有 X_i 具有相同的系统标准不确定度 b_x;④所有 X_i 的系统误差是相关的。在这些条件下,式(8.30)中的系统标准不确定度可简化为表 8.1 所列的分量。

表 8.1　特例中的系统标准不确定度分量

Y_i 的系统标准不确定度	$b_{Y_1} = b_y$
X_i 的系统标准不确定度,且 X_new 无系统标准不确定度	$b_{Y_2} = mb_x$
X_i 的系统标准不确定度,且 X_new 具有相关的系统误差	$b_{Y_3} = 0$
X_i 的系统标准不确定度,且 X_new 无相关的系统误差	$b_{Y_4} = [(mb_x)^2 + (mb_\text{new})^2]^{1/2}$

表中第一个表达式是由回归模型确定的 Y 的系统标准不确定度,它是由 Y_i 数据的系统误差引起的。第二个表达式是 Y 的系统不确定度,源于 X_i 的系统不确定度,但 X_new 不存在系统误差。当 X_new 存在系统误差,而且这些误差与 X_i 的误差是相关的,这些系统误差在结果 Y 中相互抵消了。表 8.1 中最后一个表达式适用于 X_i 和 X_new 均具有独立的系统误差这种情形。

在这个特例中,Y 的系统标准不确定度如表 8.2 所列。与表 8.1 中的分量有关,基于这些分量的平方和的平方根可得 Y 的系统不确定度。这个值随后与式(8.31)中的随机不确定度合成并扩展至期望的置信水平。

表 8.2　特例中 Y 的系统标准不确定度

仅存在 Y_i 的系统标准不确定度	$b_Y = b_{Y_1}$
X_i 和 Y_i 的系统标准不确定度	$b_Y = b_{Y_1}$
X_i 的系统标准不确定度,且 X_new 无系统标准不确定度	$b_Y = \sqrt{(b_{Y_1})^2 + (b_{Y_2})^2}$
X_i 的系统标准不确定度,且与 X_new 具有相关的系统误差	$b_Y = b_{Y_1}$
X_i 的系统标准不确定度,且与 X_new 无相关的系统误差	$b_Y = \sqrt{(b_{Y_1})^2 + (b_{Y_4})^2}$

8.5.3　高阶回归中 Y 的不确定度

n 阶多项式回归模型的通用表达式为

$$Y(X_\text{new}) = a_0 + a_1 X_\text{new} + a_2 X_\text{new}^2 + \cdots + a_n X_\text{new}^n \tag{8.31}$$

其中,回归系数 a_i 与一阶回归一样由最小二乘拟合确定[5]。多项式回归模型计算值的不确定度的表达式与式(8.30)相同;其中,Y 由式(8.31)定义。多项式回归计算的复杂性经常促使利用偏导数的解析计算值。

8.5.4　函数关系回归中 Y 的不确定度

在许多例子中,实验结果经常表达为无量纲的函数关系。在这些情形下,被测变量并不是回归模型中的 X 和 Y。常见的函数关系有雷诺数、流动阻力系数、透平效率和油耗率。例如,在绕流圆柱表面的压力分布实验中,结果通常表达为

压力系数随角度 θ 的变化关系。压力系数定义为

$$C_p = (p - p_\infty)/q_\infty \tag{8.32}$$

式中:p 为当地压力;p_∞ 为来流压力;q_∞ 为动压。

在回归模型中的变量 Y_i 是压力系数的计算值,它是三个被测变量的函数:

$$Y_i = C_{p,i} = f(p_i, p_{\infty,i}, q_{\infty,i}) \tag{8.33}$$

回归模型中的变量 X_i 为角度 θ_i。如果压力是利用不同的传感器测量的,且这些传感器基于同一标准进行了校准,那么源于校准的系统误差为相关误差,需对其进行恰当地处理。Y(在本例中是 C_p)为回归公式的因变量,X_i 和 Y_i 可被所有被测变量(在本例中是 p_i、$p_{\infty,i}$、$q_{\infty,i}$ 和 θ_i)代替。

通常来说,对于一个由 N 组 J 个被测变量组成的实验,回归模型可表达为 J 个变量的函数,例如

$$Y(X_{\text{new}}, X_i, Y_i) = f(\text{VAR1}_i, \text{VAR2}_i, \cdots, \text{VAR}J_i) \tag{8.34}$$

其中,函数 X_i 和 Y_i 分别由一些变量组成,例如

$$X_i = f(\text{VAR1}_i, \text{VAR2}_i, \cdots, \text{VAR}K_i, \cdots) \tag{8.35}$$

$$Y_i = f(\cdots, \text{VAR}K_i, \text{VAR}K+1_i, \cdots, \text{VAR}J_i) \tag{8.36}$$

X_{new} 是回归模型中独立变量的新值。

回归模型确定值的不确定度的通用表达式为

$$\begin{aligned}
U_Y^2 = 2^2 \Big[&\sum_{i=1}^{N} \sum_{j=1}^{J} \Big(\frac{\partial Y}{\partial \text{VAR}j_i}\Big)^2 s_{\text{VAR}j_i}^2 + \sum_{i=1}^{N} \sum_{j=1}^{J} \Big(\frac{\partial Y}{\partial \text{VAR}j_i}\Big)^2 b_{\text{VAR}j_i}^2 + \\
&2 \sum_{i=1}^{N-1} \sum_{k=i+1}^{N} \sum_{j=1}^{J} \Big(\frac{\partial Y}{\partial \text{VAR}j_i}\Big)\Big(\frac{\partial Y}{\partial \text{VAR}j_k}\Big) b_{\text{VAR}j_i \text{VAR}j_k} + \\
&2 \sum_{i=1}^{N} \sum_{k=1}^{N} \sum_{l=j+1}^{J-1} \Big(\frac{\partial Y}{\partial \text{VAR}j_i}\Big)\Big(\frac{\partial Y}{\partial \text{VAR}l_k}\Big) b_{\text{VAR}j_i \text{VAR}l_k} + \\
&\sum_{j=1}^{J} \Big(\frac{\partial Y}{\partial \text{VAR}j_{\text{new}}}\Big)^2 s_{\text{VAR}j_{\text{new}}}^2 + \sum_{j=1}^{J} \Big(\frac{\partial Y}{\partial \text{VAR}j_{\text{new}}}\Big)^2 b_{\text{VAR}j_{\text{new}}}^2 + \\
&2 \sum_{i=1}^{N} \sum_{j=1}^{J} \Big(\frac{\partial Y}{\partial \text{VAR}j_{\text{new}}}\Big)\Big(\frac{\partial Y}{\partial \text{VAR}j_i}\Big) b_{\text{VAR}j_{\text{new}} \text{VAR}j_i} + \\
&2 \sum_{i=1}^{N} \sum_{j=1}^{J-1} \sum_{l=j+1}^{J} \Big(\frac{\partial Y}{\partial \text{VAR}j_{\text{new}}}\Big)\Big(\frac{\partial Y}{\partial \text{VAR}l_i}\Big) b_{\text{VAR}j_{\text{new}}} b_{\text{VAR}l_i} \Big]
\end{aligned} \tag{8.37}$$

式中,等号右边的第三项考虑了每个变量间相关的系统误差源,等号右边的第四项考虑了不同变量间相关的系统误差源。同理,可得斜率和截距的不确定度的表达式。由于用于确定回归模型的变量 X_i 和 Y_i 为函数关系式,那么偏导数的

计算变得更加复杂,因而需要采用数值解法。

线性化变换通常可将非线性的函数变为线性函数。例如,指数函数在半对数空间内是线性的。回归模型的不确定度能利用上述介绍的方法进行估计,其中函数关系式是对数函数。同理,变换引起的复杂度通常使偏导数难以用解析解的方法来求解。

8.5.5 多元线性回归的不确定度

8.3 节介绍的基本线性最小二乘分析法可推广至实验结果为多个变量的函数的情形。这种超过一个变量的情形为典型的情形,但有时结果为某一变量的函数,而其他变量为固定值。例如,在某一特定几何结构(长径比,L/D)条件下确定努塞特数 Nu 随雷诺数 Re 变化的传热关联式。在获得多个 L/D 的数据后,多元线性回归可获得一个代表所有结果的关联式。

对于一个实验结果 r 是三个变量 X、Y 和 Z 的函数,假设结果 r 随 X、Y 和 Z 线性变化,那么表达式可写为

$$r_0 = a_1 X + a_2 Y + a_3 Z + a_4 \tag{8.38}$$

式中:r_0 为在给定的 X、Y 和 Z 条件下用来代表数据的最优 r 值。

如 8.3 节所述,期望确定 a_1、a_2、a_3 和 a_4 以实现 η 最小化:

$$\eta = \sum_{i=1}^{N} (r_i - a_1 X - a_2 Y - a_3 Z - a_4)^2 \tag{8.39}$$

其中,X_i、Y_i 和 Z_i 代表 N 个数据值。

η 对常数 a_i 求导数,并令这些表达式为零可得 4 个未知数的 4 个方程:

$$a_1 \sum X_i^2 + a_2 \sum X_i Y_i + a_3 \sum X_i Z_i + a_4 \sum X_i = \sum r_i X_i \tag{8.40}$$

$$a_1 \sum X_i Y_i + a_2 \sum Y_i^2 + a_3 \sum Y_i Z_i + a_4 \sum Y_i = \sum r_i Y_i \tag{8.41}$$

$$a_1 \sum X_i Z_i + a_2 \sum Y_i Z_i + a_3 \sum Z_i^2 + a_4 \sum Z_i = \sum r_i Z_i \tag{8.42}$$

$$a_1 \sum X_i + a_2 \sum Y_i + a_3 \sum Z_i + a_4 N = \sum r_i \tag{8.43}$$

其中,从 $i=1$ 至 $i=N$ 进行求和。

采用矩阵的形式,式(8.40)~式(8.43)可写为

$$\begin{bmatrix} \sum X_i^2 & \sum X_i Y_i & \sum X_i Z_i & \sum X_i \\ \sum X_i Y_i & \sum Y_i^2 & \sum X_i Z_i & \sum Y_i \\ \sum X_i Z_i & \sum Y_i Z_i & \sum Z_i^2 & \sum Z_i \\ \sum X_i & \sum Y_i & \sum Z_i & N \end{bmatrix} \begin{bmatrix} a_1 \\ a_2 \\ a_3 \\ a_4 \end{bmatrix} = \begin{bmatrix} \sum r_i X_i \\ \sum r_i Y_i \\ \sum r_i Z_i \\ \sum r_i \end{bmatrix} \tag{8.44}$$

或

$$Ca = r \tag{8.45}$$

其中,C、a 和 R 代表式(8.44)中的矩阵。

式(8.45)的解 a 可表达为

$$a = C^{-1}r \tag{8.46}$$

其中,C^{-1} 为系数矩阵的逆矩阵。

这一过程所得的拟合曲线为

$$r = a_1 X + a_2 Y + a_3 Z + a_4 \tag{8.47}$$

如果结果仅是两个变量(X,Y)的函数,那么方程中包含 Z 的所有项等于零;式(8.44)中的系数矩阵变为 3×3 的矩阵。这一过程也可推广至 r 是三个以上变量的函数的情形。

利用拟合曲线计算的 r 的不确定度可利用 8.4 节和 8.5 节介绍的蒙特卡罗法或泰勒级数法进行估计。

式(8.38)中要求结果是独立变量的线性函数这一条件看似过于严格。不过,变量 X、Y 和 Z 本身不必是线性函数,基于方程变换的理念,可将非线性数据表示方程可转化为线性方程。

例如,外部流动的传热数据通常可表达为

$$St = k\,Re^a Pr^b \tag{8.48}$$

式中:St 为斯坦顿数;Re 为雷诺数;Pr 为普朗特数;k 为常数。

如果对式(8.48)两边取对数,那么

$$\log St = \log k + a\log Re + b\log Pr \tag{8.49}$$

式(8.49)可写为

$$\log St = a_1 \log Re + a_2 \log Pr + a_3 \tag{8.50}$$

以 $\log St$ 为结果、$\log Re$ 和 $\log Pr$ 为独立变量的这一形式就是所要求的线性形式。利用式(8.46)所述的方法可确定曲线拟合常数 a_i。

8.6 泰勒级数法实例:流动实验的回归及不确定度

本节介绍应用泰勒级数法确定一个压力传感器校准数据回归公式的不确定度;它也被用于文丘里流量计的校准,该流量计用于测量一个实验的流量[1-2]。这一例子表明,经常用于衡量流量系数不确定度对总流量不确定度的贡献的方法并不能正确地考虑所有不确定度源,同时也介绍并讨论了合适的方法。

因为文丘里流量计简单、耐用且无运动部件,所以经常用于测量流体流量。

它们是一种压差式流量计,因为流体流过流量计中的一个区域后产生一个压差,而通过这个压差可计算通过流量计的流量。文丘里流量计在一维模型下的理论体积流量为[6]

$$Q_{th} = \frac{A_2}{\sqrt{1-(A_2/A_1)^2}} \sqrt{2\frac{p_1-p_2}{\rho}} \tag{8.51}$$

如果将测点 1 与 2 之间测得的压降表示为流体的"压头":

$$h = (p_1-p_2)/\rho g \tag{8.52}$$

将文丘里喉部直径 d 与文丘里入口直径 D 的比值表示为

$$\beta = d/D \tag{8.53}$$

那么一维流量可表达为

$$Q_{th} = Kd^2\sqrt{h/(1-\beta^4)} \tag{8.54}$$

式中:K 为常数。

实际流量不可能完全等于理论流量,因而文丘里需要用一个参考流量计进行校准。这里定义流量系数 C_D 来表示通过标准的流量与理论流量的比值:

$$C_D = Q_{std}/Q_{th} = Q_{std}/Kd^2\sqrt{h/(1-\beta^4)} \tag{8.55}$$

文丘里流量计通常在一定的流量范围内进行校准,而且流量系数通常是文丘里喉部雷诺数的函数,后者定义为

$$Re = vd/\nu = 4Q/(\pi d\nu) \tag{8.56}$$

在本例中,利用 N 组校准过程中获取的 $Re(i)$ 和 $C_D(i)$ 的数据点确定一阶回归模型:

$$C_D(Re) = a_0 + a_1 Re \tag{8.57}$$

当文丘里流量计用于实际测量时,流量的计算式为

$$Q = C_D(Re_{new})Kd^2\sqrt{h_{new}/(1-\beta^4)} \tag{8.58}$$

或将式(8.56)和式(8.57)代入式(8.58)得到的结果:

$$Q = \frac{a_0 K d^2 \sqrt{\dfrac{h_{new}}{1-(d/D)^4}}}{1-\dfrac{4a_1 K d^2}{\pi \nu_{new}}\sqrt{\dfrac{h_{new}}{1-(d/D)^4}}} \tag{8.59}$$

既然式(8.58)和式(8.59)中的变量 d、D、ν_{new} 和 h_{new} 与用于确定回归系数 a_0 和 a_1 的 $Re(i)$、$C_d(i)$ 中的同名变量具有相同的系统误差源,那么 Q 的不确定度

的估计值中需要包含相关系统误差项及其影响。不过通常并不作此处理,如下节的进一步分析所述。

需要注意的是,如果文丘里流量计校准时采用的流体不同于实验中的流体,那么 Re_{new} 中出现的运动黏度 ν_{new} 应不同于计算 $Re(i)$ 时的 $\nu(i)$。在这种情形下,由于系统不确定度并不受到相同误差源的影响,因此不确定度表达式中没有相关项。

8.6.1 实验装置

通过建立图 8.5 所示的校准装置来校准直径为 2 英寸(5.08cm)的文丘里流量计。其中的变速泵用于驱动流过流量计的水,标准流量计用于测量流量,文丘里流量计产生的压差被记录下来。作为校准标准的流量计为直径 1.5 英寸(3.81cm)的涡轮流量计。利用这个流量计是因为它是可用的并已被安装于实验装置上。压差通过差压传感器测量,它需要 12V 的激励电压,并能在两个端口上输出与压差成正比的毫伏级输出值。

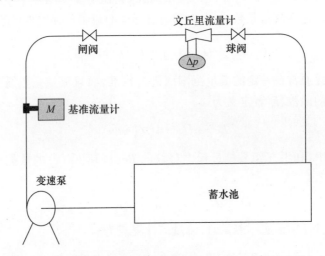

图 8.5 文丘里流量计校准实验装置示意图(摘录自参考文献[1])

8.6.2 压力传感器校准及其不确定度

利用与传感器每个接口连接的水柱来校准传感器,期间记录随传感器一侧逐渐升高的水柱高度而变化的输出电压。水柱高度与输出电压这组校准数据 $(h_c(i), V_{0,c}(i))$ 如表 8.3 所列,其一阶回归公式为

$$h = 2.262V_0 - 0.42334 \tag{8.60}$$

式中,h 的单位为英寸水柱,V_0 的单位为毫伏。

当在实验中使用经校准的传感器时,通过读取输出电压并代入式(8.60)可计算出压头。压差传感器校准曲线如图 8.6 所示。由这一传感器校准曲线确定的 h 值的不确定度可利用式(8.30)进行评估;其中,$Y_i = h_c$,$X_i = V_{0,c}$。

压差的测量值与传感器输出电压的测量值之间不存在相关误差,因而所有 b_{XY} 项均等于零。既然当在实验中用传感器来确定通过文丘里的流量时,基于传感器校准数据的 X_{new} 的随机不确定度估计值可能并不能代表 X_{new} 的随机不确定度,那么式(8.30)中的 $s_{X_{new}}$ 项可从回归不确定度中忽略,并在流量不确定度计算中加以考虑。该过程为常见的情形,因为校准过程通常会受到更好的控制且能提供比实际实验中更加稳定的数据。

表 8.3 压力传感器校准数据组

数据点	$h_c(i)$/(英寸水柱)①	$V_{0,c}(i)$/mV
1	0	0.3
2	1.875	1.0
3	4	2.1
4	8.25	3.9
5	13	6.0
6	17.25	7.8
7	22	9.9
8	23.75	10.7
9	16.125	11.7
10	26.5	11.9
11	31.375	14.0
12	33.375	15.0
13	35.875	16.0
14	40.375	18.0
15	41.75	18.6
16	44.875	20.1
17	49.25	22.0
18	49.875	22.2
19	53.875	24.0
20	55	24.5
21	58.375	26.0

续表

数据点	$h_c(i)/$(英寸水柱)[①]	$V_{0,c}(i)/\text{mV}$
22	60.75	27.1
23	61.875	27.5
24	65.625	29.2
25	68.25	30.4
26	68.125	30.4
27	72.625	32.1
28	77.125	34.3
29	-0.125	-0.3
30	8.125	3.8
31	14.25	6.6
32	22.625	10.2
33	31	13.9
34	41.375	18.5
35	46.625	20.8
36	52.5	23.4
37	58.75	26.1

① 分辨率是 0.125 英寸水柱。

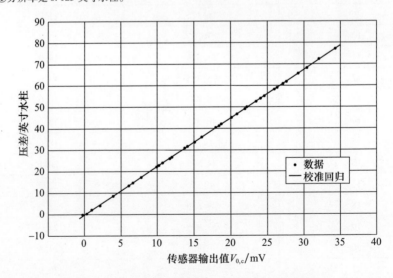

图 8.6　压差传感器校准曲线（摘录自参考文献[1]）

基于压差传感器校准回归公式计算 h 值所产生的不确定度为

$$U_{h-\text{regress}}^2 = 2^2 \Big[\sum_{i=1}^{N} \Big(\frac{\partial h}{\partial h_c(i)} \Big)^2 s_{h_c(i)}^2 + \sum_{i=1}^{N} \Big(\frac{\partial h}{\partial V_{0,c}(i)} \Big)^2 s_{V_{0,c}(i)}^2 +$$

$$\sum_{i=1}^{N} \Big(\frac{\partial h}{\partial h_c(i)} \Big)^2 b_{h_c(i)}^2 2 \sum_{i=1}^{N-1} \sum_{k=i+1}^{N} \Big(\frac{\partial h}{\partial h_c(i)} \Big) \Big(\frac{\partial h}{\partial h_c(k)} \Big) b_{h_c(i)h_c(k)} +$$

$$\sum_{i=1}^{N} \Big(\frac{\partial h}{\partial V_{0,c}(i)} \Big)^2 b_{V_{0,c}(i)}^2 + 2 \sum_{i=1}^{N-1} \sum_{k=i+1}^{N} \Big(\frac{\partial h}{\partial V_{0,c}(i)} \Big) \Big(\frac{\partial h}{\partial V_{0,c}(i)} \Big) b_{V_{0,c}(i)V_{0,c}(k)} +$$

$$\Big(\frac{\partial h}{\partial V_0} \Big)^2 b_{V_0}^2 + 2 \sum_{i=1}^{N} \Big(\frac{\partial h}{\partial V_0} \Big) \Big(\frac{\partial h}{\partial V_{0,c}(i)} \Big) b_{V_0 V_{0,c}(i)} \Big] \quad (8.61)$$

压差的系统标准不确定度为 1/32 英寸水柱,随机标准不确定度为 1/16 英寸水柱。这些不确定度估计值基于测量水柱高度的标尺的精度和可读性。基于制造者的规格书,电压计的系统标准不确定度估计值为 0.25mV。压差传感器校准曲线的不确定度由式(8.61)计算,其随压力的变化关系如图 8.7 所示。采用式(8.62)所示的二阶多项式对不确定度结果进行拟合,将压差的不确定度表示为传感器输出电压的函数。

$$U_{h-\text{regress}} = 5.28 \times 10^{-5} V_0^2 - 0.00177 V_0 + 0.0833 \quad (8.62)$$

正如之前介绍的那样,该表达式并不包括实验中 V_0 的随机不确定度,因此需采用类似于式(8.10)(不包含系统不确定度)的方程进行总不确定度 U_h 估计。

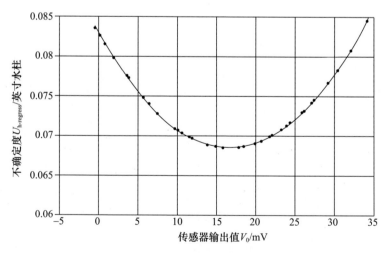

图 8.7　差压传感器校准曲线的不确定度(摘录自参考文献[1]和[2])

8.6.3 文丘里流量系数及其不确定度

正如之前所述,在估计流量系数和流量的不确定度时,通常采用的方法并没有包含所有相关误差的影响。本节介绍确定流量系数不确定度的方法,并分析利用这些信息和式(8.58)确定流量不确定度存在的问题。8.6.4 节介绍一个能够合适地包含相关误差对流量不确定度影响的方法[1-2]。

在本例中介绍的校准实验中,在变速泵的不同设定点处,利用校准标准流量计测量流量 Q_{std},并测量文丘里流量计产生的压差。利用制造厂家图纸所确定的文丘里尺寸($D = 2.125$ 英寸,$d = 1.013$ 英寸)和水在室温下的运动黏度(1.08×10^{-5} 英寸^2/s①),根据式(8.55)和式(8.56)计算出每个实验点的雷诺数和流量系数。

通过对每个泵速处的 Q_{std} 和 h 数据取平均值,可得用于确定回归模型的数据集,如表 8.4 所列。利用一阶回归模型拟合的 $Re(i)$ 和 $C_D(i)$ 的曲线为

$$C_D = 0.991 - 1.21 \times 10^{-7} Re \qquad (8.63)$$

参考式(8.55)和式(8.56)可知,该表达式预测的 C_D 实际上是变量 $Q_{std}(i)$、$h(i)$、$\nu(i)$、d 和 D 的函数,可写为如下的函数形式:

$$C_D = f\{Q_{std}(i), h(i), \nu(i), d, D\} \qquad (8.64)$$

需要指出的是,由式(8.60)可知,$h(i)$ 是 $V_0(i)$ 的函数,也是用于确定式(8.60)的压头和电压的函数。

表 8.4 文丘里校准数据组

$Q_{std}(i)$/(加仑/min)①	$V_0(i)$/mV	$Re(i)$	$C_D(i)$
20.35	5.45	63553	0.987
23.55	7.30	73546	0.982
26.50	9.30	82759	0.977
33.20	14.47	103683	0.977
39.20	20.23	122420	0.974
45.17	26.93	141064	0.972
50.68	33.63	158272	0.975
56.15	41.18	175354	0.976
61.70	49.63	192688	0.976
67.08	58.45	209488	0.978

① 1 加仑/min = 3.785L/min。

---

① 1 英寸/s = 9.29×10^{-2} m^2/s。

应用式(8.50)和式(8.64)，流量系数回归模型的不确定度的表达式为

$$U^2_{C_D-\text{regress}} = 2^2 \Big[\sum_{i=1}^{N} \Big(\frac{\partial C_D}{\partial Q_{\text{std}}(i)}\Big)^2 s^2_{Q_{\text{std}}(i)} + \sum_{i=1}^{N} \Big(\frac{\partial C_D}{\partial Q_{\text{std}}(i)}\Big)^2 b^2_{Q_{\text{std}}(i)} +$$

$$2 \sum_{i=1}^{N-1} \sum_{k=i+1}^{N} \Big(\frac{\partial C_D}{\partial Q_{\text{std}}(i)}\Big)\Big(\frac{\partial C_D}{\partial Q_{\text{std}}(k)}\Big) b_{Q_{\text{std}}(i)Q_{\text{std}}(k)} +$$

$$\sum_{i=1}^{N} \Big(\frac{\partial C_D}{\partial h(i)}\Big)^2 [b^2_{h(i)} + s^2_{h(i)}] + 2\sum_{i=1}^{N-1}\sum_{k=i+1}^{N}\Big(\frac{\partial C_D}{\partial h(i)}\Big)\Big(\frac{\partial C_D}{\partial h(k)}\Big) b_{h(i)h(k)} +$$

$$\sum_{i=1}^{N}\Big(\frac{\partial C_D}{\partial \nu(i)}\Big)^2 b^2_{\nu(i)} + 2\sum_{i=1}^{N-1}\sum_{k=i+1}^{N}\Big(\frac{\partial C_D}{\partial \nu(i)}\Big)\Big(\frac{\partial C_D}{\partial \nu(k)}\Big) b_{\nu(i)\nu(k)} +$$

$$\Big(\frac{\partial C_D}{\partial d}\Big)^2 b^2_d + \Big(\frac{\partial C_D}{\partial D}\Big)^2 b^2_D \Big] \tag{8.65}$$

当运用式(8.61)时，既然式(8.61)中所有的不确定度已被冻结，那么式(8.65)中的 $b_{h(i)}$ 是与式(8.61)等价的标准不确定度。对式(8.60)应用不确定度传播方程可确定式(8.65)中的 $s_{h(i)}$。需要注意的是，当运用式(8.63)时，式(8.65)并未包含 Re_{new} 中不确定度。

计算 $h(i)h(k)$ 和 $Q_{\text{std}}(i)Q_{\text{std}}(k)$ 的相关项有待进一步的讨论。既然利用测量的 V_0 代入式(8.60)可计算出 h，那么在确定两个连续的 h 值时，因 V_0 测量过程中相同误差源所引起的系统误差是相关的。如果利用校准方程和被测频率计算 Q_{std}，也会出现相似的情形。在这里使用变量 T 来使上述情形一般化，该变量通过校准方程 $T=f(E)$ 和被测变量的值 E 来确定，由此，协方差的近似值可表示为

$$b_{T(i)T(j)} = \Big(\frac{\partial T}{\partial E}\Big)_i \Big(\frac{\partial T}{\partial E}\Big)_j b_{E(i)E(j)} \tag{8.66}$$

其中，$b_{E(i)E(j)}$ 通常由第 6 章所述的积和方法确定。特别地，对于式(8.66)中的 $b_{h(i)h(j)}$，它可写为如下形式：

$$b_{h(i)h(k)} = \Big(\frac{\partial h}{\partial V_0}\Big)_{V_0(i)} \Big(\frac{\partial h}{\partial V_0}\Big)_{V_0(k)} b_{V_0(i)V_0(k)} \tag{8.67}$$

文丘里流量系数所涉变量的不确定度估计值如表 8.5 所列。用于校准的流量计的不确定为制造厂家宣称的读数值的 1%，取该值的 1/2 作为式(8.65)中的系统标准不确定度。校准流量计的随机不确定度可基于实验过程中观察到的变化进行估计。当在文丘里校准实验过程中使用式(8.60)所述的压差传感器校准曲线时，由式(8.63)所确定的传感器的不确定度可视为冻结的系统不确定度。文丘里入口和喉部直径的不确定度可利用文丘里制造厂家数据表中的加工公差进行估计。运动黏度的系统不确定度近似取读数的 0.5% 以考虑黏度数据

实验中的不确定度(也可以考虑取更大的估计值$2b_\nu$)。

表 8.5 文丘里校准的不确定度(95% 置信水平)

误差源	系统误差	随机误差
涡轮流量计	读数的 1%	0.5 加仑/min
压差传感器	式(8.15)	—
文丘里喉部直径	0.005 英寸	0.0
文丘里入口直径	0.005 英寸	0.0
运动黏度	读数的 0.5%	0.0

由式(8.65)确定的流量系数的不确定度可利用二阶回归拟合为雷诺数的函数:

$$U_{C_D-\text{regress}} = 1.38 \times 10^{-12} Re^2 - 3.46 \times 10^{-7} Re + 0.0333 \qquad (8.68)$$

流量系数的数据与回归模型如图 8.8 所示,其中,虚线为不确定度。

图 8.8 还示出了单个数据点 (Re, C_D) 的不确定度区间。每个数据点的流量系数不确定度通过对式(8.43)应用不确定度传播方程来确定:

$$U_{C_D}^2 = 2^2 \left[\left(\frac{\partial C_D}{\partial Q_{\text{std}}}\right)^2 s_{Q_{\text{std}}}^2 + \left(\frac{\partial C_D}{\partial Q_{\text{std}}}\right)^2 b_{Q_{\text{std}}}^2 + \left(\frac{\partial C_D}{\partial h}\right)^2 b_h^2 + \left(\frac{\partial C_D}{\partial d}\right)^2 b_d^2 + \left(\frac{\partial C_D}{\partial D}\right)^2 b_D^2 \right]$$
$$(8.69)$$

同理可得雷诺数的不确定度为

$$U_{Re}^2 = 2^2 \left[\left(\frac{\partial Re}{\partial Q_{\text{std}}}\right)^2 s_{Q_{\text{std}}}^2 + \left(\frac{\partial Re}{\partial Q_{\text{std}}}\right)^2 b_{Q_{\text{std}}}^2 + \left(\frac{\partial Re}{\partial d}\right)^2 b_d^2 + \left(\frac{\partial Re}{\partial \nu}\right)^2 b_\nu^2 \right] \qquad (8.70)$$

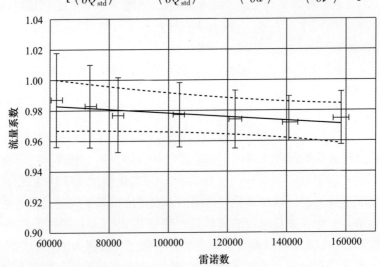

图 8.8 随雷诺数变化的流量系数(摘录自参考文献[1]和[2])

由图 8.8 可知,在相同的雷诺数处,单个数据点的流量系数的不确定度大于回归模型的不确定度。这是合理的,因为在某一雷诺数处的回归不确定度区间包含了 N 个数据点的信息,而单个数据点的不确定度区间仅包含该点处的信息。

由式(8.68)或式(8.69)确定的 C_d 的不确定度并不如之前设想的那么有用。当在式(8.58)中利用 C_D 或者在式(8.59)中利用 a_0 和 a_1 来确定某一实验的 Q 时,U_{C_D} 或 U_{a_0} 和 U_{a_1} 包含式(8.58)或式(8.59)中 d、D 和 ν_{new}、h_{new} 的相关系统误差。正确地确定这些额外的相关项的计算式是困难的或者是不可能的,而且笔者推荐 8.6.4 节中介绍的方法[1-2]。

8.6.4 流量及其不确定度

正如 8.6.3 节所述,由于相关系统误差的存在,通过恰当的传播流量系数的不确定度来确定流量计算值的不确定度是有些困难的。本节将介绍如何确定文丘里流量计校准的不确定度和如何恰当的表示流量计算值不确定度的方法。

当实验中使用该文丘里流量计时,流量通过式(8.58)或式(8.59)来计算。用来确定流量的不确定度的一种看似直接的方法是对式(8.58)应用不确定度传播方程以确定不确定度表达式:

$$U_Q^2 = 2^2 \left[\left(\frac{\partial Q}{\partial C_D} \right)^2 b_{C_D}^2 + \left(\frac{\partial Q}{\partial d} \right)^2 b_d^2 + \left(\frac{\partial Q}{\partial D} \right)^2 b_D^2 + \left(\frac{\partial Q}{\partial \nu_{new}} \right)^2 b_{\nu_{new}}^2 + \right.$$
$$\left. \left(\frac{\partial Q}{\partial h_{new}} \right)^2 (b_{h_{new}}^2 + s_{h_{new}}^2) + (C_D 与 d、C_D 与 D、C_D 与 h_{new}、C_D 与 \nu_{new} 的相关项) \right]$$

(8.71)

如果采用式(8.59),用 a_0 和 a_1 代替式中的 C_D 可得相似的表达式。在估计流量系数不确定度对流量总不确定度的影响时通常并不包含相关项。即便希望考虑它们,虽然不是不可能,但对它们进行估计依然是困难的。然而,如果式(8.58)或式(8.59)中的一些变量与用于确定流量系数回归模型(式(8.57)或式(8.63))的数据组 $Re(i)$ 和 $C_D(i)$ 中的变量相同时,相关系统误差的影响必须被考虑。式(8.58)或式(8.59)中的喉部直径 d 和入口直径 D 与流量系数回归公式中具有相同的值。如果实验中用于确定流量的压差传感器与校准时的压差传感器是相同的,或者如果压差传感器与用于测量压差的校准传感器具有相关的系统误差源,那么必须包含合适的相关项。相似地,如果运动黏度值与确定流量系数计算值的运动黏度具有相关的系统误差源,那么必须包含合适的相关系统误差项。

由于在实验过程中流量是期望从文丘里流量计处获得的结果,并且它是一

些变量的函数,而这些变量与实验中的被测变量一同用于确定流量系数的回归公式,这时 Q 的表达式可写为

$$Q = f[C_D(Q_{std}(i), h(i), \nu(i), d, D), h_{new}, \nu_{new}, d, D] \quad (8.72)$$

其中,C_D 为回归表达式,如式(8.57)或式(8.63)所示,其中的回归系数可利用如式(8.16)和式(8.17)类似的表达式代替。不确定度传播方程可直接应用于式(8.72)以获得 $U_{Q-regress}$ 的表达式。

利用文丘里流量计校准和之前实验的已知信息可获得 $U_{Q-regress}$ 的方程。不过还需谨慎考虑那些在实验后才能获得的系统和随机不确定度的信息。如果实验中采用了与校准时相同的压差传感器,而且如果运动黏度实验值的系统不确定度是已知的,那么在实验之前唯一未知的不确定度是压差测量值的随机不确定度。那么,$U_{Q-regress}$ 可写为

$$\begin{aligned}
U_{Q-regress}^2 = 2^2 \Big[&\sum_{i=1}^{N} \Big(\frac{\partial Q}{\partial Q_{std}(i)}\Big)^2 s_{Q_{std}(i)}^2 + \sum_{i=1}^{N} \Big(\frac{\partial Q}{\partial h(i)}\Big)^2 s_{h(i)}^2 + \\
&\sum_{i=1}^{N} \Big(\frac{\partial Q}{\partial Q_{std}(i)}\Big)^2 b_{Q_{std}(i)}^2 + \sum_{i=1}^{N} \Big(\frac{\partial Q}{\partial h(i)}\Big)^2 b_{h(i)}^2 + \\
&2\sum_{i=1}^{N-1} \sum_{k=i+1}^{N} \Big(\frac{\partial Q}{\partial Q_{std}(i)}\Big)\Big(\frac{\partial Q}{\partial Q_{std}(k)}\Big) b_{Q_{std}(i)Q_{std}(k)} + \\
&2\sum_{i=1}^{N-1} \sum_{k=i+1}^{N} \Big(\frac{\partial Q}{\partial h(i)}\Big)\Big(\frac{\partial Q}{\partial h(k)}\Big) b_{h(i)h(k)} + \sum_{i=1}^{N} \Big(\frac{\partial Q}{\partial \nu(i)}\Big)^2 b_{\nu(i)}^2 + \\
&2\sum_{i=1}^{N-1} \sum_{k=i+1}^{N} \Big(\frac{\partial Q}{\partial \nu(i)}\Big)\Big(\frac{\partial Q}{\partial \nu(k)}\Big) b_{\nu(i)\nu(k)} + \Big(\frac{\partial Q}{\partial d}\Big)^2 b_d^2 + \\
&\Big(\frac{\partial Q}{\partial D}\Big)^2 b_D^2 + \Big(\frac{\partial Q}{\partial h_{new}}\Big)^2 b_{h_{new}}^2 + 2\sum_{i=1}^{N} \Big(\frac{\partial Q}{\partial h(i)}\Big)\Big(\frac{\partial Q}{\partial h_{new}}\Big) b_{h(i)h_{new}} + \\
&\Big(\frac{\partial Q}{\partial \nu_{new}}\Big)^2 b_{\nu_{new}}^2 + 2\sum_{i=1}^{N} \Big(\frac{\partial Q}{\partial \nu(i)}\Big)\Big(\frac{\partial Q}{\partial \nu_{new}}\Big) b_{\nu(i)\nu_{new}} \Big] \quad (8.73)
\end{aligned}$$

其中

$$U_Q^2 = U_{Q-regress}^2 + 2^2 \Big(\frac{\partial Q}{\partial h_{new}}\Big)^2 s_{h_{new}}^2 \quad (8.74)$$

$$s_{h_{new}}^2 = \Big(\frac{\partial h}{\partial V_{0,new}}\Big)^2 s_{V_{0,new}}^2 \quad (8.75)$$

令式(8.62)中 $b = U/2$,可计算式(8.73)中的 $b_{h(i)}$ 和 $b_{h_{new}}$。h 和 Q_{std} 相关项的处理方法如前文所述(式(8.66))。

式(8.73)等号右端的前 10 项将文丘里校准的不确定度传播到流量的不确

定度中。当利用式(8.59)计算 Q 时,剩余 4 项传播的是与新变量有关的不确定度。

值得进一步讨论的是式(8.73)中 b_d 和 d_D 的影响。如果校准过程中与式(8.47)均使用的相同的 d 和 D,那么式(8.73)等号右边第 9 和 10 项中的 $\partial Q/\partial d$ 和 $\partial Q/\partial D$ 将等于零。因此,d 和 D 的不确定度对 Q 的不确定度没有影响,它们已经被校准消除了。只要在校准和利用式(8.59)计算 Q 时采用的完全相同的值,那么即使 d 再大 2 倍也不会产生影响,这是其意义所在。

如果文丘里流量计的喉部直径 d 发生了变化,如磨损或腐蚀,式(8.59)中使用的 d 不同于校准时的值,那么 d 应该视为一个不同的变量,例如,标记为 d_{new},而不再是校准时的 d。在这种情况下,式(8.73)等号右边第 9 项中的 $\partial Q/\partial d$ 将不等于零,额外的项,如 $(\partial Q/\partial d_{new})^2 (b_{d_{new}})^2$,应被添加到式(8.73)中。

式(8.73)中的运动黏度项也需要进一步的说明。如果校准和实验中使用了相同的流体,而且运动黏度和系统不确定度是常数,那么运动黏度的不确定度对 Q 的不确定度没有影响。在这种情况下,式(8.73)中运动黏度的 4 项之和为零。

校准后确定的不确定度 $U_{Q-regress}$ 可用式(8.73)计算,其为雷诺数的函数,如图 8.9 所示。利用 Re 和 $U_{Q-regress}$ 的数据点进行回归可得

$$U_{Q-regress} = 5 \times 10^{-16} Re_{new}^3 - 1 \times 10^{-10} Re_{new}^2 + 2 \times 10^{-5} Re_{new} - 0.1162 \quad (8.76)$$

其中,$U_{Q-regress}$ 的单位为加仑/min。

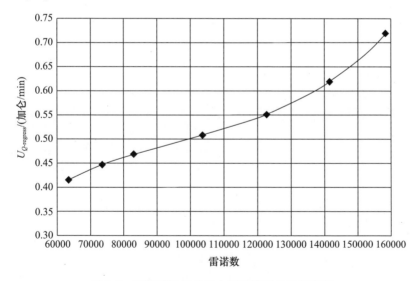

图 8.9 随雷诺数变化的文丘里流量的不确定度

如果实验时与校准时使用的不是同一个压力传感器,它们之间不存在相关

的系统误差源,那么式(8.73)中新传感器的系统不确定度项和 $b_{h(i)h_{\text{new}}}$ 应设为零,由此可得一个类似于式(8.76)的新表达式。对于实验流体运动黏度的系统不确定是已知的这种情形,所得的流量的不确定度的表达式为

$$U_Q^2 = U_{Q-\text{regress}}^2 + 2^2 \left(\frac{\partial Q}{\partial h_{\text{new}}}\right)^2 s_{h_{\text{new}}}^2 + 2^2 \left(\frac{\partial Q}{\partial h_{\text{new}}}\right)^2 b_{h_{\text{new}}}^2 \quad (8.77)$$

$U_{Q-\text{regress}}$ 的回归公式,例如,式(8.76)或类似的表达式,应该与式(8.74)或式(8.77)一同呈报。

参考文献

[1] Brown, K. K., "Assessment of the Experimental Uncertainty Associated with Regressions," Ph. D. dissertation, University of Alabama in Huntsville, Huntsville, AL, 1996.

[2] Brown, K. K., Coleman, H. W., and Steele, W. G., "A Methodology for Determining the Experimental Uncertainty in Regressions," *Journal of Fluids Engineering*, Vol. 120, No. 3, 1998, pp. 445 – 456.

[3] Schenck, H., *Theories of Engineering Experimentation*, 3rd ed., McGraw – Hill, New York, 1979.

[4] Montgomery, D. C., and Peck, E. A., *Introduction to Linear Regression Analysis*, 2nd ed., Wiley, New York, 1992.

[5] Press, W. H., Flannery, B. P., Teukolsky, S. A., and Vetterling, W. T., *Numerical Recipes: The Art of Scientific Computing*, Cambridge University Press, Cambridge, 1986.

[6] Bean, H. S. (Ed.), *Fluid Meters: Their Theory and Application*, 6th ed., American Society of Mechanical Engineers, New York, 1971.

习题

8.1 确定下面一组校准数据集的回归方程。确定式(8.19)中的 b_{curvefit},并使用此校准方程来确定在 $X=3.2$,$X=5.0$ 和 $X=7.0$ 处的 Y 值。

Y	2.4	3.0	3.5	4.5	4.9	5.6	6.8	7.3
X	2.0	3.0	4.5	5.3	6.5	7.8	8.5	10.1

8.2 在校准用于测量空气流速的孔板过程中,获得了如下的体积流速(Q)与压降(Δp)数据:

$Q/$(英尺^3/min)	130	304	400	488	554	610
Δp/psi	5	25	45	65	85	105

众所周知,对于该情况的一种合适的回归方程为 $Q = C(\Delta p)^{1/2}$,其中 Q 表示以英寸^3/min 为单位的流量,Δp 是以 psi 为单位的孔口压力,C 为校准因子。在笛卡儿坐标中绘制这些数据点并确定 C。如果用于获取 Q 的流量计的系统标准不确定度为读数值的 0.5%,而且 ΔP 单元的系统标准不确定度为读数值的

0.5%,那么 C 的系统标准不确定度是多少?

8.3 一阶仪器对输入阶跃变化的预期响应遵循如下的关系:

$$R = 1 - e^{-t/\tau}$$

响应数据与时间的关系如下所列:

R	0.39	0.63	0.78	0.86	0.92
t/s	1	2	3	4	5

在恰当的校正坐标系中绘制这些数据,并找到 τ 的回归方程。包括当 $b_R = 0.025, b_t = 0.05, s_R = 0.01$,以及 $s_t = 0.025s$ 时,拟合曲线的不确定度带。

8.4 空气中紊流交叉流动时,圆柱上的阻力可用阻力系数 C_D 表示:

$$C_D = \frac{F_D}{A_f(\rho v^2/2)}$$

相对于雷诺数 Re,有

$$Re = \frac{\rho v D}{\mu}$$

式中: F_D 为圆柱上的力; A_f 为圆柱正面(投射)面积; ρ 为空气密度; v 为空气自由流速度; D 为圆柱直径; μ 为空气动力黏度。

一个直径为 6cm、长 60cm 的圆筒连接至称重传感器并放置于风洞中。称重传感器测量得到的气缸上的力为 F_D。速度 v 用变速风扇调节,并用皮托管探头进行测量。力和速度的数据如下:

数据点	F_D/N	$v/(m/s)$
1	35.2	53
2	46.2	59
3	62.9	67
4	83.5	75
5	109.7	84
6	144.0	94
7	188.9	105

95% 置信水平下,力的系统不确定度主要来自于称重传感器的校准,其值为 0.7N。95% 置信水平下,速度的系统不确定度主要来自于压差(DP)单元的不确定度,其值为 0.5m/s。两次测量过程中的随机不确定度可以忽略不计。

圆柱的直径用千分尺确定,其 95% 置信水平下的总(冻结)系统不确定度为 0.05cm。长度用尺子测量,其 95% 置信度下的系统不确定度为 0.2cm。空气密度为 $1.161 kg/m^3 \pm 1\%$ (95%),动态黏度为 $184.6 \times 10^{-7} N \cdot s/m^2 \pm 2\%$ (95%)。

(1) 为这些数据找到合适的回归表达式。在该参数范围内,可选用阻力系数随 logRe 的变化作为恰当的校正坐标系。

(2) 对于该回归表达式的目的是用于进行初始设计的情形,且 $U_{Re(\text{new})} = 0$,请对所拟合的曲线进行不确定度声明。

(3) 对于 Re_{new} 为不同实验的设计雷诺数,且具有系统标准不确定度 $b_{Re(\text{new})}$ 时,由曲线拟合确定的阻力系数的不确定度表达式是什么?

第 9 章
模拟的确认

9.1 确认方法概述

在过去的几十年里,随着计算能力的不断提高,建模方法和数值求解算法已经极大地提高了科学和工程界模拟真实过程的能力。在开发新系统时,利用令人耳目一新的细致的模拟分析来代替许多之前必要的实验,并将其投入市场已变成了现实。在过去,需要在覆盖系统预期的运行范围内设定大量实验点以测试子系统和系统的性能。对于大型复杂的系统,即便不是完全不可能,利用有限的资源进行这样的实验项目也是相当昂贵的。

目前的方法是寻求利用更加经济的模拟结果代替一些或者许多实验,这些模拟结果在选择的设定点需经过实验结果的确认。为进行模拟时更有信心,必须了解实验确认过程中在所选择的设定点处的模拟预测结果有多好,以及预测结果在无实验数据的运行范围中内插或外推有多好。这促进了模拟(如模型、程序)验证与确认(V&V)领域的出现。

验证(verification)指运用一些方法确定算法正确地求解了模型中的方程,而且,如果利用有限差分、有限元和有限体积等计算力学方法对方程进行了离散,那么验证还需估计数值不确定度。验证用来解决"方程是否被正确求解了?"这个问题,而不是"方程描述真实世界有多准确?"这个问题。确认(validation)是用来确定模型描述真实世界准确程度的过程。它通过在确认设定点处比较模拟预测值与实验结果(真实世界)来阐明预测的准确性。

本章介绍的验证与确认方法源于 ASME V&V20—2009《计算流体力学与传热学的验证与确认标准》[1]。尽管标准名称上有明显的限定,并且标准中采用的是来自流体力学和传热学的例子,但是这些验证与确认(V&V)程序可应用于计算工程与科学的所有领域。在 V&V 中,工程与科学界所关注的最终目标是确认,即从模型预期用途的角度出发来确定模型能多准确的表征真实世界。不过,确认需在完成程序验证(code verificaiton)和解法验证(solution verification)之后才能进行。程序验证确立了程序精确地求解了程序中所包含的概念模型这个事实,也就是说,程序已不存在错误。解法验证确立了计算的数值准确性。本章将简要地介绍程序验证和解法验证,关于这方面的详细讨论见参考文献[1]。

估计模拟模型误差所落入的范围是确认过程的主要目标,该目标通过在特定工况下将特定确认变量的模拟结果(解)与合适的实验结果(数据)进行比较来实现。如果没有与模拟结果可比较的实验数据,就无法进行确认。

V&V20方法将特定变量在指定确认点处通过解与数据的比较推断出的精确程度进行了量化。该方法最初由参考文献[2]提出,它采用了一些之前章节所介绍的实验不确定度分析的一些概念,以考虑解和数据的误差和不确定度。该方法的特定应用范围为:在对真实实验进行模拟的条件下,对特定变量在指定确认点处的精确程度进行量化。

确定模拟结果在设定点而非确认点(通常在运行范围的内插或外推区域)的精确程度仍然是一个尚未解决的研究领域,因而不再本章的讨论范围之内。

9.2 误差与不确定度

参考文献[2]将实验不确定度分析[3-4]中的误差和不确定度的概念应用于模拟结果和实验测量值,并将泰勒级数传播法应用于模拟和实验结果的比较过程,以估计模拟中建模误差所落入的范围。一些其他的与V&V相关的参考文献[5-7]采用不同的误差和不确定度的定义。

接本书前面章节的讨论,本章介绍的确认方法认为误差δ是一个具有特定符号和大小的量。每个已知符号和大小的误差已经进行了修正,因而所剩余的是符号和大小未知的误差。不确定度u是对包含误差δ的范围$\pm u$的估计。

9.3 与确认相关的符号说明

在确认过程中,将一组指定条件(确认点)下指定确认变量的模拟结果(解)与实验结果(数据)进行比较。例如,对一个用于预测粗糙管内压降和摩擦系数的计算流体力学软件进行确认。实验装置如图9.1所示,确认实验所关注的确认变量为粗糙管内充分发展流动条件下的压降Δp(在轴向长度为L的间距内测量)和摩擦系数f。这些确认变量利用软件模拟进行预测并利用实验在一组指定条件(如雷诺数、管道截面、壁面粗糙度和牛顿流体)下进行测量确定。

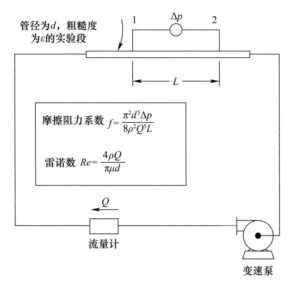

图9.1 粗糙管流动实验示意图

这类实验中最经典的是由尼古拉兹(Nikuradse)进行的[8],他通过在实验段内的管壁上粘贴不同大小砂粒的方法研究了圆管内充分发展流动下粗糙度的影响。实验研究的结果将阻力系数 f 表示为与雷诺数 Re 和砂粒的相对粗糙度 ε/d 相关的函数。

与被测变量相关的阻力系数 f 的定义式为

$$f = \pi^2 d^5 \Delta p / (8\rho Q^2 L) \tag{9.1}$$

雷诺数为

$$Re = 4\rho Q / (\pi \mu d) \tag{9.2}$$

第三个无量纲数是 ε/d。其中,本例中的 ε 为等效砂粒粗糙度,它是粗糙度从长度尺度上的衡量值。对于更加复杂的工况,粗糙度可用多个参量进行更加细致的衡量,如高度 ε_1、周向间距 ε_2、轴向间距 ε_3、形状 s 等。

在确认实验中,如下的变量或直接进行测量,或来源于各类参考源(物性表、带尺寸的图纸):

(1) d:圆管直径。
(2) ε:粗糙度。
(3) L:压力测点间的距离。
(4) Δp:长度 L 间压降的直接测量值。
(5) Q:流体的体积流量。
(6) ρ:流体的密度。

(7) μ:流体的动力黏度。

(8) p_1:测点1的静压力。

实验结果 f 通过式(9.1)所示的数据简化方程获得。需要注意的是,确认点(Re、ε/d)也是利用实验值计算的。

在模拟中,将 d、ε、L、Q、ρ、μ 和 p_1 的实验测量值作为模型的输入值。Δp 的模型预测值,摩擦阻力系数 f 的预测值可通过其定义式(9.1)计算出来。

以管内流动为例的确认方法中所涉及的概念及其符号如图9.2所示;该方法取给定确认条件(实验确定的 Re 和 ε/d)下的选定压降 Δp 作为确认变量。

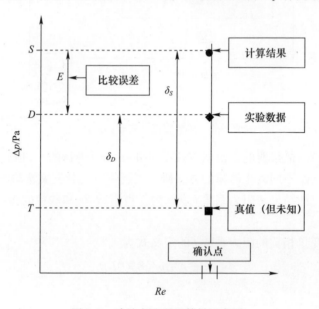

图9.2 确认方法所用符号示意图

9.4 确认方法

如图9.2所示,压降 Δp 的模拟预测值记为 S,实验值记为 D,未知的真值记为 T。需要说明的是,在不同工况下 S、D 和 T 的相对大小均是不同的,也未必为图9.2所示的顺序。确认比较误差 E 定义为

$$E = S - D \tag{9.3}$$

模拟解 S 的误差是 S 与真值 T 的差值:

$$\delta_S = S - T \tag{9.4}$$

同理,实验值 D 的误差为

$$\delta_D = D - T \tag{9.5}$$

利用式(9.3)~式(9.5)可得 E 的表达式为

$$E = S - D = (T + \delta_S) - (T + \delta_D) = \delta_S - \delta_D \tag{9.6}$$

由此可知,确认比较误差 E 是模拟结果和实验结果中的所有误差合成的结果;确认比较之后,其符号和大小是已知的。S 中的所有误差可以分为以下三类[2]:

(1) 由于建模假设和近似所产生的误差 δ_{model};
(2) 由于方程的数值求解所产生的误差 δ_{num};
(3) 由于模拟输入参数(如 d、ε、L、Q、ρ、μ 和 P_1)中的误差所引起的模拟结果误差 δ_{input}。

因而

$$\delta_S = \delta_{model} + \delta_{num} + \delta_{input} \tag{9.7}$$

目前存在多种方法可以估计 δ_{num} 和 δ_{input} 的影响,但是无法独立的观察或计算 δ_{model} 的影响。确认的目的就是估计 δ_{model} 落入的不确定度范围。

合并式(9.6)和式(9.7)可得比较误差的表达式为

$$E = \delta_{model} + \delta_{num} + \delta_{input} - \delta_D \tag{9.8}$$

该方法的示意图如图9.3所示,其中椭圆内所示的是误差源。

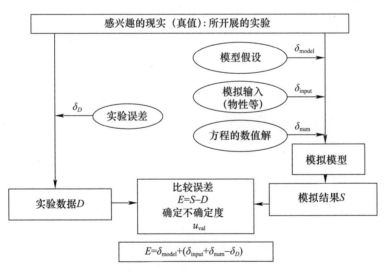

图9.3 确认过程示意图

改写式(9.8)可得 δ_{model} 为

$$\delta_{model} = E - (\delta_{num} + \delta_{input} - \delta_D) \tag{9.9}$$

对于式(9.3)等号右边的各项,一旦 S 和 D 确定之后,由式(9.3)可知 E 的符号和大小。然而,δ_{num}、δ_{input} 和 δ_D 的符号和大小是未知的。与这些误差相应的标准不确定度分别是 u_{num}、u_{input} 和 u_D。其中,u_{num} 是 δ_{num} 的总体分布标准差的估计值。

依据参考文献[2],将确认不确定度 u_{val} 定义为合成误差 $\delta_{num} + \delta_{input} - \delta_D$ 总体分布标准差的估计值。如果这三个误差是独立的,那么

$$u_{val} = \sqrt{u_{num}^2 + u_{input}^2 + u_D^2} \tag{9.10}$$

对于 S 和 D 包含相同的变量和/或相同误差源的误差的情形,δ_{input} 和 δ_D 是不相互独立的;关于这部分的讨论见9.7节。

对于式(9.9)所示的关系式,$(E \pm u_{val})$ 可定义一个包含 δ_{model} 的区间(具有某个未指定的置信度)。为了获得 u_{val} 的估计值,必须估计 u_{num} 值,估计那些对 u_{input} 有影响的输入参数的不确定度,以及估计那些实验中对 u_D 有影响的不确定度。

既然 E 和 u_{val} 相关的信息可用于估计建模误差落入的区间大小,那么对 u_{val} 进行估计是确认方法的核心。9.7节将介绍两种估计 u_{val} 的不确定度传播方法:泰勒级数法和蒙特卡罗法。这两个方法将通过管流实例并结合以下情形进行介绍:①直接测量的压降 Δp 为实验确认变量;②基于直接测量的 Δp 计算得到的摩擦系数为实验确认变量;③压降 Δp 是实验确认变量,它由具有相同误差源的 p_1 和 p_2 的测量值计算获得;④通过传热实例进行介绍,在这种情形下,实验所确定的壁面热流密度(确认变量)基于温度-时间数据利用数据简化方程计算得到,并且所采用的数据简化方程本身就是一种模型。

需要注意的是,一旦 D 和 S 被确定下来,它们的值与真值 T 之间的差异总是相当的。也就是说,所有影响 D 和 S 的误差已经被冻结,而且 δ_D、δ_{num}、δ_{input} 和 δ_{model} 均为系统误差。这意味着被估计的不确定度 u_{input}、u_{num} 和 u_D 是系统不确定度。

那些对 u_{input} 有影响的所有输入参数的不确定度的估计值和那些实验中对 u_D 有影响的不确定度的估计值可利用之前章节介绍的方法进行估计。用于估计 u_{num} 的验证流程已经超出了本书的范围,9.5节将对其进行简要的介绍。

9.5 程序与解法验证

在估计 u_{num} 之前,有必要先对程序本身进行确认;也就是说,有必要确定程序没有错误(程序验证)。解法验证是估计 u_{num} 的过程;其中 u_{num} 是确认过程需要的不确定度估计值。程序验证和解法验证是数学过程,并不需要考虑数值模型

结果与实验数据的一致性(其为确认过程所关心的内容)。程序验证和解法验证仍然是研究的热点,更多的讨论见 V&V20[1] 和罗彻(Roache)的专著[9];V&V20 包含了有关网格模拟的验证方法。

对于这样的模拟,程序验证的推荐方法是采用人工构造解方法(method of manufactured solution, MMS)。人工构造解方法假设一个足够复杂的解(例如,双曲正切函数或其他超越函数)以便偏微分方程中的所有项均能得到验证。将数值解作为偏微分方程的源项输入,对程序进行网格收敛测试以验证其收敛性,并确定其收敛的速度。误差的大小和符号可直接通过数值解与解析解之差进行确定。

程序验证时的网格细化研究会产生评估误差;在解法验证时的网格细化研究会形成估计误差。获取上述误差估计值的最被广泛采用的方法是经典的理查森外推法(RE)[10]。在某一给定置信度下的不确定度估计值可利用罗彻网格收敛指数(GCI)进行计算[9]。GCI 是估计得到的具有 95% 置信度的不确定度,它是通过 RE 误差估计值乘以一个通过经验确定的安全系数(FS)得到的。安全系数用于将误差的最佳估计值转变为 95% 不确定度估计值。网格收敛指数 GCI,特别是最初由埃卡(Eca)和胡克斯特拉(Hoekstra)[11]提出的最小二乘法,是迄今为止用于进行数值不确定度预测的鲁棒性最强,测试面最广的方法[1]。

9.6 确认结果分析

对于式(9.9),即

$$\delta_{\text{model}} = E - (\delta_{\text{num}} + \delta_{\text{input}} - \delta_D)$$

一旦确认过程确定了确认变量的 S 值和 D 值,那么确认比较误差 $E = S - D$ 的符号和大小也就已知了。确认不确定度 u_{val} 是除了建模误差之外的其他所有合成误差 $\delta_{\text{num}} + \delta_{\text{input}} - \delta_D$ 总体分布标准差的估计值——四种特定情形下的实例已经进行了讨论。考虑式(9.9)所示的关系式,$E \pm u_{\text{val}}$ 定义的是一个包含 δ_{model},并具有某个未指定的置信度的区间。因而 E 是 δ_{model} 的一个估计值,而 u_{val} 是那个估计值的标准不确定度,并能合适地指定 $u_{\delta_{\text{model}}}$。

9.6.1 无假设的误差分布

如果已知了 δ_{model} 的标准不确定度 $u_{\delta_{\text{model}}}$,而 $\delta_{\text{num}} + \delta_{\text{input}} - \delta_D$ 的概率分布未知,那么在没有进一步假设的条件下无法估计包含 δ_{model} 落入的区间及其概率。然而:

(1) 如果

$$|E| \gg u_{val} \tag{9.11}$$

那么,$\delta_{model} \approx E$。

(2) 如果

$$|E| \leqslant u_{val} \tag{9.12}$$

那么,δ_{model} 与 $\delta_{num} + \delta_{input} - \delta_D$ 具有相同的量级或小于 $\delta_{num} + \delta_{input} - \delta_D$。

9.6.2 带假设的误差分布

为了估计 δ_{model} 落入的区间及其置信度,必须假设除了建模误差之外其他所有误差的概率分布。这是为了选择包含系数 k 以便计算:

$$U_\% = k_\% u \tag{9.13}$$

式中:U 为扩展不确定度。

例如,当包含系数选为 95% 的系数时,$E \pm U_{95}$ 即定义了 100 次中有 95 次落入的区间(即 95% 的置信水平)。

为了获得 k,正如 ISO 指南中的实例所采用的三个总体误差分布[3]:①均匀(矩形)分布,即 δ 在 $-A$ 和 $+A$ 之间等概率,那么 $\sigma = A/\sqrt{3}$;②$\delta = 0$ 在 $-A$ 和 $+A$ 的三角分布,那么 $\sigma = A/\sqrt{6}$;③标准差为 σ 的高斯分布。选择包含系数以使 $\delta_{num} + \delta_{input} - \delta_D$ 落入 $\pm k u_{val}$。如果 $\delta_{num} + \delta_{input} - \delta_D$ 满足均匀分布,$k = 1.73$ 包含 100% 的数目。如果 $\delta_{num} + \delta_{input} - \delta_D$ 满足三角分布,$k = 2.45$ 包含 100% 的数目。如果 $\delta_{num} + \delta_{input} - \delta_D$ 满足高斯分布,$k = 3$ 包含 99.7% 的数目;$k = 3.5$ 包含 99.95% 的数目;$k = 4$ 包含 99.99% 的数目。比较这些数据可知,对于三种分布族的误差分布,当 k 大于 2 或 3 时,可以确定(或几乎可以确定)δ_{model} 会落入 $E \pm k u_{val}$ 的区间内。

如果采用蒙特卡罗法,利用第 3 章介绍的方法能确定具有指定百分比的包含区间。

9.7 确认不确定度的估计

一旦利用 9.5 节的方法获得了 u_{num} 的估计值以及 u_{input} 和 u_D,有若干种方法可以确定 u_{val}。在此介绍的两种方法为泰勒级数法和蒙特卡罗法。利用能涵盖一定 V&V 应用范围的四个实例来阐述这两种方法。

介绍的前三种情形是针对之前讨论过的粗糙管流动,如图 9.1 所示。在第一种情形中,实验确认变量(Δp)为直接测量量;在第二种情形中,实验确认变量(摩擦阻力系数)通过数据简化方程确定,它合成了实验中的多个被测变量(其中,压降Δp是直接测量值);在第三种情形中,实验确认变量(Δp)是数据简化方程($\Delta p = p_1 - p_2$)的结果,它合成了实验中的多个变量,而且p_1和p_2的测量值受到相同误差源的影响。在所有这些情形中,确认条件(设定点)包括雷诺数$4\rho Q/(\pi \mu d)$和相对粗糙度ε/d的实验值。由于这些模拟基于的是实际的实验条件,则将各变量p_1、d、L、ε、ρ、μ和Q的实验测量值作为模型的输入值。除了第三种情形中的p_1和p_2,这些输入值的系统误差在所有情形下是不相关。

第四种情形是槽道内燃气流动实验,如图9.4所示;其中,壁面热流密度q为确认变量。q的实验值是通过将反传热方法应用于槽道外壁面的温度–时间数据并通过数据简化方程确定的,而该数据简化方程本身就是模型。利用带化学反应的湍流流动程序模拟通过槽道的流动可获得q的预测值。

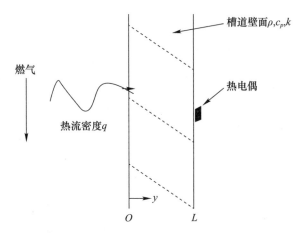

图9.4 槽道内燃气流动的V&V实例示意图

9.7.1 直接测量结果实例

这种情形对应的是确认变量的实验值D为直接被测变量的情况。这种情形的关键特征是D和S无相同的变量,这意味着可直接对u_{input}和u_D进行估计。D和S具有相同变量的情形在分析过程中会变得更加复杂,这一点如9.7.2节的情形2和情形3所述。

以图9.1所示的粗糙管流动实验为例,介绍实验确认变量为直接被测压降Δp的情形。在这种情形下,有

$$S = \Delta p_S = p_{2,S} - p_{1,D} \tag{9.14}$$

$$D = \Delta p_D \tag{9.15}$$

$$E = S - D = \Delta p_S - \Delta p_D \tag{9.16}$$

模拟结果的函数关系可表达为

$$\Delta p_S = \Delta p_S(p_1, d, L, \varepsilon, \rho, \mu, Q) \tag{9.17}$$

其中,模拟过程中对实验条件进行了建模,因而将 p_1、d、L、ε、ρ、μ 和 Q 的实验测量值作为模型的输入值。所得的比较误差的表达式为

$$E = \Delta p_S(p_1, d, L, \varepsilon, \rho, \mu, Q) - \Delta p_D \tag{9.18}$$

1) 泰勒级数法

既然实验确认变量 Δp_D 通过直接测量得到,那么实验和模拟不存在相同的变量,而且可以认为 δ_{input} 和 δ_D 的误差相互独立是合理的假设。根据式(9.10)可得 u_{val} 的表达式为

$$u_{\text{val}}^2 = u_{\text{num}}^2 + u_{\text{input}}^2 + u_{\Delta p_D}^2$$

其中,相关项均为零的 u_{input} 的泰勒级数法表达式为

$$u_{\text{input}}^2 = \sum_{i=1}^{J} \left(\frac{\partial \Delta p_S}{\partial x_i} u_{x_i} \right)^2 \tag{9.19}$$

对于本例,有

$$u_{\text{input}}^2 = \left(\frac{\partial \Delta p_S}{\partial p_1} \right)^2 u_{p_1}^2 + \left(\frac{\partial \Delta p_S}{\partial d} \right)^2 u_d^2 + \left(\frac{\partial \Delta p_S}{\partial L} \right)^2 u_L^2 + \left(\frac{\partial \Delta p_S}{\partial \varepsilon} \right)^2 u_\varepsilon^2 +$$

$$\left(\frac{\partial \Delta p_S}{\partial \rho} \right)^2 u_\rho^2 + \left(\frac{\partial \Delta p_S}{\partial \mu} \right)^2 u_\mu^2 + \left(\frac{\partial \Delta p_S}{\partial Q} \right)^2 u_Q^2 \tag{9.20}$$

这些与模拟相关的偏导数可通过 3.5.3 节所介绍的数值方法进行求解。

由于定义这些设定点的参数存在不确定度,因而确认条件的设定点处同样存在不确定度。将泰勒级数法应用于式(9.2)和 ε/d 可得

$$u_{Re}^2 = \left(\frac{\partial Re}{\partial \rho} \right)^2 u_\rho^2 + \left(\frac{\partial Re}{\partial Q} \right)^2 u_Q^2 + \left(\frac{\partial Re}{\partial \mu} \right)^2 u_\mu^2 + \left(\frac{\partial Re}{\partial d} \right)^2 u_d^2 \tag{9.21}$$

$$u_{\varepsilon/d}^2 = \left[\frac{\partial (\varepsilon/d)}{\partial \varepsilon} \right]^2 u_\varepsilon^2 + \left[\frac{\partial (\varepsilon/d)}{\partial d} \right]^2 u_d^2 \tag{9.22}$$

由于 Re 和 ε/d 的形式简单,直接对这些偏导数进行解析求解。

利用泰勒级数传播方法评估 u_{val} 的流程小结如图 9.5 所示。

2) 蒙特卡罗法

图 9.6 所示的是采用蒙特卡罗法计算实验确认变量为直接测量的情形。与泰勒级数法相比,蒙特卡罗法需要实验误差的概率分布和输入参数误差的概率

分布。假设分布的标准差通常采用标准不确定度 u。对于每一轮实验和模拟，从每一个分布中获得一个误差，用以计算实验结果 D_i 与模拟结果 S_i，以及相应的确认比较误差 E_i 和确认点 $(Re_i, (\varepsilon/d)_i)$。重复这个过程 M 次可得 M 个 E_i、Re_i 和 $(\varepsilon/d)_i$ 的均值和标准差。

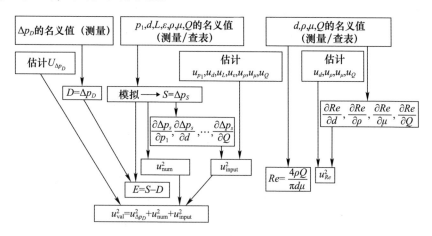

图9.5 情形1:泰勒级数法估计实验确认变量 Δp 为直接测量量时的 u_{val}

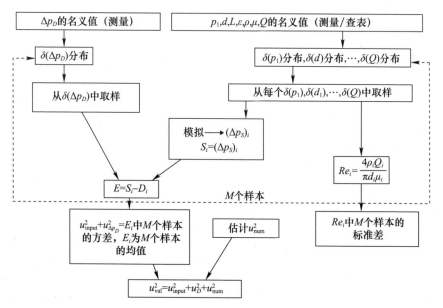

图9.6 情形1:蒙特卡罗法估计实验确认变量 Δp 为直接测量量时的 u_{val}

既然在确认点（或者扰动确认点）模拟运行 M 次，δ_{model} 为一阶常数。需要注意的是，既然每一个 S_i 本质上包含相同的 δ_{num}，那么无法得到 M 个 S_i 或 E_i 分布值的变化对δ_{num}的影响。当在u_{val}的计算中包含δ_{num}时,数值不确定度的影响可以被包含在内。

由 M 个 E_i 值组成的样本的标准差是 $\sqrt{u_D^2 + u_{input}^2}$ 的一个估计值。迭代次数 M 可利用 V&V20 介绍的方法最小化。

9.7.2 数据简化方程实例

当实验确认变量并不是直接测量量而是由其他被测变量组成的数据简化方程确定的时,u_{input} 和 u_D 以及 u_{val} 的估计将变得更加复杂。情形 2 和情形 3 实例展示了确认方法在这些条件下的应用过程。本节将首先展示应用于这些情形的最常见的泰勒级数法公式,随后展示两种特殊情形下的泰勒级数法公式。

对于实验和模拟确认变量是由数据简化方程确定的一般的情形,假设每个方程均包含 J 个变量 x_i,而且,一些被测变量受到相同误差源的影响,比较误差最一般的形式为

$$E = S(x_1, x_2, \cdots, x_J) - D(x_1, x_2, \cdots, x_J) = \delta_{model} + \delta_{num} + \delta_{input} - \delta_D \quad (9.23)$$

其中,假设 S 和 D 均是 J 个变量的函数。

在该情形下,既然 S 和 D 均受到相同被测变量的影响,则 δ_{input} 和 δ_D 不能假设相互独立。应用泰勒级数法可得 u_{val} 的表达式为

$$u_{val}^2 = \left[\left(\frac{\partial S}{\partial x_1}\right) - \left(\frac{\partial D}{\partial x_1}\right)\right]^2 u_{x_1}^2 + \left[\left(\frac{\partial S}{\partial x_2}\right) - \left(\frac{\partial D}{\partial x_2}\right)\right]^2 u_{x_2}^2 + \cdots + \left[\left(\frac{\partial S}{\partial x_J}\right) - \left(\frac{\partial D}{\partial x_J}\right)\right]^2 u_{x_J}^2 +$$

$$2\left[\left(\frac{\partial S}{\partial x_1}\right) - \left(\frac{\partial D}{\partial x_1}\right)\right]\left[\left(\frac{\partial S}{\partial x_2}\right) - \left(\frac{\partial D}{\partial x_2}\right)\right] u_{x_1 x_2} + \cdots + u_{num}^2 \quad (9.24)$$

其中,对于每一对受相同误差源影响的 x 变量,其协方差项均包含系数 $u_{x_1 x_2}$。当 S 或 D 的变量均相互独立时,那些导数将为零。因为 u_{input}^2 的一些分量隐含地与 u_D^2 的一些分量耦合在一起,因而 u_{input}^2 无显式的表达式。式(9.24)可以表达成式(9.10)的形式:

$$u_{val}^2 = u_{num}^2 + u_{input+D}^2 \quad (9.25)$$

其中

$$u_{input+D}^2 = \left[\left(\frac{\partial S}{\partial x_1}\right) - \left(\frac{\partial D}{\partial x_1}\right)\right]^2 u_{x_1}^2 + \left[\left(\frac{\partial S}{\partial x_2}\right) - \left(\frac{\partial D}{\partial x_2}\right)\right]^2 u_{x_2}^2 + \cdots +$$

$$\left[\left(\frac{\partial S}{\partial x_J}\right) - \left(\frac{\partial D}{\partial x_J}\right)\right]^2 u_{x_J}^2 + 2\left[\left(\frac{\partial S}{\partial x_1}\right) - \left(\frac{\partial D}{\partial x_1}\right)\right]\left[\left(\frac{\partial S}{\partial x_2}\right) - \left(\frac{\partial D}{\partial x_2}\right)\right] u_{x_1 x_2} + \cdots +$$

$$2\left[\left(\frac{\partial S}{\partial x_{J-1}}\right) - \left(\frac{\partial D}{\partial x_{J-1}}\right)\right]\left[\left(\frac{\partial S}{\partial x_J}\right) - \left(\frac{\partial D}{\partial x_J}\right)\right] u_{x_{J-1} x_J} \quad (9.26)$$

9.7.2.1 情形2:被测变量无相同误差源

这里同样以粗糙管流动实验为例,考察实验确认变量为摩擦系数 f 的情形,摩擦系数的定义为

$$f = \frac{\pi^2 d^5 \Delta p}{8\rho Q^2 L}$$

压差 Δp 为直接测量参数。需要指出的是,首先,摩擦系数 f 不是直接测量参数,它是由被测变量与其他来自参考源的数据(如物性)计算而得的实验结果;其次,既然式(9.1)是摩擦系数的定义式,那么当它在情形4中用作对比量时,不存在建模误差。在本例中,假设模拟预测的压降为 Δp_S,并用于计算 f_S。既然本例中用于计算 D 和 S 的不同变量不受相同误差源的影响,因而不确定度传播方程中的所有协方差项均为零。

比较误差的表达式为

$$E = S - D = f_S - f_D \tag{9.27}$$

由式(9.1)可知:

$$f_S = \frac{\pi^2 d^5 \Delta p_S}{8\rho Q^2 L} \tag{9.28}$$

$$f_D = \frac{\pi^2 d^5 \Delta p_D}{8\rho Q^2 L} \tag{9.29}$$

代入式(9.27)可得

$$E = f_S - f_D = \frac{\pi^2 d^5 \Delta p_S(p_1, d, L, \varepsilon, \rho, \mu, Q)}{8\rho Q^2 L} - \frac{\pi^2 d^5 \Delta p_D}{8\rho Q^2 L} \tag{9.30}$$

1) 泰勒级数法

由式(9.25)和式(9.26)可得 u_{val},其中 $u_{\text{input}+D}$ 可表达为

$$\begin{aligned} u_{\text{input}+D}^2 = & \left[\left(\frac{\partial f_S}{\partial d}\right) - \left(\frac{\partial f_D}{\partial d}\right)\right]^2 u_d^2 + \left[\left(\frac{\partial f_S}{\partial L}\right) - \left(\frac{\partial f_D}{\partial L}\right)\right]^2 u_L^2 + \left[\left(\frac{\partial f_S}{\partial \rho}\right) - \left(\frac{\partial f_D}{\partial \rho}\right)\right]^2 u_\rho^2 + \\ & \left[\left(\frac{\partial f_S}{\partial Q}\right) - \left(\frac{\partial f_D}{\partial Q}\right)\right]^2 u_Q^2 + \left(\frac{\partial f_S}{\partial p_1}\right)^2 u_{p_1}^2 + \left(\frac{\partial f_S}{\partial \varepsilon}\right)^2 u_\varepsilon^2 + \left(\frac{\partial f_S}{\partial \mu}\right)^2 u_\mu^2 + \\ & \left(\frac{\partial f_D}{\partial \Delta p_D}\right)^2 u_{\Delta p_D}^2 \end{aligned} \tag{9.31}$$

式(9.21)和式(9.22)可用于评估设定点($Re, \varepsilon/d$)的不确定度。图9.7所示的是泰勒级数法在本例中的应用流程。

2) 蒙特卡罗法

正如之前的情形,需假设实验误差的概率分布和输入参数的误差分布,对于

这些假设分布,可将标准不确定度 u 用作标准差。M 个 E_i 值组成的样本的标准差是 $\sqrt{u_{\text{input}+D}^2}$ 的估计值。蒙特卡罗法的流程如图 9.8 所示。

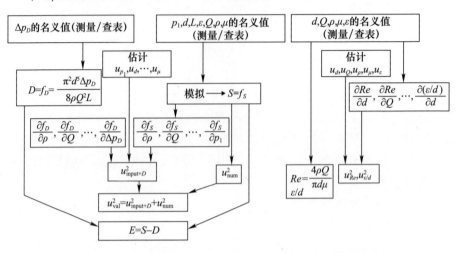

图 9.7　情形 2:确认结果由数据简化方程定义的泰勒级数法

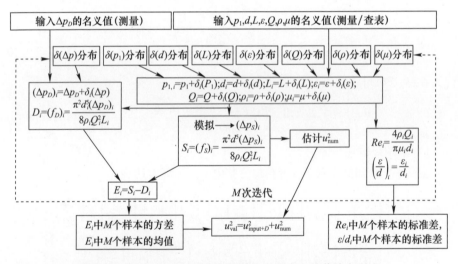

图 9.8　情形 2:确认结果由数据简化方程定义的蒙特卡罗法

9.7.2.2　情形 3:被测变量受相同误差源的影响

以粗糙管流实验为例,假设确认变量为压降 $\Delta p = p_1 - p_2$,而且 p_1 和 p_2 的测量值受到相同误差源的影响。那么

$$S = \Delta p_S = p_{1,D} - p_{2,S} \tag{9.32}$$

$$D = \Delta p_D = p_{1,D} - p_{2,D} \tag{9.33}$$

$$E = S - D = \Delta p_S - \Delta p_D = (p_{1,D} - p_{2,S}) - (p_{1,D} - p_{2,D}) \tag{9.34}$$

其中,p_1 的下标 D 是为了强调 p_1 是实验测量的。在下面的方程中,省略了 p_1 的下标 D。

模拟结果的函数关系式可表达为

$$\Delta p_S = p_1 - p_{2,S}(p_1, d, L, \varepsilon, \rho, \mu, Q) \tag{9.35}$$

其中,模拟采用实验条件,因此将各变量 p_1、d、L、ε、ρ、μ 和 Q 的实验测量值作为模型的输入值。

比较误差的表达式为

$$E = p_1 - p_{2,S}(p_1, d, L, \varepsilon, \rho, \mu, Q) - p_1 + p_{2,D} = p_{2,D} - p_{2,S}(p_1, d, L, \varepsilon, \rho, \mu, Q) \tag{9.36}$$

1) 泰勒级数法

由式(9.25)和式(9.26)可得 u_{val},其中 $u_{\text{input}+D}$ 可表达为

$$u_{\text{input}+D}^2 = \left(\frac{\partial p_{2,S}}{\partial p_1}\right)^2 u_{P_1}^2 + \left(\frac{\partial p_{2,S}}{\partial d}\right)^2 u_d^2 + \left(\frac{\partial p_{2,S}}{\partial L}\right)^2 u_L^2 + \left(\frac{\partial p_{2,S}}{\partial \varepsilon}\right)^2 u_\varepsilon^2 +$$

$$\left(\frac{\partial p_{2,S}}{\partial \rho}\right)^2 u_\rho^2 + \left(\frac{\partial p_{2,S}}{\partial \mu}\right)^2 u_\mu^2 + \left(\frac{\partial p_{2,S}}{\partial Q}\right)^2 u_Q^2 + u_{P_{2,D}}^2 +$$

$$2\left[\left(-\frac{\partial p_{2,S}}{\partial p_1}\right) + \left(\frac{\partial p_{2,D}}{\partial p_1}\right)\right]\left[\left(-\frac{\partial p_{2,S}}{\partial p_{2,D}}\right) + \left(\frac{\partial p_{2,D}}{\partial p_{2,D}}\right)\right] u_{P_1 P_{2,D}} \tag{9.37}$$

方程的最后一项是协方差项,其考虑到 p_1 和 $p_{2,S}$ 的测量值受到相同误差源的影响。将最后一项中导数为 0 和 1 代入式(9.37)后,方程变为

$$u_{\text{input}+D}^2 = \left(\frac{\partial p_{2,S}}{\partial p_1}\right)^2 u_{P_1}^2 + \left(\frac{\partial p_{2,S}}{\partial d}\right)^2 u_d^2 + \left(\frac{\partial p_{2,S}}{\partial L}\right)^2 u_L^2 + \left(\frac{\partial p_{2,S}}{\partial \varepsilon}\right)^2 u_\varepsilon^2 + \left(\frac{\partial p_{2,S}}{\partial \rho}\right)^2 u_\rho^2 +$$

$$\left(\frac{\partial p_{2,S}}{\partial \mu}\right)^2 u_\mu^2 + \left(\frac{\partial p_{2,S}}{\partial Q}\right)^2 u_Q^2 + u_{P_{2,D}}^2 + 2\left(-\frac{\partial p_{2,S}}{\partial p_1}\right) u_{P_1 P_{2,D}} \tag{9.38}$$

式(9.21)和式(9.22)用于计算设定点 $(Re, \varepsilon/d)$ 的不确定度。图 9.9 展示的是泰勒级数法应用于本例的示意图。

2) 蒙特卡罗法

正如之前所述情形,假设误差的概率分布和输入参数的误差分布,这些假设分布的标准差可用标准不确定度 u 来表示。M 个 E_i 值组成的样本的方差是 $u_{\text{input}+D}^2$ 的估计值。蒙特卡罗法的流程如图 9.10 所示;需要指出的是,每次迭代中从压力测量误差分布 $\delta(p)$ 中确定压力测量值的误差,并同时赋给 $p_{1,i}$ 和 $p_{2,i}$。

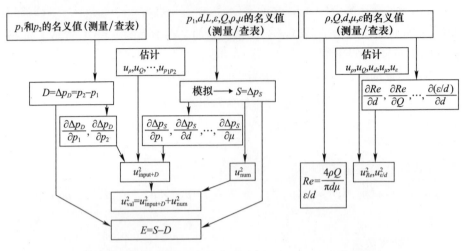

图9.9 情形3：确认结果由数据简化方程定义的泰勒级数法

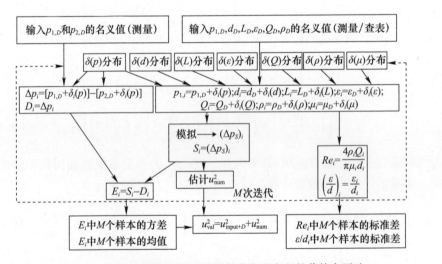

图9.10 情形3：确认结果由数据简化方程定义的蒙特卡罗法

9.7.3 复杂数据简化方程实例

对于燃气流过槽道的情形，槽道特定表面的热流密度 q 是关注的确认变量，如图9.4所示。模拟结果 q_s 是利用带有化学反应的湍流流动程序在实验条件下进行预测的。例如，输入参数包括几何参数、推进剂和氧化剂流量。计算燃气物性的化学平衡程序可视为模拟模型的一部分，与 CFD 分析中的湍流模型类似。

热流密度的实验值可采用两种方法确定。第一种方法是通过安装于壁面上的经校准的热量计直接测量。对于这种方法，分析确定 u_{val} 与管流实例中确认变量为直接测量的压降的情况相似(9.7.1节)。如下详细介绍的那样,第二种方法基于测量得到的槽道外壁面($y = L$)随时间变化的温度。基于逆热传导方法[12]利用测量得到的随时间变化的温度确定$y = 0$处的热流密度,如图9.4所示。该模型假设为常物性一维导热或变物性一维导热过程,且热流密度随时间保持常数等。在这种方法中,实验结果q_D包含各类与模拟相似分类的误差。具体来说,数据简化模型的假设和近似引入的误差,记为$\delta_{D,\text{model}}$;由测量或者参考资料的输入参数的误差引起的模型输出误差,记为$\delta_{D,\text{input}}$;模型数值求解引入的误差,记为$\delta_{D,\text{num}}$。

本例中确认比较误差可表示为

$$E = S - D = q_S - q_D$$
$$= \delta_{S,\text{model}} + \delta_{S,\text{num}} + \delta_{S,\text{input}} - \delta_{D,\text{model}} - \delta_{D,\text{num}} - \delta_{D,\text{input}} \quad (9.39)$$

如果$\delta_{D,\text{model}}$的不确定度无法估计,那么两个建模误差无法单独区分,因而,总建模误差可表示为

$$\delta_{\text{model,total}} = (\delta_{S,\text{model}} - \delta_{D,\text{model}}) = E - (\delta_{S,\text{num}} + \delta_{S,\text{input}} - \delta_{D,\text{num}} - \delta_{D,\text{input}}) \quad (9.40)$$

在此,u_{val}定义为与$\delta_{S,\text{num}} + \delta_{S,\text{input}} - \delta_{D,\text{num}} - \delta_{D,\text{input}}$总体分布的标准差对应的标准不确定度。

q_S和q_D的函数关系式可表示为

$$q_S = q_S(x_1, x_1, \cdots, x_J) \quad (9.41)$$
$$q_D = q_D(\rho, c_p, k, L, T, t) \quad (9.42)$$

其中,J个不同的x_i为模拟模型的输入参数。

由于模拟是流场,而实验模型是槽道壁面,因而q_S和q_D中的变量完全不同,正如之前章节中情形2和情形3那样。在这种情形下,估计u_{val}的过程中必须处理额外的误差$\delta_{D,\text{input}}$和$\delta_{D,\text{num}}$。

1) 泰勒级数法

这种情形下的泰勒级数法表达式为

$$u_{\text{val}}^2 = \left(\frac{\partial q_S}{\partial x_1}\right)^2 u_{x_1}^2 + \cdots + \left(\frac{\partial q_S}{\partial x_J}\right)^2 u_{x_J}^2 + u_{S,\text{num}}^2 + \left(\frac{\partial q_D}{\partial \rho}\right)^2 u_\rho^2 + \left(\frac{\partial q_D}{\partial c_p}\right)^2 u_{c_p}^2 +$$
$$\left(\frac{\partial q_D}{\partial k}\right)^2 u_k^2 + \left(\frac{\partial q_D}{\partial L}\right)^2 u_L^2 + \left(\frac{\partial q_D}{\partial T}\right)^2 u_T^2 + \left(\frac{\partial q_D}{\partial t}\right)^2 u_t^2 + u_{D,\text{num}}^2 \quad (9.43)$$

定义

$$u_{S,\text{input}}^2 = \left(\frac{\partial q_S}{\partial x_1}\right)^2 u_{x_1}^2 + \cdots + \left(\frac{\partial q_S}{\partial x_J}\right)^2 u_{x_J}^2 \quad (9.44)$$

$$u_{D,\text{input}}^2 = \left(\frac{\partial q_D}{\partial \rho}\right)^2 u_\rho^2 + \left(\frac{\partial q_D}{\partial c_p}\right)^2 u_{c_p}^2 + \left(\frac{\partial q_D}{\partial k}\right)^2 u_k^2 + \left(\frac{\partial q_D}{\partial L}\right)^2 u_L^2 + \left(\frac{\partial q_D}{\partial T}\right)^2 u_T^2 + \left(\frac{\partial q_D}{\partial t}\right)^2 u_t^2 \tag{9.45}$$

那么u_{val}的表达式变为

$$u_{\text{val}}^2 = u_{S,\text{input}}^2 + u_{S,\text{num}}^2 + u_{D,\text{input}}^2 + u_{D,\text{num}}^2 \tag{9.46}$$

如果能估计$\delta_{D,\text{model}}$的不确定度,那么模拟的建模误差为

$$\delta_{S,\text{model}} = E - (\delta_{S,\text{num}} + \delta_{S,\text{input}} - \delta_{D,\text{model}} - \delta_{D,\text{num}} - \delta_{D,\text{input}}) \tag{9.47}$$

由此,u_{val}定义为与$\delta_{S,\text{num}} + \delta_{S,\text{input}} - \delta_{D,\text{model}} - \delta_{D,\text{num}} - \delta_{D,\text{input}}$总体分布的标准差所对应的标准不确定度。在这种情形下,有

$$u_{\text{val}}^2 = u_{S,\text{input}}^2 + u_{S,\text{num}}^2 + u_{D,\text{model}}^2 + u_{D,\text{input}}^2 + u_{D,\text{num}}^2 \tag{9.48}$$

其中,$u_{S,\text{input}}^2$由式(9.44)计算,$u_{D,\text{input}}^2$由式(9.45)计算,$u_{D,\text{model}}^2$可用解析的方式进行估计,即在一系列假设条件和扰动范围内,利用壁面和传感器的详细传热模型进行参数化分析,如图9.11所示。

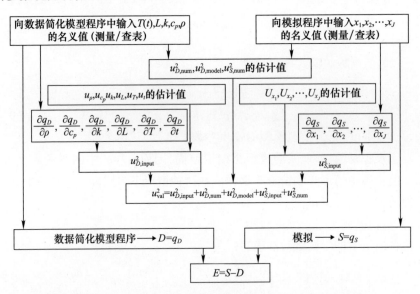

图9.11 情形4:确认结果由数据简化方程定义的泰勒级数法

2) 蒙特卡罗法

正如之前的情形,对误差的概率分布进行假设。在这种情形下,所有变量均为输入参数,包括模拟的输入参数和实验结果的输入参数。这些假设分布的标准差可用标准不确定度u来表示。蒙特卡罗法的流程如图9.12所示。

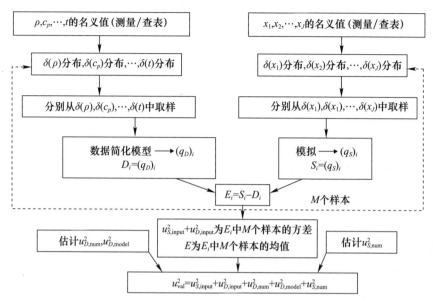

图9.12 情形4：确认结果由数据简化方程定义的蒙特卡罗法

9.8 实际的建议

从理论上来说,随着 V&V 项目启动,负责模拟的人员和负责实验的人员应该一同合作设计 V&V 过程。应仔细挑选确认变量。每个被测变量在时间和空间上具有固有分辨率,而且基于被测变量计算出来的实验结果应该与预测结果在相同的空间和时间分辨率上进行比较。如果不这样做,应该识别出这些概念误差并进行修正或在 V&V 的早期阶段加以估计,否则将浪费大量资源,并使整个确认过程受到不利影响。

正如本章介绍的基本方法所展示的那样,如果对 u_{val} 有影响的不确定度均被包含于 δ_{num}、δ_{input} 和 δ_D 的所有误差源中,那么 δ_{model} 仅包含了源于建模假设和近似引起的误差("模型形状"误差)。实际上,在确定哪些误差源属于 δ_{input}、哪些误差源属于 δ_{model} 时存在大量的层级。使用的程序中经常存在比分析人员所决定采用的更多的可调整的参数或输入参数(如商用程序)。那些属于计算模型(独立于程序)确定的参数选取存在一定的随意性。模拟中一些甚至所有参数都可以认为保持不变。例如,一个分析人员可能决定将化学计算包中的参数设定为不变的("硬连接"),即使这些参数具有不确定度,在估计 u_{input} 时也不必考虑。正在被评价的计算模型由程序和那些被视为模型一部分的模拟输入参数组成。确认过程的结果中哪些误差源被包含在δ_{model}中、哪些包含在u_{val}的估计中,应该被准确且无歧义的定义,这一点非常重要。

参考文献

[1] American Society of Mechanical Engineers (ASME), *Standard for Verification and Validation in Computational Fluid Dynamics and Heat Transfer*, V&V20—2009, ASME, New York, 2009.

[2] Coleman, H. W., and Stern, F., "Uncertainties and CFD Code Validation," *Journal of Fluids Engineering*, Vol. 119, Dec. 1997, pp. 795 – 803. (Also "Discussion and Authors' Closure," Vol. 120, Sept. 1998, pp. 635 – 636.)

[3] International Organization for Standardization (ISO), *Guide to the Expression of Uncertainty in Measurement* (corrected and reprinted 1995), ISO Geneva, 1993.

[4] Joint Committee for Guides in Metrology (JCGM), "Evaluation of Measurement Data—Supplement 1 to the 'Guide to the Expression of Uncertainty in Measurement'—Propagation of Distributions Using a Monte Carlo Method," JCGM 101:2008, France, 2008.

[5] American Institute of Aeronautics and Astronautics (AIAA), *Guide for Verification and Validation of Computational Fluid Dynamics Simulations*, AIAA G – 077—1998, AIAA, New York, 1998.

[6] American Society for Mechanical Engineers (ASME), *Guide for Verification and Validation in Computational Solid Mechanics*, ASME V&V 10 – 2006, ASME, New York, 2006.

[7] American Society for Mechanical Engineers (ASME), *An Illustration of the Concepts of Verification and Validation in Computational Solid Mechanics*, ASME V&V 10.1 – 2012, ASME, New York, 2012.

[8] Nikuradse, J., "Stromugsgestze in Rauhen Rohren," VDI Forschungsheft, No. 361, 1950 (English Translation, NACA TM 1292).

[9] Roache, P. J., *Fundamentals of Verification and Validation*, Hermosa Publishers, Albuquerque, NM, 2009.

[10] Richardson, L. F., "The Approximate Arithmetical Solution by Finite Differences of Physical Problems Involving Differential Equations, with an Application to the Stresses in a Masonry Dam," *Transactions of the Royal Society of London*, Ser. A, Vol. 210, 1910, pp. 307 – 357.

[11] Eca, L., and Hoekstra, M., "An Evaluation of Verification Procedures for CFD Applications," paper presented at the 24th Symposium on Naval Hydrodynamics, Fukuoka, Japan, July 8 – 13, 2002.

[12] Beck, J. V., Blackwell, B. F., and St. Clair, C. R., *Inverse Heat Conduction*, Wiley, New York, 1985.

部分习题答案

第 2 章

2.1 ①38.3%，②24.2%，③43.4%，④57.9%

2.2 11.5%

2.3 4.8%

2.4 3.0%

2.5 $\sigma = 0.3$；范围为 $(2.0 \pm 1.96 \times 0.3)\,\Omega$

2.6 $(60 \pm 1.96 \times 2)\,\text{psi}$

2.7 36 次

2.8 $s_X = 1.00$；$s_{X_{\text{bar}}} = 1.00 \div 4^{1/2}$

2.9 $T_{\text{bar}} = 108.4$；$s_T = 0.59$；$N = 7$
下一次读数的 95% 置信区间(预测区间)：$(108.4 \pm 2.62 \times 0.59)\,°F$
总体均值区间(95% 置信区间)：$(108.4 \pm 2.45 \times 0.59 \div 7^{1/2})\,°F$
95% 总体的 95% 置信区间(容忍区间)：$(108.4 \pm 4.007 \times 0.59)\,°F$
99% 总体的 95% 置信区间(容忍区间)：$(108.4 \pm 5.248 \times 0.59)\,°F$

2.10 15(容忍区间问题)

2.11 $X_{\text{bar}} = 10.42$；$s_X = 0.04$；$N = 7$；$t_{95} = 2.45$

2.12 总体均值区间(置信区间)：$(10.42 \pm 2.45 \times 0.04 \div 7^{1/2})$ 磅/英寸；

2.13 接下来 5 次读数的 95% 置信区间(预测区间)：$(10.42 \pm 3.77 \times 0.04)$ 磅/英寸；
接下来 20 次读数的 95% 置信区间(预测区间)：$(10.42 \pm 4.74 \times 0.04)$ 磅/英寸；

2.14 2.39

2.15 之前：$6.603\,\text{cm}$，$0.04\,\text{cm}$；之后：$6.613\,\text{cm}$，$0.025\,\text{cm}$

2.16 $(1387 \pm 4.6)\,\text{cal}/°F$

2.17 ①(500 ± 10) 磅；②(500 ± 14.1) 磅；③(500 ± 14.1) 磅

2.18 $X_{\text{bar}} = 10.42$；$s_X = 0.04$；$N = 7$；$s_{X_{\text{bar}}} = 0.015$；$b = 0.05$；$v_{X_{\text{bar}}} = 6$；$v_b = 12.5$；$v_X = 14$

X_{ture} 的范围为 $X_{bar} \pm t\%[(b)^2 \pm (s_{X_{bar}})^2]^{1/2}$。其中：$t_{95} = 2.14$；$t_{90} = 1.76$；$t_{99} = 2.98$

第4章

4.2　2.3%

4.3　①8.2%；②8.1%；③8.0%

4.4　4.6%；$UPC_{per} = 4.8\%$；$UPC_L = 19\%$；$UPC_b = 76.2\%$

4.5　0.2℃

4.6　1.8%

4.7　1.4%

4.8　对于 $T_{bar} = 0$，有 $U_\tau/\tau = 0.01$；对于 $T_{bar} = 1$，有 $U_\tau/\tau \to \infty$

第6章

6.1　0.67℃

6.2　$2b_{8-5V} = 0.02V$；$2b_{12-5V} = 1.2 \times 10^{-3}V$；$2b_{16-5V} = 7.6 \times 10^{-5}V$；$2b_{8-0.5V} = 2.0 \times 10^{-3}V$；$2b_{12-0.5V} = 1.2 \times 10^{-4}V$；$2b_{16-0.5V} = 7.6 \times 10^{-6}V$

6.3　$2s = 0.5mV$；$2b = 0.63mV$

6.4　$2b = 0.03V$（假设制造商说明书中有数字化的不确定度）；$2s = 0.02V$

6.5　1%；1.5%

6.6　5%；4%

6.7　$b_E/E = 0.041$

6.8　$b_E/E = 0.023$

6.9　$s_E/E = 0.029$；$U_E/E = 0.1$（无相关性）；$U_E/E = 0.07$（有相关性）

6.10　双对数坐标：500,660,871,1149,1516,2000

6.11　半对数坐标：0.10,0.42,0.73,1.0,1.4,1.7,2.0

6.12　10,15,22,33,49,72,107,159,236,350；$Nu-a$ 随 Re 变化的双对数坐标

第7章

7.1　①$2b_z = 0.94kW$（假设 $c_0 = 2.1kJ/(kg \cdot K)$，$c_w = 4.18kJ/(kg \cdot K)$，以及 $m_0 = 0.1kg/s$）；②$2b_z = 0.56kW$

7.2　0.30W；0.55W；0.28W；0.82W（$z = 2W_1 - W_2 - W_3$）

第8章

8.1　$Y = 0.624X + 1.03$；在 $X = 3.2(2s = 0.366)$，$X = 5.0(2s = 0.268)$，$X = 7.0(2s = 0.271)$ 处，Y 的95%随机不确定度；$2s_m = 0.096$，$2s_c = 0.628$

8.2　$\log Q = \log C + 0.5\log\Delta p$，$C = 57.9$；$b_C = 0.324$

附录 A
统计学基础知识

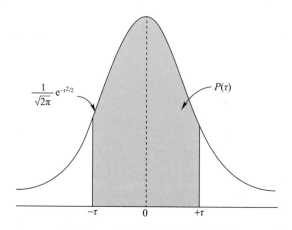

图 A.1 双侧高斯概率分布示意图

表 A.1 双侧高斯概率分布

τ	$P(\tau)$	τ	$P(\tau)$	τ	$P(\tau)$	τ	$P(\tau)$
0	0	1	0.6827	2	0.9545	3.00	0.9973002
0.02	0.016	1.02	0.6923	2.02	0.9566	3.05	0.9977115
0.04	0.0319	1.04	0.7017	2.04	0.9586	3.10	0.9980647
0.06	0.0478	1.06	0.7109	2.06	0.9606	3.15	0.9983672
0.08	0.0638	1.08	0.7199	2.08	0.9625	3.20	0.9986257
0.1	0.0797	1.1	0.7287	2.1	0.9643	3.25	0.9988459
0.12	0.0955	1.12	0.7373	2.12	0.966	3.30	0.9990331
0.14	0.1113	1.14	0.7457	2.14	0.9676	3.35	0.9991918
0.16	0.1271	1.16	0.754	2.16	0.9692	3.40	0.9993261
0.18	0.1428	1.18	0.762	2.18	0.9707	3.45	0.9994394

续表

τ	$P(\tau)$	τ	$P(\tau)$	τ	$P(\tau)$	τ	$P(\tau)$
0.2	0.1585	1.2	0.7699	2.2	0.9722	3.50	0.9995347
0.22	0.1741	1.22	0.7775	2.22	0.9736	3.55	0.9996147
0.24	0.1897	1.24	0.785	2.24	0.9749	3.60	0.9996817
0.26	0.2051	1.26	0.7923	2.26	0.9762	3.65	0.9997377
0.28	0.2205	1.28	0.7995	2.28	0.9774	3.70	0.9997843
0.3	0.2358	1.3	0.8064	2.3	0.9786	3.75	0.9998231
0.32	0.251	1.32	0.8132	2.32	0.9797	3.80	0.9998552
0.34	0.2661	1.34	0.8198	2.34	0.9807	3.85	0.9998818
0.36	0.2812	1.36	0.8262	2.36	0.9817	3.90	0.9999037
0.38	0.2961	1.38	0.8324	2.38	0.9827	3.95	0.9999218
0.4	0.3108	1.4	0.8385	2.4	0.9836	4.00	0.9999366
0.42	0.3255	1.42	0.8444	2.42	0.9845	4.05	0.9999487
0.44	0.3401	1.44	0.8501	2.44	0.9853	4.10	0.9999586
0.46	0.3545	1.46	0.8557	2.46	0.9861	4.15	0.9999667
0.48	0.3688	1.48	0.8611	2.48	0.9869	4.20	0.9999732
0.5	0.3829	1.5	0.8664	2.5	0.9876	4.25	0.9999786
0.52	0.3969	1.52	0.8715	2.52	0.9883	4.30	0.9999829
0.54	0.4108	1.54	0.8764	2.54	0.9889	4.35	0.9999863
0.56	0.4245	1.56	0.8812	2.56	0.9895	4.40	0.9999891
0.58	0.4381	1.58	0.8859	2.58	0.9901	4.45	0.9999911
0.6	0.4515	1.6	0.8904	2.6	0.9907	4.50	0.9999931
0.62	0.4647	1.62	0.8948	2.62	0.9912	4.55	0.9999946
0.64	0.4778	1.64	0.899	2.64	0.9917	4.60	0.9999957
0.66	0.4907	1.66	0.9031	2.66	0.9922	4.65	0.9999966
0.68	0.5035	1.68	0.907	2.68	0.9926	4.70	0.9999973
0.7	0.5161	1.7	0.9109	2.7	0.9931	4.75	0.9999979
0.72	0.5285	1.72	0.9146	2.72	0.9935	4.80	0.9999984
0.74	0.5407	1.74	0.9181	2.74	0.9939	4.85	0.9999987
0.76	0.5527	1.76	0.9216	2.76	0.9942	4.90	0.9999990
0.78	0.5646	1.78	0.9249	2.78	0.9946	4.95	0.9999992
0.8	0.5763	1.8	0.9281	2.8	0.9949	5.00	0.9999994
0.82	0.5878	1.82	0.9312	2.82	0.9952	—	—

续表

τ	$P(\tau)$	τ	$P(\tau)$	τ	$P(\tau)$	τ	$P(\tau)$
0.84	0.5991	1.84	0.9342	2.84	0.9955	—	—
0.86	0.6102	1.86	0.9371	2.86	0.9958	—	—
0.88	0.6211	1.88	0.9399	2.88	0.9960	—	—
0.9	0.6319	1.9	0.9426	2.9	0.9963	—	—
0.92	0.6424	1.92	0.9451	2.92	0.9965	—	—
0.94	0.6528	1.94	0.9476	2.94	0.9967	—	—
0.96	0.6629	1.96	0.95	2.96	0.9969	—	—
0.98	0.6729	1.98	0.9523	2.98	0.9971	—	—

表 A.2　t 分布[①]

ν	c				
	$P=0.9$	$P=0.95$	$P=0.99$	$P=0.995$	$P=0.999$
1	6.314	12.706	63.657	127.321	636.619
2	2.920	4.303	9.925	14.089	31.598
3	2.353	3.182	5.841	7.453	12.924
4	2.132	2.776	4.604	5.598	8.610
5	2.015	2.571	4.032	4.773	6.869
6	1.943	2.447	3.707	4.317	5.959
7	1.895	2.365	3.499	4.029	5.408
8	1.860	2.306	3.355	3.833	5.041
9	1.833	2.262	3.250	3.690	4.781
10	1.812	2.228	3.169	3.581	4.587
11	1.796	2.201	3.106	3.497	4.437
12	1.782	2.179	3.055	3.428	4.318
13	1.771	2.160	3.012	3.372	4.221
14	1.761	2.145	2.977	3.326	4.140
15	1.753	2.131	2.947	3.286	4.073
16	1.746	2.120	2.921	3.252	4.015
17	1.740	2.110	2.898	3.223	3.965
18	1.734	2.101	2.878	3.197	3.922
19	1.729	2.093	2.861	3.174	3.883
20	1.725	2.086	2.845	3.153	3.850

续表

ν	\multicolumn{5}{c}{C}				
	$P=0.9$	$P=0.95$	$P=0.99$	$P=0.995$	$P=0.999$
21	1.721	2.080	2.831	3.135	3.819
22	1.717	2.074	2.819	3.119	3.792
23	1.714	2.069	2.807	3.104	3.768
24	1.711	2.064	2.797	3.090	3.745
25	1.708	2.060	2.787	3.078	3.725
26	1.706	2.056	2.779	3.067	3.707
27	1.703	2.052	2.771	3.057	3.690
28	1.701	2.048	2.763	3.047	3.674
29	1.699	2.045	2.756	3.038	3.659
30	1.697	2.042	2.750	3.030	3.646
40	1.684	2.021	2.704	2.971	3.551
60	1.671	2.000	2.660	2.915	3.460
120	1.658	1.980	2.617	2.860	3.373
∞	1.645	1.960	2.576	2.807	3.291

①：置信水平 C 和自由度 ν。

表 A.3　容忍区间及其系数

N/个	90% 置信水平			95% 置信水平			99% 置信水平		
	90%	95%	99%	90%	95%	99%	90%	95%	99%
2	15.98	18.80	24.17	32.02	37.67	48.43	160.2	188.5	242.3
3	5.847	6.919	8.974	8.380	9.916	12.86	18.93	22.40	29.06
4	4.166	4.943	6.440	5.369	6.370	8.299	9.398	11.15	14.53
5	3.494	4.152	5.423	4.275	5.079	6.634	6.612	7.855	10.26
6	3.131	3.723	4.870	3.712	4.414	5.775	5.337	6.345	8.301
7	2.902	3.452	4.521	3.369	4.007	5.248	4.613	5.488	7.187
8	2.743	3.264	4.278	3.136	3.732	4.891	4.147	4.936	6.468
9	2.626	3.125	4.098	2.967	3.532	4.631	3.822	4.550	5.966
10	2.535	3.018	3.959	2.839	3.379	4.433	3.582	4.265	5.594
11	2.463	2.933	3.849	2.737	3.259	4.277	3.397	4.045	5.308
12	2.404	2.863	3.758	2.655	3.162	4.150	3.250	3.870	5.079
13	2.355	2.805	3.682	2.587	3.081	4.044	3.130	3.727	4.893

续表

N/个	90% 置信水平			95% 置信水平			99% 置信水平		
	90%	95%	99%	90%	95%	99%	90%	95%	99%
14	2.314	2.756	3.618	2.529	3.012	3.955	3.029	3.608	4.737
15	2.278	2.713	3.562	2.480	2.954	3.878	2.945	3.507	4.605
16	2.246	2.676	3.514	2.437	2.903	3.812	2.872	3.421	4.492
17	2.219	2.643	3.471	2.400	2.858	3.754	2.808	3.345	4.393
18	2.194	2.614	3.433	2.366	2.819	3.702	2.753	3.279	4.307
19	2.172	2.588	3.399	2.337	2.784	3.656	2.703	3.221	4.230
20	2.152	2.564	3.368	2.310	2.752	3.615	2.659	3.168	4.161
21	2.135	2.543	3.340	2.286	2.723	3.577	2.620	3.121	4.100
22	2.118	2.524	3.315	2.264	2.697	3.543	2.584	3.078	4.044
23	2.103	2.506	3.292	2.244	2.673	3.512	2.551	3.040	3.993
24	2.089	2.489	3.270	2.225	2.651	3.483	2.522	3.004	3.947
25	2.077	2.474	3.251	2.208	2.631	3.457	2.494	2.972	3.904
26	2.065	2.460	3.232	2.193	2.612	3.432	2.469	2.941	3.865
27	2.054	2.447	3.215	2.178	2.595	3.409	2.446	2.914	3.828
28	2.044	2.435	3.199	2.164	2.579	3.388	2.424	2.888	3.794
29	2.034	2.424	3.184	2.152	2.554	3.368	2.404	2.864	3.763
30	2.025	2.413	3.170	2.140	2.549	3.350	2.385	2.841	3.733
35	1.988	2.368	3.112	2.090	2.490	3.272	2.306	2.748	3.611
40	1.959	2.334	3.066	2.052	2.445	3.213	2.247	2.677	3.518
50	1.916	2.284	3.001	1.996	2.379	3.126	2.162	2.576	3.385
60	1.887	2.248	2.955	1.958	2.333	3.066	2.103	2.506	3.293
80	1.848	2.202	2.894	1.907	2.272	2.986	2.026	2.414	3.173
100	1.822	2.172	2.854	1.874	2.233	2.934	1.977	2.355	3.096
200	1.764	2.102	2.762	1.798	2.143	2.816	1.865	2.222	2.921
500	1.717	2.046	2.689	1.737	2.070	2.721	1.777	2.117	2.783
1000	1.695	2.019	2.654	1.709	2.036	2.676	1.736	2.068	2.718
∞	1.645	1.960	2.576	1.645	1.960	2.576	1.645	1.960	2.576

来源:D. C. Montgomery and G. C. Runger, *Applied Statistics and Probability for Engineers*, Wiley, New York. 1994 John Wiley & Sons, Inc. Reprinted by permission of John Wiley & Sons, Inc. 。

表 A.4　95%置信水平下包含 1、2、5、10 和 20 个预测值的预测区间系数

N/个	$c_{p,1}(N)$	$c_{p,2}(N)$	$c_{p,5}(N)$	$c_{p,10}(N)$	$c_{p,20}(N)$
4	3.56	4.41	5.56	6.41	7.21
5	3.04	3.70	4.58	5.23	5.85
6	2.78	3.33	4.08	4.63	5.16
7	2.62	3.11	3.77	4.26	4.74
8	2.51	2.97	3.57	4.02	4.46
9	2.43	2.86	3.43	3.85	4.26
10	2.37	2.79	3.32	3.72	4.10
11	2.33	2.72	3.24	3.62	3.98
12	2.29	2.68	3.17	3.53	3.89
15	2.22	2.57	3.03	3.36	3.69
20	2.14	2.48	2.90	3.21	3.50
25	2.10	2.43	2.83	3.12	3.40
30	2.08	2.39	2.78	3.06	3.33
40	2.05	2.35	2.73	2.99	3.25
60	2.02	2.31	2.67	2.93	3.17
∞	1.96	2.24	2.57	2.80	3.02

来源：G. Hahn,"Understanding Statistical Intervals,"*Industrial Engineering*, December 1970. pp. 45–48。

附录 B
不确定度传播的泰勒级数法

在所有实验中,不同变量的测量值通过数据简化方程合成某个期望的结果。通过试验确定风洞试验中某模型的阻力系数是一个很好的例子。阻力系数的定义为

$$C_D = 2F_D/(\rho v^2 A) \tag{B.1}$$

可以预期的是,式(B.1)右端变量中的误差会引起试验结果 C_D 中的误差。

数据简化方程更一般的表达式为

$$r = r(X_1, X_2, \cdots, X_J) \tag{B.2}$$

式中:r 为由 J 个被测变量 X_i 所确定的实验结果。

每个被测变量包含系统(偏差)误差和随机(精度)误差。被测变量中的这些误差通过数据简化方程进行传播,因而产生了实验结果 r 中的系统误差和随机误差。不确定度分析的目标是确定这些误差的影响,它们引起了结果中的随机不确定度和系统不确定度。在本附录中,首先推导不确定度传播方程,随后比较与讨论之前使用的方程与方法,最终通过一些近似导出适用于大部分工程应用的方法。需要指出的是,附录 B 摘录自参考文献[1]。

B.1 不确定度传播方程的推导

对于结果是许多变量的函数的情形,不确定度传播方程的推导过程比较复杂,因而在此首先考虑更为简单的情形,即结果仅仅是两个变量的函数。更加一般的情形下的表达式从两个变量的情形下推广即可。

假设数据简化方程为

$$r = r(x, y) \tag{B.3}$$

其中,函数在关注的范围内是连续的,并具有连续的导数。第 k 次测量值(x_k,

y_k)可用于计算r_k,如图 B.1 所示。在此,β_{x_k}和ε_{x_k}分别是在 x 的第 k 次测量中的系统误差和随机误差;变量 y 和结果 r 的误差具有类似的定义。假设实验仪器和/或装置在每次测量中发生了变化,因而每次测量时β_{x_k}和β_{y_k}均具有不同的值。在这种情形下,系统误差和随机误差将均变为随机变量,因此

$$x_k = x_{\text{true}} + \beta_{x_k} + \varepsilon_{x_k} \tag{B.4}$$

$$y_k = y_{\text{true}} + \beta_{y_k} + \varepsilon_{y_k} \tag{B.5}$$

数据简化方程中的 r 通过泰勒级数展开进行近似。在r_{true}处展开r_k为

$$r_k = r_{\text{true}} + \frac{\partial r}{\partial x}(x_k - x_{\text{true}}) + \frac{\partial r}{\partial y}(y_k - y_{\text{true}}) + R_2 \tag{B.6}$$

其中,R_2 是剩余的项;偏导数可在(x_{true},y_{true})处计算。由于 x 和 y 的真值是未知的,当在测量值(x_k,y_k)处计算导数时,通常将引入一些近似。

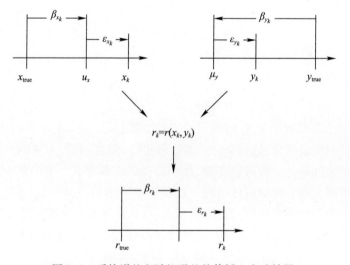

图 B.1　系统误差和随机误差的传播入实验结果

剩下的项具有如下的形式[2]:

$$R_2 = \frac{1}{2!}\left[\frac{\partial^2 r}{\partial x^2}(x_k - x_{\text{true}})^2 + 2\frac{\partial^2 r}{\partial x \partial y}(x_k - x_{\text{true}})(y_k - y_{\text{true}}) + \frac{\partial^2 r}{\partial y^2}(y_k - y_{\text{true}})^2\right] \tag{B.7}$$

其中,偏导数在(ζ,χ)处计算,它大约位于(x_k,y_k)和($x_{\text{true}},y_{\text{true}}$)之间。这一项通常可假设忽略不计,因此考虑这个假设能合理成立的条件是非常有用的。$x_k - x_{\text{true}}$和$y_k - y_{\text{true}}$是 x 和 y 的总误差。如果导数的大小适中,而且 x 和 y 的总误

差足够小,那么包含误差平方的R_2比那些一阶项更快地接近零。而且,如果$r(x,y)$是线性函数,那么式(B.7)中的偏导数恒等于零,因而R_2也等于零。

如果忽略R_2,而且将y_{true}移至方程左端,那么泰勒级数展开式变为

$$r_k - r_{\text{true}} = \frac{\partial r}{\partial x}(x_k - x_{\text{true}}) + \frac{\partial r}{\partial y}(y_k - y_{\text{true}}) \quad (\text{B}.8)$$

这个表达式将结果r的第k次测量值的总误差δ与被测变量的总误差联系起来,且采用如下形式:

$$\theta_x = \frac{\partial r}{\partial x} \quad (\text{B}.9)$$

那么式(B.8)可写为

$$\delta_{r_k} = \theta_x(\beta_{x_k} + \varepsilon_{x_k}) + \theta_y(\beta_{y_k} + \varepsilon_{y_k}) \quad (\text{B}.10)$$

为了衡量N个(数量较大时)结果r的测量值的δ_r分布,其总体分布的方差定义为

$$\sigma_{\delta_r}^2 = \lim_{N \to \infty}\left[\frac{1}{N}\sum_{k=1}^{N}(\delta_{r_k})^2\right] \quad (\text{B}.11)$$

将式(B.10)代入式(B.11)的极限部分可得

$$\frac{1}{N}\sum_{k=1}^{N}(\delta_{r_k})^2 = \theta_x^2\frac{1}{N}\sum_{k=1}^{N}(\beta_{x_k})^2 + \theta_y^2\frac{1}{N}\sum_{k=1}^{N}(\beta_{y_k})^2 + 2\theta_x\theta_y\frac{1}{N}\sum_{k=1}^{N}\beta_{x_k}\beta_{y_k} +$$

$$\theta_x^2\frac{1}{N}\sum_{k=1}^{N}(\varepsilon_{x_k})^2 + \theta_y^2\frac{1}{N}\sum_{k=1}^{N}(\varepsilon_{y_k})^2 + 2\theta_x\theta_y\frac{1}{N}\sum_{k=1}^{N}\varepsilon_{x_k}\varepsilon_{y_k} +$$

$$2\theta_x^2\frac{1}{N}\sum_{k=1}^{N}\beta_{x_k}\varepsilon_{x_k} + 2\theta_y^2\frac{1}{N}\sum_{k=1}^{N}\beta_{y_k}\varepsilon_{y_k} + 2\theta_x\theta_y\frac{1}{N}\sum_{k=1}^{N}\beta_{x_k}\varepsilon_{y_k} +$$

$$2\theta_x\theta_y\frac{1}{N}\sum_{k=1}^{N}\beta_{y_k}\varepsilon_{x_k} \quad (\text{B}.12)$$

当N趋向无穷大时,假设所有系统误差和随机误差不相关,则式(B.12)右端包含$\beta\varepsilon$乘积的最后四项均为零,那么式(B.11)定义的方差变为

$$\sigma_{\delta_r}^2 = \theta_x^2\sigma_{\beta_x}^2 + \theta_y^2\sigma_{\beta_y}^2 + 2\theta_x\theta_y\sigma_{\beta_x\beta_y} + \theta_x^2\sigma_{\varepsilon_x}^2 + \theta_y^2\sigma_{\varepsilon_y}^2 + 2\theta_x\theta_y\sigma_{\varepsilon_x\varepsilon_y} \quad (\text{B}.13)$$

由于现实中方差σ的值是未知的,那么必须对其进行估计。定义u_c^2为结果总误差分布的方差的估计值,b^2为系统误差分布的方差的估计值,s^2为随机误差分布的方差的估计值,那么

$$u_c^2 = \theta_x^2 b_x^2 + \theta_y^2 b_y^2 + 2\theta_x\theta_y b_{xy} + \theta_x^2 s_x^2 + \theta_y^2 s_y^2 + 2\theta_x\theta_y s_{xy} \quad (\text{B}.14)$$

式中:b_{xy}为x中的系统误差和y中的系统误差的协方差的估计值;其中,协方差定义为

$$\sigma_{\beta_x \beta_y} = \lim_{N \to \infty} \left(\frac{1}{N} \sum_{k=1}^{N} \beta_{x_k} \beta_{y_k} \right) \quad (B.15)$$

相似地，s_{xy} 为 x 和 y 中随机误差协方差的估计值。为了与 ISO 指南[3]中的符号保持一致，u_c 称为合成标准不确定度（combined standard uncertainty）。对于式（B.2）定义的实验结果，u_c 在更一般的情形下可写为

$$u_c^2 = \sum_{i=1}^{J} \theta_i^2 b_i^2 + 2 \sum_{i=1}^{J-1} \sum_{k=i+1}^{J} \theta_i \theta_k b_{ik} + \sum_{i=1}^{J} \theta_i^2 s_i^2 + 2 \sum_{i=1}^{J-1} \sum_{k=i+1}^{J} \theta_i \theta_k s_{ik} \quad (B.16)$$

式中：b_i^2 为变量 X_i 的系统误差分布的方差的估计值，依此类推。

在此点的导数详见参考文献[4]。

在计算式（B.16）中的 u_c 时，不需要对误差分布进行任何假设。然而，为了获得某一指定置信水平（95%、99% 等）下的 U_r（在 ISO 指南中称为扩展不确定度，expanded uncertainty），合成不确定度必须乘以一个包含系数 K，即

$$U_r = K u_c \quad (B.17)$$

为了选择 K，必须假设误差分布的类型。

在 ISO 指南中，即使 X_i 的误差分布不是正态的，基于中心极限定理，结果的误差通常被假设为满足高斯分布。实际上，既然误差通常由来自大量基本误差源的误差合成，因而通常可以假设 X_i 的误差分布是近似正态的。

如果假设结果的误差分布是正态的，那么 $C\%$ 的包含率对应的 K 值对应于 t 分布在 $C\%$ 的置信水平下的 t 值（见附录 A），因而

$$U_r^2 = t^2 \left(\sum_{i=1}^{J} \theta_i^2 b_i^2 + 2 \sum_{i=1}^{J-1} \sum_{k=i+1}^{J} \theta_i \theta_k b_{ik} + \sum_{i=1}^{J} \theta_i^2 s_i^2 + 2 \sum_{i=1}^{J-1} \sum_{k=i+1}^{J} \theta_i \theta_k s_{ik} \right)$$

$$(B.18)$$

确定 t 所需的有效自由度 ν_r 可根据韦尔奇－萨特思韦特（Welch-Satterthwaite）公式[3]进行计算：

$$\nu_r = \frac{\left(\sum_{i=1}^{J} \theta_i^2 b_i^2 + \sum_{i=1}^{J} \theta_i^2 s_i^2 \right)^2}{\sum_{i=1}^{J} \left[(\theta_i s_i)^4 / \nu_{s_i} + (\theta_i b_i)^4 / \nu_{b_i} \right]} \quad (B.19)$$

式中：ν_{s_i} 为与 s_i 有关的自由度；ν_{b_i} 为与 b_i 有关的自由度。

如果 s_i 是根据在一段合适的范围内采集的 X_i 的 N_i 个测量值所确定的，那么自由度为

$$\nu_{s_i} = N_i - 1 \quad (B.20)$$

对于 b_i 的与非统计估计值有关的自由度 ν_{b_i}，ISO 指南建议采用如下的近似：

$$\nu_{b_i} \approx \frac{1}{2}\left(\frac{\Delta b_i}{b_i}\right)^{-2} \qquad (B.21)$$

其中,括号中的值与 b_i 的相对不确定度有关。例如,如果 b_i 的估计值在 $\pm 25\%$ 以内,那么

$$\nu_{b_i} \approx \frac{1}{2}(0.25)^{-2} \approx 8 \qquad (B.22)$$

表 A.2 中 95% 置信度的 t 值表明随着自由度的增加,t 值趋向 2.0。因而有些反常的是,当信息量较大(ν_r 较大)时,可将 t 赋值为 2,而不必采用式(B.19)进行计算。但是,当信息量较小(ν_r 较小)时,需要采用式(B.19)进行更加细致的估计。B.3 节将讨论舍弃式(B.19)且直接令 $t=2$(95% 置信度)所需的假设,但是 B.2 节将先比较之前提出的各种方法。

B.2 方法比较

本节的主要目的是展示不确定度分析方法的发展历程。

B.2.1 阿伯内西方法

在 20 世纪 70 年代到 80 年代被广泛使用的一个方法是由阿伯内西(Abernethy)及其合作者[5]提出的 $U_{\rm RSS}$ 和 $U_{\rm ADD}$ 方法。它在参考文献[6-7]和其他 SAE、ISA、JANNAF、NRC、NATO 和 ISO 标准[5]中被广泛采用。按照阿伯内西的推导,95% 置信度和 99% 置信度的估计值分别为

$$U_{\rm RSS} = [B_r^2 + (ts_r)^2]^{1/2} \qquad (B.23)$$

$$U_{\rm ADD} = B_r + ts_r \qquad (B.24)$$

其中

$$B_r = \left[\sum_{i=1}^{J} \theta_i^2 B_i^2\right]^{1/2} \qquad (B.25)$$

$$s_r = \left[\sum_{i=1}^{J} \theta_i^2 s_i^2\right]^{1/2} \qquad (B.26)$$

B_r 和 B_i 为 95% 置信度的系统不确定度(偏差限值)的估计值,t 是自由度为 ν_r 的 t 分布在 95% 置信度下的 t 值,其中自由度 ν_r 定义为

$$\nu_r = \frac{(\theta_i s_i)^4}{\sum_{i=1}^{J}\left[(\theta_i s_i)^4/\nu_{s_i}\right]} \qquad (B.27)$$

参考之前章节中的推导过程,这些表达式表明它们在严格意义上是不准确的。基于一些特别的证据和一些蒙特卡罗模拟的结果,U_{ADD}方法通常是先进的,但是,正如 ISO 指南[3]中指出的那样,对于 99% 的置信水平,式(B.17)中的 K 值应采用 t 值以获得在假设的高斯分布下 99% 置信度的估计值。虽然参考文献[6]中的一个实例中确认存在这种影响,但是阿伯内西方法忽略了可能存在的相关系统误差的影响(式(B.18)中的协方差项 b_{ik})。

B.2.2 科尔曼-斯蒂尔方法

科尔曼(Coleman)和斯蒂尔(Steele)[4]扩展了克兰(Kline)和麦克林托克(McClintock)[8]的概念,并假设误差满足高斯分布,提出将式(B.14)作为68% 置信区间的传播方程。结果在 95% 包含概率下的不确定度的估计值为

$$U_r^2 = B_r^2 + P_r^2 \tag{B.28}$$

其中,结果的系统不确定度和随机不确定度(精度限值或精度不确定度)分别定义为

$$B_r^2 = \sum_{i=1}^{J} \theta_i^2 B_i^2 + 2\sum_{i=1}^{J-1}\sum_{k=i+1}^{J} \theta_i \theta_k \rho_{B_{ik}} B_i B_k \tag{B.29}$$

$$P_r^2 = \sum_{i=1}^{J} \theta_i^2 P_i^2 + 2\sum_{i=1}^{J-1}\sum_{k=i+1}^{J} \theta_i \theta_k \rho_{S_{ik}} P_i P_k \tag{B.30}$$

式中:$\rho_{B_{ik}}$ 为 X_i 和 X_k 的系统误差间的相关系数;$\rho_{S_{ik}}$ 为 X_i 和 X_k 的随机误差间的相关系数。

变量 X_i 的随机不确定度为

$$P_i = t_i s_i \tag{B.31}$$

其中,t_i 根据自由度 $\nu_i = N_i - 1$ 确定。

式(B.29)和式(B.30)可视为 95% 置信度下系统不确定度和随机不确定度的传播方程,因而这个方法避免使用韦尔奇-萨特思韦特公式。在一定的样本数量下,这种方法和阿伯内西方法的不确定度包含率及其比较见参考文献[9]。阿伯内西方法的早期文献和 B.2.1 节中所展示的导数的表达式均表明,严格意义上阿伯内西方法是不准确的。

对于大样本,即 N_i 和 ν_i 足够大以致 t 可取 2.0 时,科尔曼-斯蒂尔方法与阿伯内西方法[5](对相关系统不确定度效应进行合适的修正)均符合式(B.18)且具有 95% 的置信度。

B.2.3 ISO 指南 GUM 1993 方法

ISO 指南[3]以如下的七个国际组织的名义于 1993 年底发表:国际计量局

(BIPM)、国际电工委员会(IEC)、国际临床化学联合会(IFCC)、国际标准化组织(ISO)、国际理论化学与应用化学联合会(IUPAC)、国际理论和应用物理联合会(IUPAP)和国际法制计量组织(OIML)。这个指南现在实际上已成为国际标准。

指南中的方法与式(B.16)、式(B.18)和式(B.19)所展示的方法之间一个基本的差异在于指南采用 $u(x)$ (即"标准不确定度")代表本书中所用的 b_i 和 s_i。对应于系统(偏差)不确定度或随机(精度)不确定度,u 被分为 A 类标准不确定度和 B 类标准不确定度。A 类不确定度是那些"可通过对一系列观察值利用统计方法"进行评价的不确定度;B 类不确定度是那些"可通过对一系列观察值利用非统计方法"进行评价的不确定度。这些并不对应于工程上使用的传统分类:随机(精度或复现)不确定度和系统(偏差或固定)不确定度。

当然,两类表示法均具有各自的理由。A 类和 B 类清楚地定义了如何对一个不确定度进行估计;然而,在一个特定的实验项目中,系统不确定度和随机不确定度会随实验过程的不同从一个分类变为另一个分类。例如,如果样本中的每一个读数在采集之前均进行一次校准,那么系统的校准不确定度变成一个发散源,因而变成了随机不确定度。另外,对于一个特定的实验方法或过程,如果期望对结果的分散程度进行估计,那么系统/随机这个分类是非常有用的,特别是在实验的调试阶段[10]。

鉴于工程界对系统/随机(偏差/精度)不确定度分类的传统,以及它在上述工程实验中的有用性,在采用 ISO 指南的数学流程时仍然选择保留这一分类。这一分类也被 AIAA 标准[11]、AGARD[12]以及参考文献[6]的修订版[13]采纳。

B.2.4 AIAA 标准、AGARD 和 ANSI/ASME 方法

笔者(H. W. C.)曾作为北大西洋公约组织(NATO)航天研究与发展顾问组(AGARD)流体力学第 15 工作组的成员致力于风洞试验的质量评价,同时也是其结果报告分析方法章节的主要起草者[12]。AGARD 报告经过少量修订后于 1995 年发表,并成为 AIAA 的标准[11]。报告推荐的方法已经在 B.2.2 节讨论过,该方法还包括 B.3 节中将讨论的大样本假设:除非存在其他更重要的理由,否则 t 取 2[13]。另一个作者(W. G. S.)是 ASME PTC 19.1 委员会的副主席;ASME PTC 19.1 已经成为关于实验不确定度的 ANSI/ASME 标准。他也是新标准修订方法的主要作者。这个修订也建议:对于大部分工程应用来说,t 取 2。

B.2.5 NIST 方法

泰勒(Taylor)和库亚特(Kuyatt)[14]指出执行美国国家标准与技术研究

院(National Institute of Standards and Technology, NIST)政策的指导原则:

"除了那些采用了传统的 u_c 之外,建议采用扩展不确定度 U 呈报所有美国国家标准与技术研究院的测量结果。为了与目前国际上的实践保持一致,在美国国家标准与技术研究院,按照惯例,计算扩展不确定度时,k 值取2。除了2以外的 k 值仅用于那些已确立的特殊的场合。"

NIST 方法因此就是 ISO 指南中的方法[3];即使包含系数已经被指定为2.0,但是 NIST 方法并未指明扩展不确定度的置信水平。

B.3 工程应用中的额外假设

在许多工程试验中,例如大部分风洞试验,B.1节推导获得的如式(B.18)和式(B.19)的 U_r 和 ν_r 近似表达式从使用上来说仍然有些过于且不必要的复杂,而且易于对利用这些表达式计算所得的那些数据及其重要性产生一种错觉[11-12]。本节将讨论在大部分工程试验的不确定度分析应用中可以合理采用的额外简化假设。

B.3.1 包含因子的近似

对于不确定度分量 b_i 和 s_i 以及 U_r 的估计过程,传播方程和韦尔奇-萨特思韦特公式均是近似的而非精确的,而且韦尔奇-萨特思韦特公式并不包含相关不确定度的影响。除此之外,系统标准不确定度 b_i 及其自由度 ν_{b_i} 的估计中总是会出现不可避免的不确定度。

实际上,与从 N 个 X_i 的读数中计算出的 s_i 相关的不确定度可能是非常大的[13]。如图 B.2 所示,对于标准差为 σ 的高斯总体分布,当 s_i 是从 $N=10$ 个读数中计算出来的时,100次中的95次,s_i 将落入 $\pm 0.45\sigma$ 的区间内;如果 s_i 是从 $N=30$ 个读数中计算出来的时,s_i 将落入 $\pm 0.25\sigma$ 的区间内。(传统上,样本数量 N 超过31时视为大样本[6]。)这种影响在工程类的测量不确定度文献中并未得到足够的重视。正如 ISO 指南中指出的那样(参考文献[3],第48-49页):

"这表明统计估计出的标准差的标准差在 n 值的实际范围内是不可忽略的。因此,标准不确定度的 A 类评价未必比 B 类评价更加可靠,而且,在许多实际的观察次数有限的测量条件下,B 类评价所得的不确定度分量可能比 A 类评价所得的不确定度分量更易理解。"

95% 置信度的 t 值如表 A.2 所列;由表中数据表明当 $\nu_r \geq 9$ 时,t 值落入大样本 $t=2$ 的13%以内。与估计 s_i 和 b_i 时的不确定度相比,这种差异相对而言是不重要的。因此,对于大部分工程应用来说,中心极限定理可保证结果满足高斯

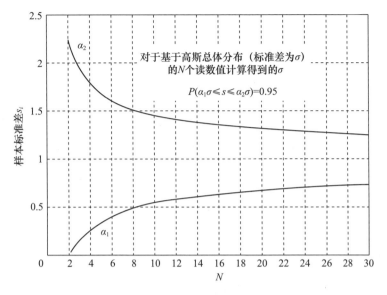

图 B.2　随样本数目变化的样本标准差

误差分布,而且 $t=2$ 确保 95% 的置信水平,这称为大样本假设。由于这个大样本假设不再需要利用韦尔奇－萨特思韦特公式来估计 ν_r,因而同样不再需要估计 ν_{s_i} 和 ν_{b_i}。

由韦尔奇－萨特思韦特公式,即由式(B.19)可知,由于每一项上面的指数均为 4,ν_r 主要受到 $\theta_i s_i$ 或 $\theta_i b_i$ 中最大项的自由度的影响。例如,如果 $\theta_3 s_3$ 是占优项,那么当 $N_3 \geqslant 10$ 时,$\nu_r \approx \nu_{s_3} \geqslant 9$。另外,如果 $\theta_3 b_3$ 是占优项,b_3 的相对不确定度约为 24% 或者更小时,$\nu_r \approx \nu_{s_3} \geqslant 9$。如果不存在占优项,而是存在 M 个不同的但具有相同大小和相同自由度 ν_a 的 $\theta_i s_i$ 和 $\theta_i b_i$ 时,那么

$$\nu_r = M\nu_a \tag{B.32}$$

例如,如果 $M=3$ 且 $\nu_a \geqslant 3$,那么 $\nu_r \geqslant 9$。因此,即使当被测变量的自由度非常小时,在估计由多个被测变量确定的结果的不确定度时,t 取值为 2 是通常合理的。

如果采用大样本假设并令 $t=2$,那么 95% 置信度的 U_r 表达式为

$$U_r^2 = 2^2 \Big(\sum_{i=1}^{J} \theta_i^2 b_i^2 + 2\sum_{i=1}^{J-1}\sum_{k=i+1}^{J} \theta_i \theta_k b_{ik} + \sum_{i=1}^{J} \theta_i^2 s_i^2 + 2\sum_{i=1}^{J-1}\sum_{k=i+1}^{J} \theta_i \theta_k s_{ik} \Big)$$

$$\tag{B.33}$$

因此,对于大样本情形,定义结果的系统不确定度和随机不确定度分别为

$$b_r^2 = \sum_{i=1}^{J} \theta_i^2 b_i^2 + 2\sum_{i=1}^{J-1}\sum_{k=i+1}^{J} \theta_i \theta_k b_{ik} \tag{B.34}$$

$$s_r^2 = \sum_{i=1}^{J} \theta_i^2 s_i^2 + 2\sum_{i=1}^{J-1}\sum_{k=i+1}^{J} \theta_i \theta_k s_{ik} \qquad (B.35)$$

那么,式(B.33)可写为

$$U_r^2 = 2^2 (b_r^2 + s_r^2) \qquad (B.36)$$

其中,式(B.34)和式(B.35)可分别视为系统标准不确定度和随机标准不确定度的传播方程。应用式(B.34)~式(B.36)进行不确定度分析称为详细不确定度分析,并通常用在实验项目的计划阶段完成之后的分析,详见第5章。

如果式(B.33)中的相关项等于零,该式可简化为

$$U_r^2 = 2^2 \left(\sum_{i=1}^{J} \theta_i^2 b_i^2 + \sum_{i=1}^{J} \theta_i^2 s_i^2 \right) = \sum_{i=1}^{J} \theta_i^2 \times 2^2 \times (b_i^2 + s_i^2) \qquad (B.37)$$

更加紧凑地表述为

$$U_r^2 = \sum_{i=1}^{J} \theta_i^2 U_i^2 \qquad (B.38)$$

式(B.38)描述了被测变量中的不确定度合成结果中的总不确定度的传播过程。应用式(B.38)进行不确定度分析称为总不确定度分析,主要用于实验的计划阶段,详见第4章。在第4章中,传播的是标准不确定度而不是扩展不确定度。

参考文献

[1] Coleman, H. W., and Steele, W. G., "Engineering Application of Uncertainty Analysis," *AIAA Journal*, Vol. 33, No. 10, Oct. 1995, pp. 1888 – 1896.

[2] Hildebrand, F. B., *Advanced Calculus for Applications*, Prentice – Hall, Upper Saddle River, NJ, 1962.

[3] International Organization for Standardization (ISO), *Guide to the Expression of Uncertainty in Measurement*, ISO, Geneva, 1993. Corrected and reprinted, 1995.

[4] Coleman, H. W., and Steele, W. G., "Some Considerations in the Propagation of Systematic and Random Errors into an Experimental Result," *Experimental Uncertainty in Fluid Measurements*, ASME FED Vol. 58, ASME, New York, 1987, pp. 57 – 62.

[5] Abernethy, R. B., Benedict, R. P., and Dowdell, R. B., "ASME Measurement Uncertainty," *Journal of Fluids Engineering*, Vol. 107, 1985, pp. 161 – 164.

[6] American National Standards Institute/American Society of Mechanical Engineers (ASME), *Measurement Uncertainty*, PTC 19.1 – 1985 Part 1, ASME, New York, 1986.

[7] American National Standards Institute/American Society of Mechanical Engineers (ASME), *Measurement Uncertainty for Fluid Flow in Closed Conduits*, MFC – 2M – 1983, ASME, New York, 1984.

[8] Kline, S. J., and McClintock, F. A., "Describing Uncertainties in Single – Sample Experiments," *Mechanical Engineering*, Vol. 75, 1953, pp. 3 – 8.

[9] Steele, W. G., Taylor, R. P., Burrell, R. E., and Coleman, H. W., "Use of Previous Experience to Estimate

Precision Uncertainty of Small Sample Experiments," *AIAA Journal*, Vol. 31, No. 10, 1993, pp. 1891–1896.

[10] Coleman, H. W., Hosni, M. H., Taylor, R. P., and Brown, G. B., "Using Uncertainty Analysis in the Debugging and Qualification of a Turbulent Heat Transfer Test Facility," *Experimental Thermal and Fluid Science*, Vol. 4, No. 6, 1991, pp. 673–683.

[11] American Institute of Aeronautics and Astronautics (AIAA), *Assessment of Wind Tunnel Data Uncertainty*, AIAA Standard S-071-1995, AIAA, New York, 1995.

[12] Advisory Group for Aerospace Research and Development (AGARD), *Quality Assessment for Wind Tunnel Testing*, AGARD-AR-304, AGARD, Brussels, 1994.

[13] American National Standards Institute/American Society of Mechanical Engineers (ASME), *Test Uncertainty*, PTC 19.1-2005, ASME, New York, 2005 (second revision of Ref. 6).

[14] Taylor, B. N., and Kuyatt, C. E., "Guidelines for Evaluating and Expressing the Uncertainty of NIST Measurement Results," NIST Technical Note 1297, National Institute of Standards and Technology, Gaithersburg, MD, Sept. 1994, p. 5.

附录 C
不确定度计算模型的比较

附录 B 中已经推导出了用于估计结果在任一置信水平下的不确定度传播方程。1993 年发布的国际标准化组织(ISO)指南推荐了这一方法[1]。应用 ISO 不确定度分析方法需要每个不确定度分量的方差和自由度的详细信息;然而,如附录 B 所述,大部分工程实验能满足确定不确定度的大样本假设。

本附录将利用蒙特卡罗模拟以阐明大样本模型的合理性[2]。模拟使用了六个不同的数据简化方程:质量守恒、压气机效率、摩擦系数、两个温度值的均值、五个温度值的均值和单一变量。当采用 95% 和 99% 置信度的 ISO 模型和大样本假设时,可以确定出每个方程的实际置信度。

C.1 蒙特卡罗模拟

本节应用蒙特卡罗模拟方法测试各类不确定度模型在预测包含结果真值的范围方面的合理性。对于每一个实例实验,通过选定和应用独立变量 X_i 的真值可确定实验结果的真值。同时,选定每个基本系统误差和随机误差的总体分布。随机误差假设总是满足高斯分布,并假设每个变量的标准差为 σ_{X_i}。基本系统误差的分布选为高斯分布或均匀分布。除了分布类型,系统误差的输入值还有加上或者减去的限值 B_{i_k},它是每个系统误差源的总体分布包含 95% 误差的限值。在附录 B(B.2 节)中,利用本书第 2 版中的表示方法,定义这个限值为系统不确定度的估计值。对于高斯分布,这个 95% 的限值等于 2 倍的分布标准差。对于均匀分布,这个 95% 的限值等于 95% 的分布半宽度。

每个实例实验模拟每个变量的 N 个读数;其中,N 在 2~31 的范围内变化。对于任一指定情形,所有变量的 N 是相同的,因此,每个变量的随机标准不确定度的自由度 ν_{s_i} 为 $N-1$。既然 ISO 模型也需要每个基本系统不确定度的标准差和一定数量的自由度,假设原先信息是可知的并用于确定系统不确定度。对于

第 i 个变量,对其第 k 个基本系统误差分布抽样 N 次,可得自由度为 $N-1$ 的标准差为

$$b_{i_k} = \left\{ \frac{1}{N-1} \sum_{n=1}^{N} [(\beta_{i_k})_n - \bar{\beta}_{i_k}]^2 \right\}^{1/2} \quad (\text{C.1})$$

N 个样本中的第一个读数 $(\beta_{i_k})_1$ 用作这个变量的基本误差源的系统误差。

对于每一个实例和每个读数 N,运行 10000 次数值实验。首先,对于每一次实验,系统误差 $(\beta_{i_k})_1$ 及其每个系统误差的标准差 b_{i_k} 由此可被确定下来。在这些模拟中,假设每个变量存在两个基本系统误差。每个变量的总体分布的均值由此可确定下来:

$$\mu_{X_i} = X_{i_{\text{true}}} + (\beta_{i_1})_1 + (\beta_{i_2})_1 \quad (\text{C.2})$$

利用式(C.2)确定的值作为分布的均值,将 σ_{X_i} 作为标准差,每个变量的高斯分布被抽样 N 次以获得每个 X_i 的 N 个数值。每个变量的均值 $\bar{X}$ 和均值的样本标准差 $s_{\bar{X}}$ 可被计算出来。利用这些均值可计算出结果 r。至此,已确定每个模型的不确定度区间,并通过检查每个模型以确认结果 r_{true} 是否落入到 r 加减不确定度的区间内。如果确实如此,那个模型的计数就增加 1。对于每个示例实验,对每个变量重复这个过程 10000 次,以此确定每个不确定度模型的包含率。

式(C.3)可用于不确定度模型,即每个变量的系统不确定度为

$$b_i = [(b_{i_1})^2 + (b_{i_2})^2]^{1/2} \quad (\text{C.3})$$

与相应的随机不确定度的信息,b_{i_k} 及其自由度(对于这些模拟为 $N-1$)可直接用于韦尔奇-萨特思韦特公式,即式(B.19)以确定结果的自由度 ν_{ISO};对于 ISO 模型,有

$$\nu_r = \frac{\left[\sum_{i=1}^{J} \theta_i^2 b_i^2 + \sum_{i=1}^{J} \theta_i^2 s_i^2 \right]^2}{\sum_{i=1}^{J} \left[(\theta_i s_{\bar{X}_i})^4 / \nu_{s_{\bar{X}_i}} + \sum_{k=1}^{2} (\theta_i b_{i_k})^4 / \nu_{b_{i_k}} \right]} \quad (\text{C.4})$$

其中,式(B.19)已经扩展至基本系统标准不确定度及其它们的自由度。ISO 不确定度为

$$U_{\text{ISO95}} = t_{\nu_{\text{ISO95}}} \left\{ \sum_{i=1}^{J} [(\theta_i s_{\bar{X}_i})^2 + (\theta_i b_i)^2] \right\}^{1/2} \quad (\text{C.5})$$

$$U_{\text{ISO99}} = t_{\nu_{\text{ISO99}}} \left\{ \sum_{i=1}^{J} [(\theta_i s_{\bar{X}_i})^2 + (\theta_i b_i)^2] \right\}^{1/2} \quad (\text{C.6})$$

对于常数模型,$t_{\nu_{\text{ISO95}}} = 2.0$ 和 $t_{\nu_{\text{ISO99}}} = 2.6$。

讨论至此已经考虑了随机不确定度的当前信息是已知的,而且系统不确定度之前信息是已知的情形。实际上,经常遇到的情形是当前信息并不充分,而且需要所有误差源的之前信息[3]。仅有一个读数的实验就是这种情形。因此,扩展本研究以涵盖利用原先信息进行随机不确定度估计的情形。

执行额外的模拟,通过采集 N 个之前样本以计算每个变量的样本标准差:

$$s_{X_i} = \left[\frac{1}{N-1} \sum_{k=1}^{N} (X_{i_k} - \bar{X}_i)^2 \right]^{1/2} \quad (C.7)$$

随后,一个额外的样本被采集以获得 X_i 的读数。由式(C.7)确定的标准差 s_{X_i} 可用于所有的不确定度和自由度的计算而代替均值的标准差。原先信息和当前信息这两种情形的主要差异在于前者具有更大的随机不确定度,因为每个参数仅有一个读数而不是均值,所以在标准差的计算中无法利用 $1/\sqrt{N}$ 这个系数。

对于当前信息这种情形,通过改变随机误差和系统误差的相对重要性,以观察它们对不确定度模型中置信水平的影响。在基准或"平衡"情况下,选定总体分布的标准差 σ_{X_i} 和 95% 置信度下系统误差的估计值,这样当样本数量等于 10($N=10$)时,随机误差源和系统误差源对总不确定度的相对重要性是基本相同的。

基于基准情况的一种变化是令系统不确定度在结果的不确定度中占优。95% 置信度的系统误差的估计值乘以 5~10 这样的系数即可使系统不确定度占优。系数的大小取决于实例实验中的数据简化方程。另一种变化是令随机不确定度在结果的不确定度中占优。与系统误差占优的情形一样,随机误差的标准差乘以 5~10 这样一个系数即可。最后一种变化是通过令其他变量的所有误差的估计值均等于零而使一个变量的不确定度在总不确定度中占优。这种变形使其自由度 ν_{ISO99} 比其他的都小。

对于之前信息这种情形,研究了平衡(基准)情况、随机误差占优情况和单一变量占优情况。基准情况下的误差估计值与当前信息这种情形的基准情况相同;因此,这些情形在 $N=10$ 时未必有相同的随机不确定度和系统不确定度。除了摩擦系数实例外,系统误差占优的情形将不予以执行,这主要是由于它们的计算结果与当前信息这种情形的计算结果相似。由于之前信息研究的情形仅影响随机不确定度,因而将系统误差分布假设为高斯分布。

C.2 模 拟 结 果

六个示例实验的数据简化方程如表 C.1 所列,包括变量的真值和每个变量的总体分布的误差估计值。这六个方程很好地代表了线性和非线性的实例。

蒙特卡罗模拟的结果采用两种方式呈现。第一种是结果的自由度约等于 9，即 $\nu_r \approx 9$。这个自由度为根据式（C.4）计算得到的结果。对于每一种情形的模拟，每个数据简化方程的每个值，取 10000 个 ν_{ISO} 值的平均值并将其与不确定度的结果一同计算与保存。模拟结果表明 ν_{ISO} 的平均值最接近 9。当前信息研究的结果如表 C.2 所列，而之前信息研究的结果如表 C.3 所列。对于每个数据简化方程的每一种模拟类型，ν_r 的平均值以及相应的 ν_{s_i} 和 $\nu_{b_{i_k}}$ 和由此确定的置信水平 U_{ISO99}、$U_{2.6}$、U_{ISO95}、$U_{2.0}$ 也显示在表中。

第二种是 $N=10$ 或者 ν_{s_i} 和 $\nu_{b_{i_k}}=9$。每一个数据简化方程的每一类模拟的结果如表 C.4 和表 C.5 所列。每一个不确定度模型的置信水平与相应的自由度 ν_r 的平均值也显示在表中。

表 C.1 示例实验的数据简化方程、假设的实验变量的真值和平衡情形下误差估计值

质量守恒：$z = m_4 - m_1 - m_2 - m_3 = 0$			
$m_1 = 50.0\text{kg/h}$	$B_{m_{1_1}} = 1.0\text{kg/h}$	$B_{m_{1_2}} = 3.0\text{kg/h}$	$\sigma_{m_1} = 1.8\text{kg/h}$
$m_2 = 50.0\text{kg/h}$	$B_{m_{2_1}} = 1.0\text{kg/h}$	$B_{m_{2_2}} = 3.0\text{kg/h}$	$\sigma_{m_2} = 1.8\text{kg/h}$
$m_3 = 50.0\text{kg/h}$	$B_{m_{3_1}} = 1.0\text{kg/h}$	$B_{m_{3_2}} = 3.0\text{kg/h}$	$\sigma_{m_3} = 1.8\text{kg/h}$
$m_4 = 100.0\text{kg/h}$	$B_{m_{4_1}} = 1.0\text{kg/h}$	$B_{m_{4_2}} = 3.0\text{kg/h}$	$\sigma_{m_4} = 1.8\text{kg/h}$
压气机效率：$\eta = [(P_2/P_1)^{(\gamma-1)/\gamma} - 1](T_2/T_1 - 1) = 0.87$			
$P_1 = 101\text{kPa}$	$B_{P_{1_1}} = 1.7\text{kPa}$	$B_{P_{1_2}} = 2.6\text{kPa}$	$\sigma_{P_1} = 4.8\text{kg/h}$
$P_2 = 659\text{kPa}$	$B_{P_{2_1}} = 17.2\text{kPa}$	$B_{P_{2_2}} = 10.3\text{kPa}$	$\sigma_{P_2} = 31.7\text{kg/h}$
$T_1 = 294\text{K}$	$B_{T_{1_1}} = 2.2\text{K}$	$B_{T_{1_2}} = 1.6\text{K}$	$\sigma_{T_1} = 4.3\text{K}$
$T_2 = 533\text{K}$	$B_{T_{2_1}} = 3.8\text{K}$	$B_{T_{2_2}} = 3.3\text{K}$	$\sigma_{T_2} = 7.9\text{K}$
$\gamma = 1.4$			
摩擦阻力系数：$f = (\pi^2 D^5 \Delta P)/(32\rho Q^2 \Delta X) = 0.005$			
$D = 0.05$	$B_{D_1} = 0.5 \times 10^{-3}\text{m}$	$B_{D_2} = 2.5 \times 10^{-4}\text{m}$	$\sigma_D = 0.9 \times 10^{-3}\text{m}$
$\Delta P = 80.06\text{Pa}$	$B_{\Delta P_1} = 2.5\text{Pa}$	$B_{\Delta P_2} = 3.75\text{Pa}$	$\sigma_{\Delta P} = 7.0\text{Pa}$
$\rho = 1000.0\text{kg/m}^3$	$B_{\rho_1} = 25.0\text{kg/m}^3$	$B_{\rho_2} = 50.0\text{kg/m}^3$	$\sigma_\rho = 90.0\text{kg/m}^3$
$Q = 2.778 \times 10^{-3}\text{m}^3/\text{s}$	$B_{Q_1} = 0.5 \times 10^{-4}\text{m}^3/\text{s}$	$B_{Q_2} = 0.6 \times 10^{-4}\text{m}^3/\text{s}$	$\sigma_Q = 1.25 \times 10^{-4}\text{m}^3/\text{s}$
$\Delta X = 0.20\text{m}$	$B_{\Delta X_1} = 5.0 \times 10^{-3}\text{m}$	$B_{\Delta X_2} = 1.0 \times 10^{-2}\text{m}$	$\sigma_{\Delta X} = 1.85 \times 10^{-2}\text{m}$
两个温度的平均值：$\bar{T} = (T_1 + T_2)/2 = 305\text{K}$			
$T_1 = 300\text{K}$	$B_{T_{1_1}} = 5.0\text{K}$	$B_{T_{1_2}} = 3.5\text{K}$	$\sigma_{T_1} = 9.5\text{K}$
$T_2 = 310\text{K}$	$B_{T_{2_1}} = 5.0\text{K}$	$B_{T_{2_2}} = 3.5\text{K}$	$\sigma_{T_2} = 9.5\text{K}$

续表

五个温度的平均值: $\bar{T}=(T_1+T_2+T_3+T_4+T_5)/5=305\mathrm{K}$			
$T_1=300\mathrm{K}$	$B_{T_{1_1}}=5.0\mathrm{K}$	$B_{T_{1_2}}=3.5\mathrm{K}$	$\sigma_{T_1}=9.5\mathrm{K}$
$T_2=310\mathrm{K}$	$B_{T_{2_1}}=5.0\mathrm{K}$	$B_{T_{2_2}}=3.5\mathrm{K}$	$\sigma_{T_2}=9.5\mathrm{K}$
$T_3=307\mathrm{K}$	$B_{T_{3_1}}=5.0\mathrm{K}$	$B_{T_{3_2}}=3.5\mathrm{K}$	$\sigma_{T_3}=9.5\mathrm{K}$
$T_4=305\mathrm{K}$	$B_{T_{4_1}}=5.0\mathrm{K}$	$B_{T_{4_2}}=3.5\mathrm{K}$	$\sigma_{T_4}=9.5\mathrm{K}$
$T_5=303\mathrm{K}$	$B_{T_{5_1}}=5.0\mathrm{K}$	$B_{T_{5_2}}=3.5\mathrm{K}$	$\sigma_{T_5}=9.5\mathrm{K}$
单一变量: $X=150$			
$X=150$	$B_{X_1}=5.0$	$B_{X_2}=3.5$	$\sigma_X=9.5$

表 C.2 $\nu_r \approx 9$ 时当前信息研究得到的置信水平结果

方程	ν_r	$\nu_{s_i}, \nu_{b_{i_k}}$	$U_{\text{ISO99}}/\%$	$U_{2.6}/\%$	$U_{\text{ISO95}}/\%$	$U_{2.0}/\%$
方程 1:质量守恒						
高斯(基准)	10.3	2	99.8	98.8	97.0	94.9
均匀(基准)	10.3	2	99.8	98.8	96.9	94.8
高斯($B\times10$)	11.0	3	99.8	99.1	97.4	95.1
均匀($B\times10$)	7.1	2	99.8	98.7	98.1	94.7
高斯($\sigma\times10$)	9.4	3	99.4	97.8	96.2	93.4
均匀($\sigma\times10$)	9.7	3	99.5	98.2	95.9	93.6
高斯(m_4)	9.0	5	99.8	99.0	97.8	95.1
均匀(m_4)	9.6	6	99.9	99.6	98.5	96.9
方程 2:压气机效率						
高斯(基准)	9.0	2	99.4	98.0	96.2	93.5
均匀(基准)	10.5	2	99.4	98.4	96.4	94.1
高斯($B\times10$)	9.3	2	99.5	98.1	96.7	94.5
均匀($B\times10$)	9.8	2	99.4	98.0	96.8	94.6
高斯($\sigma\times6$)	8.8	3	99.1	97.6	96.3	93.7
均匀($\sigma\times6$)	8.9	3	99.3	97.4	96.0	93.5
高斯(P_2)	10.2	5	99.2	97.7	95.4	93.0
均匀(P_2)	8.6	4	99.5	97.8	95.8	93.6
方程 3:摩擦系数						
高斯(基准)	10.4	2	99.2	97.9	95.8	93.7
均匀(基准)	12.1	2	99.1	97.9	95.9	94.0
高斯($B\times5$)	12.3	2	98.5	97.0	95.3	93.9
均匀($B\times5$)	12.4	2	97.9	96.4	94.4	93.0

续表

方程	ν_r	$\nu_{s_i}, \nu_{b_{i_k}}$	$U_{ISO99}/\%$	$U_{2.6}/\%$	$U_{ISO95}/\%$	$U_{2.0}/\%$
		方程3:摩擦系数				
高斯($\sigma \times 5$)	10.4	3	97.0	95.0	93.3	91.8
均匀($\sigma \times 5$)	10.6	3	97.1	95.1	93.4	91.7
高斯(Q)	10.6	5	99.1	97.8	95.5	93.4
均匀(Q)	9.0	4	99.5	98.1	96.4	93.7
		方程4:两个温度的平均值				
高斯(基准)	9.3	3	99.2	97.8	95.8	93.5
均匀(基准)	10.8	3	99.4	98.2	95.8	93.6
高斯($B \times 10$)	8.8	3	99.9	99.1	97.9	95.0
均匀($B \times 10$)	9.2	3	99.9	99.1	98.0	95.4
高斯($\sigma \times 10$)	8.9	5	99.1	97.3	95.2	92.3
均匀($\sigma \times 10$)	9.0	5	99.1	97.3	95.5	92.8
高斯(T_1)	8.0	4	99.3	97.5	95.6	92.2
均匀(T_1)	8.9	4	99.5	98.1	96.2	93.6
		方程5:五个温度的平均值				
高斯(基准)	10.8	2	99.5	98.3	96.0	93.9
均匀(基准)	12.6	2	99.4	98.5	96.0	93.8
高斯($B \times 10$)	11.6	2	99.8	99.0	97.0	95.0
均匀($B \times 10$)	12.6	2	99.8	99.0	97.0	95.0
高斯($\sigma \times 10$)	10.7	3	99.2	97.8	96.0	93.6
均匀($\sigma \times 10$)	10.8	3	99.3	98.0	95.9	93.7
高斯(T_1)	10.4	5	99.2	97.8	95.4	93.2
均匀(T_1)	8.9	4	99.4	98.0	96.1	93.5
		方程6:单一变量				
高斯(基准)	7.9	4	99.3	97.4	95.7	92.9
均匀(基准)	8.9	4	99.6	98.0	96.4	93.5
高斯($B \times 7$)	9.0	5	99.9	99.3	97.9	95.3
均匀($B \times 7$)	9.0	5	99.9	99.6	98.8	96.8
高斯($\sigma \times 7$)	9.5	9	99.1	97.3	95.1	92.8
均匀($\sigma \times 7$)	9.7	9	98.8	97.1	95.2	92.7

表 C.3 $\nu_r \approx 9$ 时之前信息研究得到的置信水平结果

方程	ν_r	$\nu_{s_i}, \nu_{b_{i_k}}$	U_{ISO99}/%	$U_{2.6}$/%	U_{ISO95}/%	$U_{2.0}$/%
方程1:质量守恒						
高斯(基准)	10.2	2	99.5	98.4	96.4	94.0
高斯($\sigma \times 10$)	8.9	3	99.3	97.7	96.3	93.2
高斯(m_4)	9.2	9	99.0	97.2	94.9	92.4
方程2:压气机效率						
高斯(基准)	10.8	3	99.1	97.9	95.6	93.6
高斯($\sigma \times 3$)	8.8	3	98.9	97.1	95.9	93.4
高斯(P_2)	8.9	7	98.8	96.8	94.5	91.7
方程3:摩擦系数						
高斯(基准)	7.8	2	99.2	97.1	95.8	93.0
高斯($B \times 5$)	14.2	2	97.9	96.6	94.6	93.4
高斯(Q)	9.0	7	98.6	96.7	94.5	91.8
方程4:两个温度的平均值						
高斯(基准)	8.7	4	99.0	97.3	95.6	92.7
高斯($\sigma \times 10$)	8.8	5	99.3	97.6	95.8	93.1
高斯(T_1)	9.0	7	98.8	97.3	95.1	92.6
方程5:五个温度的平均值						
高斯(基准)	8.0	2	99.6	98.0	96.6	93.5
高斯($\sigma \times 10$)	10.7	3	99.4	98.1	96.0	93.7
高斯(T_1)	10.2	8	99.0	97.4	94.8	92.6
方程6:单一变量						
高斯(基准)	9.0	7	98.8	97.0	95.0	92.1
高斯($\sigma \times 3$)	9.3	9	98.9	96.9	95.0	92.4
高斯($B \times 4$)	9.3	4	99.6	98.5	97.0	94.6

表 C.4 $\nu_{s_i}=9$ 和 $\nu_{b_{i_k}}=9$ 时当前信息研究得到的置信水平结果

方程	ν_r	U_{ISO99}/%	$U_{2.6}$/%	U_{ISO95}/%	$U_{2.0}$/%
方程1:质量守恒					
高斯(基准)	48.7	99.2	99.2	95.5	95.5
均匀(基准)	48.1	99.3	99.3	95.4	95.4
高斯($B \times 10$)	38.8	99.1	99.1	95.4	95.4
均匀($B \times 10$)	41.1	99.4	99.4	95.6	95.6

续表

方程	ν_r	U_{ISO99}/%	$U_{2.6}$/%	U_{ISO95}/%	$U_{2.0}$/%
方程1:质量守恒					
高斯($\sigma \times 10$)	36.5	98.7	98.7	94.7	94.7
均匀($\sigma \times 10$)	39.0	99.0	99.0	95.2	95.1
高斯(m_4)	14.6	99.9	99.4	97.0	95.6
均匀(m_4)	13.3	100.0	99.8	98.6	97.4
方程2:压气机效率					
高斯(基准)	79.1	99.0	99.0	95.4	95.1
均匀(基准)	88.3	99.1	99.1	95.7	95.7
高斯($B \times 10$)	54.4	98.7	98.7	95.8	95.8
均匀($B \times 10$)	56.4	98.4	98.4	95.3	95.3
高斯($\sigma \times 6$)	32.9	98.5	98.4	94.5	94.4
均匀($\sigma \times 6$)	33.8	98.7	98.6	95.2	95.1
高斯(P_2)	21.0	99.2	98.7	95.6	94.8
均匀(P_2)	22.2	99.6	99.2	96.2	95.5
方程3:摩擦系数					
高斯(基准)	92.8	99.0	99.0	95.3	95.3
均匀(基准)	102.7	98.7	98.7	95.1	95.1
高斯($B \times 5$)	64.8	97.2	97.2	94.2	94.2
均匀($B \times 5$)	66.2	96.6	96.6	93.3	93.3
高斯($\sigma \times 5$)	40.6	97.0	97.0	94.0	94.0
均匀($\sigma \times 5$)	42.1	97.1	97.0	94.1	94.1
高斯(Q)	22.2	99.1	98.7	95.3	94.3
均匀(Q)	24.1	99.5	99.1	95.9	95.3
方程4:两个温度的平均值					
高斯(基准)	41.1	98.9	98.9	95.5	95.4
均匀(基准)	45.1	99.2	99.2	95.7	95.7
高斯($B \times 10$)	29.7	99.4	99.3	96.1	95.8
均匀($B \times 10$)	30.9	99.7	99.6	95.9	95.7
高斯($\sigma \times 10$)	16.9	99.0	98.1	95.2	94.0
均匀($\sigma \times 10$)	17.1	99.2	98.3	95.1	94.0
高斯(T_1)	21.7	99.2	98.7	95.5	94.8
均匀(T_1)	23.3	99.6	99.1	95.8	95.1

续表

方程	ν_r	$U_{\text{ISO99}}/\%$	$U_{2.6}/\%$	$U_{\text{ISO95}}/\%$	$U_{2.0}/\%$
方程5：五个温度的平均值					
高斯(基准)	98.4	99.1	99.1	95.2	95.2
均匀(基准)	110.1	99.1	99.1	95.3	95.3
高斯($B \times 10$)	70.2	99.1	99.1	95.4	95.4
均匀($B \times 10$)	75.3	99.3	99.3	95.5	95.5
高斯($\sigma \times 10$)	39.7	98.8	98.8	94.5	94.5
均匀($\sigma \times 10$)	40.1	98.8	98.8	95.0	95.0
高斯(T_1)	21.6	99.4	98.8	95.3	94.4
均匀(T_1)	23.3	99.7	99.4	96.4	95.6
方程6：单一变量					
高斯(基准)	21.7	99.3	98.8	95.6	94.8
均匀(基准)	23.3	99.5	99.1	96.1	95.4
高斯($B \times 7$)	16.3	99.8	99.4	96.7	95.3
均匀($B \times 7$)	16.3	100.0	99.9	98.2	97.0
高斯($\sigma \times 7$)	9.5	99.1	97.3	95.1	92.8
均匀($\sigma \times 7$)	9.7	98.8	97.1	95.2	92.7

表 C.5 $\nu_{s_i}=9$ 和 $\nu_{b_{i_k}}=9$ 时之前信息研究得到的置信水平结果

方程	ν_r	$U_{\text{ISO99}}/\%$	$U_{2.6}/\%$	$U_{\text{ISO95}}/\%$	$U_{2.0}/\%$
方程1：质量守恒					
高斯(基准)	64.9	99.0	99.0	95.0	95.0
高斯($\sigma \times 10$)	31.9	98.9	98.8	94.8	94.6
高斯(m_4)	9.2	99.0	97.2	94.9	92.4
方程2：压气机效率					
高斯(基准)	38.2	98.8	98.8	94.7	94.7
高斯($\sigma \times 3$)	31.2	98.4	98.1	95.0	94.8
高斯(P_2)	11.3	99.1	97.8	95.2	93.0
方程3：摩擦系数					
高斯(基准)	46.1	98.1	98.1	94.6	94.6
高斯($B \times 5$)	90.6	96.7	96.7	93.5	93.5
高斯(Q)	11.4	98.8	97.6	94.9	93.0

续表

方程	ν_r	U_{ISO99}/%	$U_{2.6}$/%	U_{ISO95}/%	$U_{2.0}$/%
方程4:两个温度的平均值					
高斯(基准)	20.5	99.0	98.2	95.0	93.9
高斯($\sigma \times 10$)	16.6	99.0	98.1	95.2	93.7
高斯(T_1)	11.4	98.8	97.4	94.8	93.1
方程5:五个温度的平均值					
高斯(基准)	47.3	98.7	98.7	94.9	94.9
高斯($\sigma \times 10$)	38.9	98.8	98.8	94.9	94.8
高斯(T_1)	11.4	98.9	97.6	95.2	93.1
方程6:单一变量					
高斯(基准)	11.4	98.9	97.5	94.9	92.9
高斯($\sigma \times 3$)	9.3	98.9	96.9	95.0	92.4
高斯($B \times 4$)	22.8	99.4	98.8	95.7	95.1

表C.2和表C.3中$\nu_r \approx 9$时的结果表明ISO模型可得到不确定度,且其置信水平接近预期的值,即95%和99%。然而即使在样本数目较小的条件下,常数模型也能得到其置信水平接近99%或95%的不确定度。正如预期的那样,随机误差占优和一个变量占优的情形要求最大的样本数量足以使$\nu_r \approx 9$。

表C.2和表C.3给出的置信水平如图C.1和图C.2所示,其分别对应99%和95%的情形。由图C.1和图C.2可知,当$\nu_r \approx 9$时,99%模型(U_{ISO99}和$U_{2.6}$)可使置信水平保持在90%的上部,而95%模型(U_{ISO95}和$U_{2.0}$)可使置信水平保持在90%的中部。对于不确定度计算源于常数模型的简化,当$\nu_r \approx 9$时,$U_{2.6}$可用于99%置信度的不确定度估计值,而$U_{2.0}$可用于95%置信度的不确定度估计值。

表C.4和C.5所列的模拟结果表明,当所有基本不确定度分量的自由度至少等于9,即$\nu_{s_i} = \nu_{b_{i_k}} = 9$或$N = 10$时,ISO模型和常数模型所得的置信水平接近于预期的值。图C.3和图C.4所示的结果表明95%模型近似集中于95%,而99%模型集中于99%。当然,在所有的这些情形中,结果的自由度ν_r均大于9,如表C.4和表C.5所列。这些模拟结果支持那些ν_r均大于9的情形,而且表明大样本假设适用于大部分工程和科学应用,而且采用常数模型进行不确定度分析确定是完全合理的。

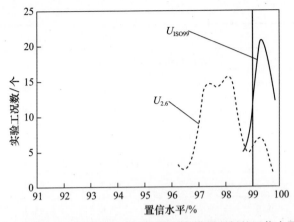

图 C.1　$\nu_r \approx 9$ 时所有实例实验 99% 不确定度模型所得的置信水平示意图

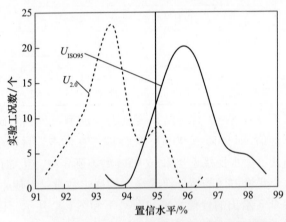

图 C.2　$\nu_r \approx 9$ 时所有实例实验 95% 不确定度模型所得的置信水平示意图

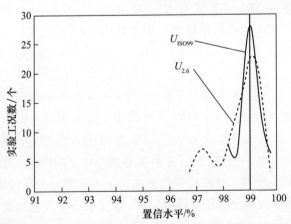

图 C.3　$\nu_{s_i} = \nu_{b_{i_k}} = 9$ 时所有实例实验 99% 不确定度模型所得的置信水平示意图

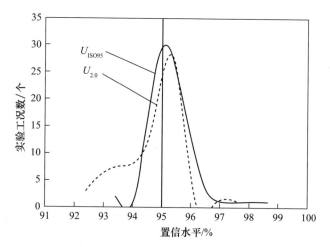

图 C.4 $\nu_{s_i} = \nu_{b_{i_k}} = 9$ 时所有实例实验 95% 不确定度模型所得的置信水平示意图

参考文献

[1] International Organization for Standardization (ISO), *Guide to the Expression of Uncertainty in Measurement*, ISO, Geneva, 1993.

[2] Steele, W. G., Ferguson, R. A., Taylor, R. P., and Coleman, H. W., "Comparison of ANSI/ASME and ISO Models for Calculation of Uncertainty," *ISA Transactions*, Vol. 33, 1994, pp. 339–352.

[3] Steele, W. G., Taylor, R. P., Burrell, R. E., and Coleman, H. W., "Use of Previous Experience to Estimate Precision Uncertainty of Small Sample Experiments," *AIAA Journal*, Vol. 31, No. 10, Oct. 1993, pp. 1891–1896.

附录 D
蒙特卡罗法的最短包含区间

在 3.4.1 节中,介绍了当结果分布为非对称时蒙特卡罗法模拟中包含区间的确定方法。所述的方法为概率上对称的包含区间。GUM 增补[1]提供了另一种蒙特卡罗法模拟的包含区间,称为"最短包含区间"(shortest coverage interval)。对于蒙特卡罗法结果的一个分布,当每个区间具有相同的包含概率时,这个区间在所有可能的区间中是最短的。对于这个概念的解释如图 D.1 所示。

对于 M 个蒙特卡罗法模拟结果形成的一个分布,存在 $(1-P)M$ 个区间包含 $100P\%$ 的结果。如图 D.1 所示,第一个区间从结果 1 开始,到结果 M 结束。例如,如果期望达到 95% 的包含水平,那么

$$区间 1 = 结果(1+PM) - 结果 1 \qquad (D.1)$$

式中,$P=0.95$ 表示 95% 的包含率。

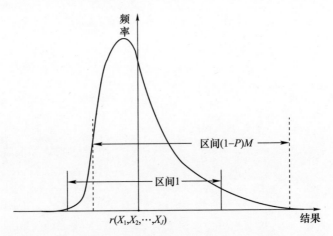

图 D.1 $100P\%$ 置信水平的最短包含区间概念

最后一个区间可表示为

$$\text{区间}(1-P)M = \text{结果}M - \text{结果}(1-P)M \qquad (D.2)$$

其他的区间可表示为

$$\text{区间}2 = \text{结果}[(1+PM)+1] - \text{结果}2 \qquad (D.3)$$

$$\text{区间}3 = \text{结果}[(1+PM)+2] - \text{结果}3 \qquad (D.4)$$

依此类推。最小的值所在的区间就是具有$100P\%$置信水平的最短包含区间。如3.4.1节对概率上对称的包含区间讨论的那样,结果的数量是整数值。

GUM增补[1]宣称最短包含区间将包含模式或者结果分布中最可能的值。如果蒙特卡罗法模拟结果的分布是对称的,那么对于$100P\%$的置信水平,最短包含区间、概率上对称的包含区间和由$\pm(k_{100P\%})s_{MCM}$确定的区间是相同的。采用何种合适的不确定度模型取决于使用者本身。

参考文献

[1] Joint Committee for Guides in Metrology (JCGM), "Evaluation of Measurement Data—Supplement 1 to the 'Guide to the Expression of Uncertainty in Measurement'—Propagation of Distributions Using a Monte Carlo Method," JCGM 101:2008, France, 2008.

附录 E
非对称的系统不确定度

在一些实验中存在影响较大的系统误差,它们使实验结果沿某一方向偏离真实结果。这些非对称的系统误差可能随着实验结果的变化而变化,但是它们对于一个特定的结果是固定不变的。莫法特(Moffat)[1]称这类误差为"变化的但是确定的"。

在第 6 章中分析过的传感器的安装系统误差就是这类非对称误差。它们倾向于使传感器的输出值始终高于或低于被测的数值。如果这些非对称的系统误差的影响较大,那么必须将这些影响进行估计且将其包含在结果的系统不确定度中。需要注意的是,这些非对称误差的影响在有些情形中可能并不足以大到需要精确地处理它们。在这些情形中,采用有效的对称不确定度限值就足够了。利用泰勒级数法处理非对称系统不确定度见 E.1 节,蒙特卡罗法见 E.2 节,E.3 节将介绍一些实例。

在许多情形中,可通过推导得到这些非对称系统误差的一个分析表达式,这个表达式能被包含在数据简化方程中,例如,6.1.2 节中的导热和辐射损失,即式(6.5)。这个方法通常可减小实验结果的总不确定度。数据简化方程中新出现的项变成对称的系统不确定度和随机不确定度的一个修正系数,而不是获得一个全新的非对称系统不确定度。这个方法将在以下几节中加以阐述。

E.1 泰勒级数法

通常来说,系统不确定度区间中正负限值的估计值是对称的,而且当随机不确定度不存在时,真值对称地位于读数周围的某处。然而,也存在一些情形,其中有足够多的信息来判断真值更有可能落入读数的某一侧而非另一侧。当利用一支热电偶测量流过一个由冷壁面包围的槽道内热空气的温度时,辐射误差就是这样一个例子。这支热电偶被热空气通过对流方式加热,但是它也通过辐射损失一部分热量至更冷的壁面。如果辐射误差是系统不确定度的一个重要分量，那么真实的气体温度更有可能高于热电偶的温度读数，而且这个测量值的系统不确定度在读数的正方向上比在其负方向上大。

在一些实验中，物理模型可利用额外的实验变量将非对称的不确定度代替为对称的不确定度。例如，对热电偶探针的能量平衡进行详细分析可知，在稳态条件下，如果忽略探针上的热传导，对流方式传递至探针的热量等于辐射方式传递至冷壁面的热量：

$$h(T_g - T_t) = \varepsilon\sigma(T_t^4 - T_w^4) \tag{E.1}$$

式中：T_t、T_g 和 T_w 分别为热电偶探针温度、气体温度和壁面温度；h 为对流传热系数；ε 为探针表面的发射率；σ 为斯特藩-玻尔兹曼常数。

改变式(E.1)可得 T_g 的数据简化方程：

$$T_g = T_t + \varepsilon\sigma(T_t^4 - T_w^4)/h \tag{E.2}$$

基于 T_t 进行气体温度估计时的非对称不确定度已经被那些具有对称不确定度的额外变量所代替了。这个方法可能会减小 T_g 的总不确定度，但与 h、ε 和 T_w 的不确定度有关。

这个例子表明当出现非对称系统不确定度时，如果可能，应利用合适的物理模型将不确定度"零中心化"。然而，当数据简化方程中额外变量引入的不确定度产生一个比非对称不确定度区间更大的不确定度区间时，或者当实验人员自己确定非对称不确定度更加合适时，应该采用本附录中所介绍的方法[2]。

假设实验结果为变量 X 和 Y 的函数，即

$$r = r(X, Y) \tag{E.3}$$

为了简化分析，假设①X 和 Y 无随机不确定度；②变量 X 有两个对称的系统不确定度分量 b_{X_1} 和 b_{X_2}，且变量 Y 有两个对称的不确定度分量 b_{Y_1} 和 b_{Y_2}；③变量 X 和 Y 的误差源独立，因而无相关系统误差。

假设变量 X 存在一个额外的非对称系统不确定度 β_3，基于假设的误差分布，其可能的分布如图 E.1～图 E.3 所示，取决于假设的误差分布。对于每一个分布（高斯、均匀和三角形），X 的下限和上限分别记为 LL 和 UL。对于高斯分布，X - LL 到 X + UL 的区间包含了 95% 的分布。对于均匀分布和三角分布，这个区间定义了分布的上边界和下边界。三角形边界有一个额外的限值 MPL，它代表着分布模式或最可能的点与测量值 X 之间的区间。所有这些限值中，UL、LL 和 MPL 均为正数。需要注意的是，对于图 E.1 所示的高斯分布，一旦 X、LL 和 UL 已知，分布模式就可以被确定下来。因此，如果模式的估计值是未知的，那么更适合采用图 E.2 所示的三角分布。如果模式的合理估计值是已知的，那么

图 E.3 所示的三角分布是最佳使用对象。

处理非对称不确定度的流程对于图 E.1～图 E.3 中每一类分布都是一样的。首先,确定一个区间,它是分布的均值与测量值 X 之间差值 c_X。高斯分布、均匀分布、三角分布的 c_X 的表达式如表 E.1 所列。需要注意的是, c_X 可正可负,取决于 UL、LL 和 MPL 的相对值。如果 X 大于均值,那么 c_X 是负的;如果 X 小于均值, c_X 是正的。

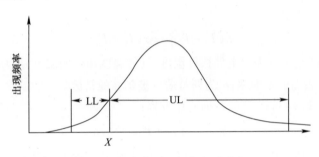

图 E.1 高斯非对称系统误差分布

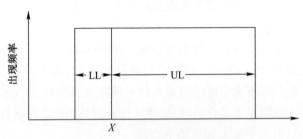

图 E.2 均匀非对称系统误差分布

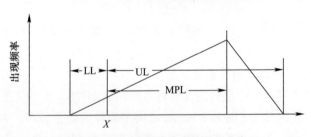

图 E.3 三角形非对称系统误差分布

表 E.1 高斯分布、均匀分布和三角分布的 c_X 的表达式

分布	c_X
高斯分布	(UL − LL)/2
均匀分布	(UL − LL)/2
三角分布	(UL − LL + MPL)/3

下一步是确定非对称误差分布的标准差 b_{X_3}。这些表达式如表 E.2 所列。由式(3.19)可得这个基本系统标准不确定度与其他两个基本系统不确定度合成的不确定度为

$$b_X = (b_{X_1} + b_{X_2} + b_{X_3})^{1/2} \tag{E.4}$$

表 E.2　高斯分布、均匀分布和三角分布的标准差 b_{X_3}

分布	b_{X_3}
高斯分布	$(UL + LL)/4$
均匀分布	$(UL + LL)/2\sqrt{3}$
三角分布	$[(UL^2 + LL^2 + MPL^2 + LL \times UL + LL \times MPL - LL \times MPL)/18]^{1/2}$

同理可得变量 Y 的合成不确定度为

$$b_Y = (b_{Y_1} + b_{Y_2})^{1/2} \tag{E.5}$$

由式(3.18)可得结果的系统标准不确定度为

$$b_r = [(\theta_X b_X)^2 + (\theta_Y b_Y)^2]^{1/2} \tag{E.6}$$

其中,θ_X 和 θ_Y 在 $(X + c_X, Y)$ 处计算。

正如参考文献[2]所述,结果 r 的真值在无随机不确定度的情形下落入的有 95% 置信水平的区间为

$$r(X + c_X, Y) - 2b_r \leq r_{\text{true}} \leq r(X + c_X, Y) + 2b_r \tag{E.7}$$

定义系数 F 为

$$F = r(X + c_X, Y) - r(X, Y) \tag{E.8}$$

那么,式(E.7)可写为

$$r(X, Y) - (2b_r - F) \leq r_{\text{true}} \leq r(X, Y) + (2b_r + F) \tag{E.9}$$

非对称的区间 $-(2b_r - F)$ 和 $+(2b_r + F)$ 为结果 $r(X, Y)$ 的系统不确定度区间。

首先,虽然通过在变量上增加 c_X 系数从而得到具有对称区间的结果 $r(X + c_X, Y)$ 这样的方法看似更加合理,然而在此并不被推荐,因为 c_X 基于的是系统不确定度的估计值,而不是已知的系统校准误差。因此,呈报由被测变量确定的结果以及相应的非对称不确定度区间更为准确。

对于更一般的情形,即

$$r = r(X_1, X_1, \cdots, X_J) \tag{E.10}$$

结果的总不确定度为

$$U_r = 2\left(\sum_{i=1}^{J} \theta_i^2 b_i^2 + 2\sum_{i=1}^{J-1}\sum_{k=i+1}^{J} \theta_i \theta_k b_{ik} + \sum_{i=1}^{J} \theta_i^2 s_i^2\right)^{1/2} \tag{E.11}$$

式中，b_i 中存在一个非对称基本系统不确定度，可采用表 E.2 所列的标准差。真实的结果将落入式（E.12）所示的区间中：

$$r(X_1, X_1, \cdots, X_J) - (U_r - F) \leq r_{\text{true}} \leq r(X_1, X_1, \cdots, X_J) + (U_r + F) \quad (\text{E.12})$$

其中，F 可由式（E.8）计算，而且每个具有非对称系统不确定度的变量均需修正系数 c_{X_i}。如式（E.12）所示，结果的总不确定度的两个分量分别为

$$U_r^- = (U_r - F) \quad (\text{E.13})$$

$$U_r^+ = (U_r + F) \quad (\text{E.14})$$

E.2 蒙特卡罗法

图 E.1~图 E.3 所示的分布本质上是非对称误差分布，其中心 c_X 及其标准差分别如表 E.1 和表 E.2 所列。对于蒙特卡罗法，这些信息可与变量的名义值一起作为每个非对称误差的输入值；其他误差的信息如图 3.2 和图 3.3 所示。之后，蒙特卡罗法可按照与图 3.2 和图 3.3 所示的相同的过程来得到计算结果。结果的标准差 u_r 和 $P\%$ 包含率的不确定度限值可根据 3.4.1 节所述的方法计算。对不存在随机不确定度的情形，这些限值如式（E.13）和式（E.14）所示。

需要指出的是，在图 3.2 和图 3.3 所示的蒙特卡罗法流程中，误差分布的平均值为零。对于非对称系统误差，分布的中心是 c_X。因此，对于这些非对称误差分布，在随机数产生器的使用过程中须注意此事。对于高斯分布和均匀分布，表 E.1 所列的 c_X 和表 E.2 所列的标准差可作为随机数生成器的输入参数。对于三角分布的随机数生成器，典型的输入参数包括下边界 a、模式 c 和上边界 b，分别定义为

$$a = X - \text{LL} \quad (\text{E.15})$$

$$c = X + \text{MPL} \quad (\text{E.16})$$

$$b = X + \text{UL} \quad (\text{E.17})$$

式中：X 为具有非对称不确定度的变量的名义值。

E.3 节将介绍一个实例，它展示了处理非对称系统不确定度的泰勒级数法。

E.3 气体温度测量系统的偏差实例

热电偶探针具有直径为 1/8 英寸（0.3175cm）的不锈钢护套，它被插入 50

马力①柴油发动机的排气管中,如图 E.4 所示。排气管是一个直径为 4 英寸(10.16cm)的管道。本实例的目标是确定排气的温度。

在对测量气体温度 T_g 的测量系统进行分析之前,首先对柴油机排气的状况进行评估。内燃机的标准教科书能提供这些所需的条件[3]。对于运行在满功率 50 马力条件下的柴油机,燃料流量大约为 25lbm②/h,空气流量为 375lbm/h。排气支管处排气的温度约为 1000°F(1460°R)。假设在排气支管附近的管道中对 T_g 进行测量,气体温度大约 1000°F,而管壁温度低一些,可能约为 750°F。

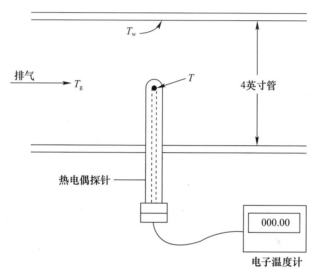

图 E.4 发动机排气管中的热电偶探针

用于温度测量的测量系统是标准的不锈钢护套热电偶,它与电子温度计相连。热电偶的感温端位于管道中心的探针端部。在本例中,假设这个系统未经校准,但是这些仪器的精度是已知的。制造厂家精度规格宣称 95% 置信水平下热电偶的精度为 ±2.2℃ 与测量值的 ±0.75% 两者中较大的值[4]。与制造厂家的电话沟通后确定这个百分比中的温度是摄氏温度而非绝对温度。这个精度规格转换成华氏温度为 ±4°F 或者温度(F − 32)°F 的 0.75%,即 ±0.0075(T − 32)°F,且取两者中大的值。电子温度计的制造厂家宣称其精度规格为 ±2°F。

将这些规格作为温度测量中的 95% 系统不确定度。因此,对于此例,在高斯分布假设下,热电偶探针的系统标准不确定度为

$$b_p = \frac{1}{2} \times 0.0075 \times (1000 - 32) = 3.6(°F) \quad (E.18)$$

---

① 1 马力 ≈ 735W。
② lbm 表示质量上的磅,1lbm = 0.454kg。

合成探针与电子温度计的不确定度($b_t = 1\,°F$)可得气体温度的系统标准不确定度的估计值为

$$b_{T_g} = (3.6^2 + 1^2)^{1/2} = 3.7\,(°F) \tag{E.19}$$

忽略随机不确定度,将其假设为这个值的 2 倍,即 $7.4\,°F$,并作为热电偶探针温度 T_t 不确定度的最初估计值,且具有 95% 包含区间。然而,在本例中,存在其他对测量具有重要影响的物理过程。

一些其他的偏差确实影响温度的测量。虽然管道中心周围的气体温度存在某些波动,但是本例仅关注热电偶探针顶端周围的气体温度,因此,在这个区域中的温度波动可忽略不计。

由于探针至管道壁面的辐射热损失的存在,温度测量过程中将产生较大的偏差。受热气和冷壁面的影响,热电偶的温度将介于两者之间。例如,热电偶探针温度 T_t 可能比气体温度低 $60\,°F$。既然在某一运行条件下,T_t 可能总是低于 T_g 这个量级,这个估计值是非对称的。

将这些系统不确定度的估计值均考虑在内,为了评估气体温度测量中的系统不确定度,定义如下的辐射误差的限值为

$$UL_{rad} = 60\,°F \tag{E.20}$$

$$LL_{rad} = 0\,°F \tag{E.21}$$

假设辐射误差满足均匀分布,由表 E.2 可知其标准差为

$$b_{rad} = (UL_{rad} + LL_{rad})/2\sqrt{3} = (60+0)/2\sqrt{3} = 17.3\,(°F) \tag{E.22}$$

合成这些系统不确定度可得气体温度的系统不确定度为

$$b_{T_g} = (b_p^2 + b_m^2 + b_{rad}^2)^{1/2} = (3.6^2 + 1^2 + 17.3^2)^{1/2} = 17.7\,(°F) \tag{E.23}$$

由表 E.1 和式(E.8)可得 c_{T_g} 和 F 值为

$$c_{T_g} = (UL_{rad} - LL_{rad})/2 = (60-0)/2 = 30\,(°F) \tag{E.24}$$

$$F = T_t + 30 - T_t = 30\,(°F) \tag{E.25}$$

假设不存在随机不确定度,T_g 的不确定度分量为

$$U_{T_g}^+ = 2b_{T_g} + F = 35.4 + 30 = 65.4\,(°F) \tag{E.26}$$

$$U_{T_g}^- = 2b_{T_g} - F = 35.4 - 30 = 5.4\,(°F) \tag{E.27}$$

这些非对称不确定限值可用于确定 95% 置信水平下真实气体温度的总不确定区间,即

$$T_t - U_{T_g}^- \leqslant T_g \leqslant T_t + U_{T_g}^+$$

$$(1000 - 5.4)\,°F \leqslant T_g \leqslant (1000 + 65.4)\,°F$$

$$995\ ^\circ\text{F} \leqslant T_g \leqslant 1065\ ^\circ\text{F} \quad (\text{E.28})$$

这个区间远大于最初对气体温度的估计值,即 $T_t \pm 7.4\ ^\circ\text{F}$。这个例子展示了在测量中忽略一个影响较大的物理偏差的后果。

上述不确定度估计值可能是可以接受的,也可能是不可接受的,这取决于这个温度测量值的应用条件。当然,在本例中影响较大的系统不确定度是辐射效应。对于本例,与辐射热损失这个物理过程相关的物理原理可以并入数据简化方程以实现不确定度的"零中心化",这可能减小最终测量值的总不确定度。

如 E.1 节所述,热电偶探针的能量守恒可表述为

$$\text{传入探针的能量} = \text{传出探针的能量} \quad (\text{E.29})$$

或者

$$\text{对流传入探针的能量} = \text{辐射传出探针的能量} + \text{导热传出探针的能量}$$
$$(\text{E.30})$$

由于导热远小于辐射传热,因而可以忽略不计,由此可得式(E.2)所示的 T_g 的数据简化方程:

$$T_g = \frac{\varepsilon \sigma}{h}(T_t^4 - T_w^4) + T_t$$

需要注意的是,这一表达式中的温度需采用兰氏温度。

利用不确定度分析可从 T_t、T_w、ε 和 h 的不确定度中估计出气体温度的不确定度。仍然假设系统不确定度远大于随机不确定度,因而 $2b_{T_g} = U_{T_g}$,具体而言,不确定度的表达式为

$$b_{T_g} = \left[\left(\frac{\partial T_g}{\partial \varepsilon} b_\varepsilon \right)^2 + \left(\frac{\partial T_g}{\partial h} b_h \right)^2 + \left(\frac{\partial T_g}{\partial T_t} b_{T_t} \right)^2 + \left(\frac{\partial T_g}{\partial T_w} b_{T_w} \right)^2 \right]^{1/2} \quad (\text{E.31})$$

其中

$$\frac{\partial T_g}{\partial \varepsilon} = \frac{\sigma}{h}(T_t^4 - T_w^4) \quad (\text{E.32})$$

$$\frac{\partial T_g}{\partial h} = -\frac{\varepsilon \sigma}{h^2}(T_t^4 - T_w^4) \quad (\text{E.33})$$

$$\frac{\partial T_g}{\partial T_t} = \frac{4\varepsilon \sigma}{h} T_t^3 + 1 \quad (\text{E.34})$$

$$\frac{\partial T_g}{\partial T_w} = -\frac{4\varepsilon \sigma}{h} T_w^3 \quad (\text{E.35})$$

在此需要得到发射率和对流传热系数的值;这些值可从标准传热学教科书中获取[5]。根据横掠圆柱的传热系数关联式,h 值为 47Btu/(h·英尺²·°R)。传热关联式的精度约为 ±25%,因此,h 的 95% 系统不确定度为 $2b_h$,即 12Btu/(h·英尺²·°R)。

金属表面的发射率与表面状况有关。对于 304 不锈钢热电偶探针,发射率为 0.36~0.73[6]。因此,初步分析时的发射率选为 0.55,95% 系统不确定度选为 0.19。管道壁面的温度经估计约为 750°F(1210°R),不过这个值的误差可以达到 ±100°R。通过该估计值可得到 $2b_{T_w}$。温度测量值 T_t 的系统标准不确定是探针和电子温度计的合成,因此由式(E.19)可知:

$$b_{T_g} = (3.6^2 + 1^2)^{1/2} = 3.7(°F)$$

综上所述,在高斯分布假设下,气体温度所涉的各变量的名义值和标准不确定度的估计值为

$$\varepsilon = 0.55 \pm 0.095 \quad (E.36)$$

$$h = (47 \pm 6) \text{Btu}/(h·英尺^2·°R) \quad (E.37)$$

$$T_t = (1460 \pm 3.7)°R \quad (E.38)$$

$$T_w = (1210 \pm 50)°R \quad (E.39)$$

利用式(E.2)的数据简化方程,不确定度的表达式(E.31),以及 $U_{T_g} = 2b_{T_g}$,可得气体温度为

$$T_g = (1508 \pm 27)°R \quad (E.40)$$

这个值极大地改善了最初的计算值,其中辐射效应已经被估计了。考虑到不同的应用条件,这个值可能仍不够好。

再次检查 T_g 的系统标准不确定度的计算过程。代入 ε、h、T_t 和 T_w 的名义值及其系统标准不确定度可得气体温度的系统不确定度为

$$\phantom{b_{T_g} = (}(\varepsilon)(h)(T_t)(T_w)$$

$$b_{T_g} = (69 + 38 + 21 + 50)^{1/2}°R \quad (E.41)$$

发射率的不确定度是 T_g 不确定度最大的影响因素。通过对 ε 的可用数据进行更详细的检查发现,304 不锈钢在温度为 1000°F 的环境中暴露 40h 后,其发射率为 0.62~0.73。因此,这支热电偶探针在使用一段时间后,ε 将变为 0.68 ± 0.028。

将这些修正后的值重新代入可得

---

① 1Btu/(h·英尺²·°R) = 5.678W/(m²·K)。

$$b_{T_g} = \overset{(\varepsilon)\ (h)\ (T_t)\ (T_w)}{(7+58+25+77)^{1/2}} = 13(°R) \tag{E.42}$$

那么

$$T_g = (1520 \pm 26)°R \tag{E.43}$$

虽然 ε 的系统不确定度对气体温度的系统不确定度影响已经大幅减小，但是 ε 名义值的增加使不确定度表达式中其他项有所增加。T_g 值中的总不确定度本质上未发生变化。但是，如果热电偶探针一直在使用中，那么不确定度的估计值是更加合适的。

下面讨论管壁温度对总不确定度的影响，利用一支表面温度热电偶探针和独立的电子温度计测量 T_w 可改进测量值。对于测量 T_w 的系统来说，探针的系统不确定度为

$$b_p = \frac{1}{2} \times 0.0075 \times (750 - 32) = 2.7(°R) \tag{E.44}$$

假设表面探针的安装系统标准不确定度的估计值为 $2°R$，而电子温度计的系统标准不确定度为 $1°R$，那么 T_w 的系统不确定度为

$$b_{T_w} = (2.7^2 + 2^2 + 1^2)^{1/2} = 3.5(°R) \tag{E.45}$$

这些整体测量系统的改善可得气体的系统不确定度为

$$b_{T_g} = \overset{(\varepsilon)\ (h)\ (T_t)\ (T_w)}{(7+58+25+0.5)^{1/2}} = 9.5(°R) \tag{E.46}$$

气体温度为

$$T_g = (1520 \pm 19)°R \tag{E.47}$$

对流传热系数 25% 的系统不确定度无法改善。这一项本身对 T_g 的不确定度的影响为 $15°R$。因此，气体温度计算值唯一额外的改善来自热电偶探针和电子温度计系统的校准。通过校准，b_{T_g} 可减少到小于 $0.5°R$，那么

$$T_g = (1519 \pm 16)°R \tag{E.48}$$

本例展示了在设计气体温度测量系统时的推理过程。采用的系统不确定度和 95% 置信水平下气体温度相关不确定度与具体的应用场景有关。

参考文献

[1] Moffat, R. J., "Describing the Uncertainties in Experimental Results," *Experimental Thermal and Fluid Science*, Vol. 1, Jan. 1988, pp. 3–17.

[2] Steele, W. G., Maciejewski, P. K., James, C. A., Taylor, R. P., and Coleman, H. W., "Asymmetric Systematic Uncertainties in the Determination of Experimental Uncertainty," *AIAA Journal*, Vol. 34, No. 7, July 1996, pp. 1458 – 1463.

[3] Obert, E. F., *Internal Combustion Engines and Air Pollution*, Harper & Row, New York, 1973.

[4] Omega Engineering, *Complete Temperature Measurement Handbook and Encyclopedia*, Omega Engineering, Stamford, CT, 1987, p. T37.

[5] Incropera, F. P., and DeWitt, D. P., *Fundamentals of Heat Transfer*, Wiley, New York, 1981.

[6] Hottel, H. C., and Sarofim, A. F., *Radiative Transfer*, McGraw – Hill, New York, 1967.

附录 F
测量系统的动态响应

在本书的讨论中,被测变量任何随时间的变化均被视为随机变化,且被包含在测量的随机不确定度中。然而,仪器对动态输入或者输入变化的响应会引入额外的误差源,因此也有必要对其进行讨论。当遇到动态输入时,仪器可能产生幅值误差和相位(时间滞后)误差。

这些动态响应误差与附录 E 中介绍的带确定偏差的变量比较相似,而且它们在瞬态实验的分析中非常重要。本附录将介绍估计这些幅值误差和相位误差的基础知识。

F.1 总仪器响应

研究仪器的动态响应的传统方法是采用能描述输出的微分方程。假设仪器的响应可利用常系数的线性常微分方程进行描述[1]:

$$a_n \frac{d^n y}{dt^n} + a_{n-1} \frac{d^{n-1} y}{dt^{n-1}} + \cdots + a_1 \frac{dy}{dt} + a_0 y = bx(t) \quad (F.1)$$

式中:y 为仪器的输出;x 为输入;n 为仪器的阶次。

下面将讨论仪器对三种不同的输入的响应:阶跃变化、斜坡输入和正弦输入,它们分别如图 F.1~图 F.4 所示。从数学上来说,这些输入可采用如下的方程描述。

(1) 阶跃变化:

$$\begin{cases} x = 0, & t < 0 \\ x = x_0, & t > 0 \end{cases} \quad (F.2)$$

(2) 斜坡变化:

$$\begin{cases} x = 0, & t < 0 \\ x = at, & t > 0 \end{cases} \quad (F.3)$$

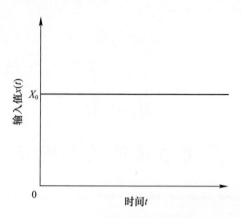

图 F.1　仪器输入的阶跃变化

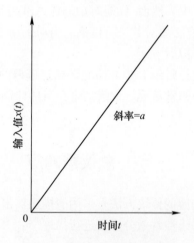

图 F.2　仪器输入的斜坡变化

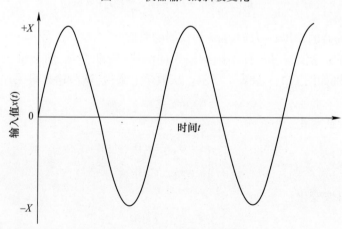

图 F.3　仪器输入的正弦变化

(3) 正弦变化:
$$x = X\sin(\omega t), \quad t > 0 \tag{F.4}$$

仪器对这三种输入的零阶、一阶和二阶响应如 F.2 节和 F.3 节所述。

F.2 零阶仪器响应

$n = 0$ 时的响应就是零阶仪器响应,式(F.1)简化为代数方程:
$$y = Kx(t) \tag{F.5}$$

式中:$K = b/a_0$ 为静态增益(static gain)。

式(F.5)表明输出与输入总是成正比,因此动态响应对输入不会引起误差。当然,静态误差这类误差已经在原先的章节中进行了介绍。

电子应变计是一个零阶仪器响应很好的例子。输入的应变 ε 引起应变计电阻的变化 ΔR,它们之间满足[2]:
$$\Delta R = FR\varepsilon \tag{F.6}$$

式中:F 为应变计系数;R 为应变计线圈在未受应变时的电阻。既然仪器本身(应变计线圈)本身直接承受输入的应变,因此输出不存在动态响应误差。

F.3 一阶仪器响应

仪器的一阶响应方程通常可表达为如下的形式:
$$\tau \frac{dy}{dt} + y = Kx \tag{F.7}$$

式中:$\tau = a_1/a_0$ 为时间常数;$K = b/a_0$ 为静态增益。

一阶仪器响应的其中一种定义就是可表示为式(F.7)形式的动态响应特性[3]。

一阶仪器响应在输出与随时间变化的输入之间存在一段时间的延迟。例如,温度计或热电偶的读数对输入温度的变化必须经过一个传热过程才能显现出来。

将式(F.2)代入式(F.7)中的 x 并利用 $t = 0$ 时 $y = 0$ 这一初始条件求解式(F.7)可得仪器对阶跃变化的一阶响应。这个解可表示为如下的形式:
$$\frac{y}{Kx_0} = 1 - e^{-t/\tau} \tag{F.8}$$

如图 F.4 所示,在 1 倍时间常数后,响应达到最终值的 63.2%;在 4 倍时间常数

(4τ)后,响应 y 落入最终值的 2% 以内。

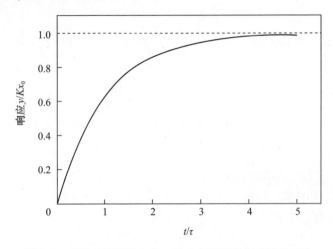

图 F.4 仪器对阶跃输入的一阶响应随无量纲时间的变化

将式(F.3)代入式(F.7)中的 x 并利用 $t=0$ 时 $y=0$ 这一初始条件求解式(F.7)可得仪器对阶跃输入的一阶响应。这个解为

$$y = Ka[t - \tau(1 - e^{-t/\tau})] \tag{F.9}$$

也可以表示为

$$y - Kat = -Ka\tau(1 - e^{-t/\tau}) \tag{F.10}$$

如图 F.5 所示,当动态响应误差为零时可得 $y=Kat$,该条件下式(F.10)等号右端将为零。由此可知,式(F.10)等号右端的两项代表动态响应误差。指数项 $Ka\tau e^{-t/\tau}$ 随着时间逐渐消失,并成为瞬态误差(transient error)。另一项 $-Ka\tau$ 是稳态误差(steady-state error),它为常数且与 τ 成正比。时间常数越小,那么稳态误差就越小。稳态误差的影响是指输出并不对应于当前时间的输入,而是对应于 τ 秒之前的输入。

式(F.4)代入式(F.7)并利用 $t=0$ 时 $y=0$ 这一初始条件求解式(F.7)可得仪器对的正弦输入响应。这个解可表示为

$$y = Ce^{-t/\tau} + \frac{KX}{\sqrt{1+\omega^2\tau^2}}\sin(\omega t + \phi) \tag{F.11}$$

其中

$$\phi = \arctan(-\omega\tau) \tag{F.12}$$

式中:C 为任意的积分常数。

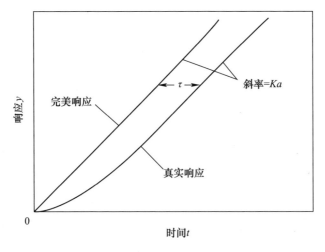

图 F.5　仪器对斜坡输入的一阶响应随时间的变化

式(F.11)中的指数项是瞬态误差,并在几个时间常数后逐渐消失。式(F.11)的等号右端第二项是仪器稳态的正弦响应。

与式(F.4)的输入相比可知,稳态响应存在幅值误差和相位误差 ϕ;而且,前者与幅值系数 $1/\sqrt{1+\omega^2\tau^2}$ 成正比。这两个误差分别如图 F.6 和图 F.7 所示。每个误差随着时间常数 τ 和输入信号频率 ω 的乘积而变化。随着 $\omega\tau$ 的增加,幅值系数逐渐减小,这意味着与完美响应的偏差越来越大,如图 F.6 所示。相位误差也存在类似的变化,随着 $\omega\tau$ 的增加,相位差趋近于 $-90°$,如图 F.7 所示。

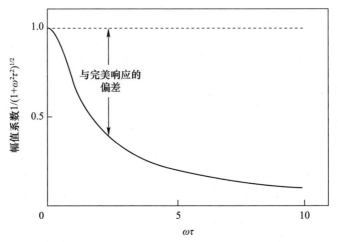

图 F.6　仪器对频率为 ω 的正弦输入的一阶幅值响应

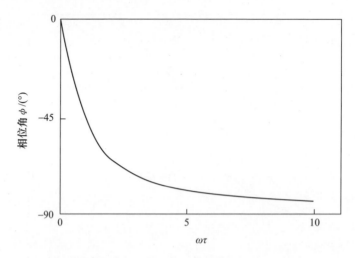

图 F.7　仪器对频率为 ω 的正弦输入的一阶响应的相位误差

F.4　二阶仪器响应

当式(F.1)中的 $n=2$ 时，仪器的二阶响应为

$$a_2 \frac{d^2 y}{dt^2} + a_1 \frac{dy}{dt} + a_0 y = bx(t) \tag{F.13}$$

如果这个表达式两边除以 a_2，那么它变为

$$\frac{d^2 y}{dt^2} + 2\xi \omega_n \frac{dy}{dt} + \omega_n^2 y = K\omega_n^2 x(t) \tag{F.14}$$

式中：$K = b/a_0$ 为静态增益；$\xi = a_1/2\sqrt{a_0 a_2}$ 为阻尼系数(damping factor)；$\omega_n = \sqrt{a_0/a_2}$ 为固有频率(natural frequency)。

仪器二阶响应是指可表达为式(F.14)的形式的动态响应行为[3]。可以表现为弹簧-质量类型的行为属于二阶仪器响应，如电流表、加速计、膜片式压力传感器和 U 形管压力计[1]。

式(F.14)的解本质上取决于阻尼系数 ξ 的值。当 $\xi < 1$ 时，系统是欠阻尼的(underdamped)，即解是振荡的；当 $\xi = 1$ 时，系统是临界阻尼的(critically damped)；当 $\xi > 1$ 时，系统是过阻尼的(overdamped)。

式(F.2)代入式(F.14)并利用 $t=0$ 时 $y = y' = 0$ 这一初始条件求解式(F.14)可得仪器对阶跃变化的二阶响应。方程的解与 ξ 有关。

(1) $\xi > 1$:

$$y = Kx_0 \left\{ 1 - e^{-\xi\omega_n t} \left[\cosh(\omega_n t \sqrt{\xi^2 - 1}) + \frac{\xi}{\sqrt{\xi^2 - 1}} \sinh(\omega_n t \sqrt{\xi^2 - 1}) \right] \right\}$$

(F.15)

(2) $\xi = 1$:

$$y = Kx_0 [1 - e^{-\omega_n t}(1 + \omega_n t)] \tag{F.16}$$

(3) $\xi < 1$:

$$y = Kx_0 \left\{ 1 - e^{-\xi\omega_n t} \left[\frac{1}{\sqrt{1 - \xi^2}} \sin(\omega_n t \sqrt{1 - \xi^2} + \phi) \right] \right\} \tag{F.17}$$

其中

$$\phi = \arcsin(\sqrt{1 - \xi^2}) \tag{F.18}$$

这个响应如图 F.8 所示。需要注意的是，$1/\xi\omega_n$ 为时间常数。$\xi\omega_n$ 越大，响应就越快达到稳态值。达到稳态值的模式与 ξ 有关。当 $\xi < 1$ 时，响应会超调，随后围绕终值振荡并逐渐衰减。

大部分仪器的阻尼系数设计为 0.7。这样设计的原因如图 F.8 所示。如果 5% 的超调是允许的，那么阻尼系数取 $\xi \approx 0.7$ 可以使响应落入稳态值 5% 以内的时间比 $\xi = 1$ 时的减少一半。需要指出的是，当 $\xi > 0$ 时，稳态解均为 Kx_0。

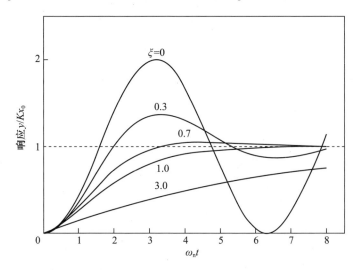

图 F.8 不同阻尼系数下仪器对阶跃变化输入的二阶响应

仪器对斜坡输入的影响也包含瞬态部分和稳态部分，其稳态解为

$$y = Ka(t - 2\xi/\omega_n) \tag{F.19}$$

响应对输入的延时约为 $2\xi/\omega_n$。ω_n 越大或者 ξ 越小可减少稳态响应的延时。

仪器对正弦输入的二阶响应(稳态时)为

$$y = \frac{KX}{[(1-\omega^2/\omega_n^2)^2 + (2\xi\omega/\omega_n)^2]^{1/2}} \sin(\omega t + \phi) \quad (F.20)$$

其中

$$\phi = \arctan\left(-\frac{2\xi\omega/\omega_n}{1-\omega^2/\omega_n^2}\right) \quad (F.21)$$

正如一阶系统那样，响应包含正比于幅值系数的幅值误差和相位误差。这些误差如图 F.9 和图 F.10 所示。

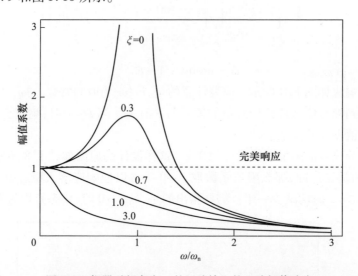

图 F.9　仪器对频率为 ω 的正弦输入的二阶幅值响应

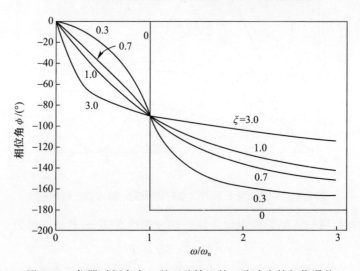

图 F.10　仪器对频率为 ω 的正弦输入的二阶响应的相位误差

由图 F.9 可知,对于无阻尼的情形,当输入信号的频率 ω 接近仪器的固有频率 ω_n 时,响应的幅值接近无穷大。通常来说,这个最大的幅值或者共振发生在:

$$\omega = \omega_n \sqrt{1-\xi^2} \qquad (\text{F.22})$$

需要指出的是,对于非零阻尼的情形,共振频率处的幅值是有限大小的,这更加复合物理过程。当 $\xi \approx 0.6 \sim 0.7$ 且 $\omega/\omega_n < 1$ 时,幅值误差最小,相位误差是线性的,这是较理想的情形,因为这对输入信号产生最小的变形。

F.5 小　　结

本附录已经介绍了仪器对阶跃输入、斜坡输入和正弦输入的零阶、一阶和二阶的动态响应。对于零阶仪器,不存在动态响应误差。对于一阶和二阶仪器,对阶跃输入和斜坡输入均存在时间延时,而对正弦输入存在幅值误差和相位误差。通过选择或设计具有合适的时间常数和固有频率的仪器,能最小化这些误差的影响。

在一个完整的测量系统中,不同的仪器通常与传感器、信号调节器和读数器连接在一起。例如,热电偶(一阶仪器)与模拟电压计(二阶仪器)连接在一起。在这些情形下,一阶仪器的动态输出能被确定下来,而且能用于二阶仪器的输入。随后,利用这个输入,可以计算出二阶仪器的动态响应。在大部分情形下,动态响应误差的影响仅出现在其中一个仪器,通常是传感器。

参考文献

[1] Schenck,H.,*Theories of Engineering Experimentation*,3rd ed.,McGraw–Hill,New York,1979.
[2] Holman,J. P.,*Experimental Methods for Engineers*,4th ed.,McGraw–Hill,New York,1984.
[3] Doebelin,E. O.,*Measurement Systems Application and Design*,3rd ed.,McGraw–Hill,New York,1983.

内 容 简 介

本书由国际著名的不确定度分析专家科尔曼教授和斯蒂尔教授合著,是一部有关不确定度分析的经典著作。本书直接服务于科研工作,从不确定度的基本概念和分类出发,涵盖了不确定度分析的泰勒级数方法和蒙特卡罗方法,也涉及总不确定分析、详细不确定分析、回归的不确定度分析和模拟的确认等内容。同时,本书汇总了大量来源于实际科研工作的实例,弥补了相关领域图书"重理论轻实用"的不足。

本书对于从事实验研究及其不确定度分析工作的专业技术人员和相关工程技术人员、高校科研工作者及相关专业学生具有重要的参考价值。